3ds Max
工业产品设计
实例教程

盛 立 马佳博 时中奇◎编著

中国铁道出版社有限公司
CHINA RAILWAY PUBLISHING HOUSE CO., LTD.

内 容 简 介

本书以案例教学的形式，精心挑选了近 30 个具有代表性的工业产品类型，详细介绍各种常见产品的设计流程和设计方法。具体内容包括 3ds Max 建模必备知识、五金工具类产品设计、礼品和工艺品设计、运动器械类产品设计、照明灯具类产品设计、家居产品设计、厨卫产品设计、玩具类产品设计、电子通信类产品设计、家电类产品设计、数码和电脑产品设计、交通工具类产品设计、武器类产品设计。

配套资源中提供书中实例的场景文件，以及讲解实例制作全过程的语音视频教学文件。通过视频教学可使读者快速掌握建模的方法和技巧。

本书适合从事工业造型设计的人员和游戏三维场景建模的美工学习使用，也适合广大建模爱好者以及大专院校相关艺术专业的学生使用。

图书在版编目（CIP）数据

3ds Max 工业产品设计实例教程/盛立，马佳博，时中奇编著. —北京：中国铁道出版社有限公司，2023.1
ISBN 978-7-113-29812-8

Ⅰ.①3… Ⅱ.①盛…②马…③时… Ⅲ.①三维-工业产品-计算机辅助设计-应用软件-教材 Ⅳ.①TB472-39

中国版本图书馆 CIP 数据核字(2022)第 211449 号

书　　名：3ds Max 工业产品设计实例教程
　　　　　3ds Max GONGYE CHANPIN SHEJI SHILI JIAOCHENG

作　　者：盛立　马佳博　时中奇

责任编辑：于先军　　　编辑部电话：(010) 51873026　　　邮箱：46768089@qq.com
封面设计：宿　萌
责任校对：安海燕
责任印制：赵星辰

出版发行：中国铁道出版社有限公司（100054，北京市西城区右安门西街 8 号）
网　　址：http://www.tdpress.com
印　　刷：河北宝昌佳彩印刷有限公司
版　　次：2023 年 1 月第 1 版　　2023 年 1 月第 1 次印刷
开　　本：787 mm×1 092 mm　1/16　印张：24.25　字数：630 千
书　　号：ISBN 978-7-113-29812-8
定　　价：89.80 元

配套资源下载网址：
http://www.crphdm.com/2016/0720/12226.shtml

前 言

3ds Max 是 Autodesk 公司开发的一款三维设计制图软件，提供了丰富的工具集，无论美工人员所在的行业有什么需求，都能为他们提供所需的三维工具来实现自己的灵感。3ds Max 目前被广泛应用于影视、建筑、家具、工业产品造型设计等各个行业。

目前，市面上介绍 3ds Max 建模的图书不少，但是很多图书都是以介绍软件为主，这就造成模型选取的实用性和针对性不强，而且也很容易造成读者虽然学习了软件的使用方法，但是一遇到问题往往还是觉得无从下手，不知道怎么来解决。正是基于这种情况，笔者编写了本书。笔者团队多年从事工业产品设计的相关工作，具有丰富的教学和设计经验，以及软件使用经验。编写本书的目的是为工业产品造型设计师量身打造一套成熟且完整的建模解决方案。

本书内容

本书以实用、够用为原则，把大量的篇幅放在讲解工业产品设计的方法和各种工具的使用技巧上。书中首先详细讲解了 3ds Max 的各种常用技术，包括建模的各种常用方法，以及各种修改器的使用，并通过具体实例的制作过程，来进一步讲解各种常用工具和命令的具体使用方法。

全书共分为 13 章，第 1 章讲解了 3ds Max 软件的特点、常用建模工具及软件的基本设置，让读者对 3ds Max 软件有个总体的认识。第 2 章介绍了多边形建模的操作技巧和常见问题的解决方法，以及杯子、勺子、木勺、铲子、漏勺等厨具产品和瑞士军刀的设计全过程。第 3 章介绍了礼品和艺术花瓶的设计过程。第 4 章介绍了滑轮车和溜冰鞋的设计过程。第 5 章介绍了现代灯具和仿古壁灯的设计过程。第 6 章介绍了咖啡机和电熨斗的设计过程。第 7 章介绍了茶具和热水器的设计过程。第 8 章介绍了卡通兔子和小海龟的设计过程。第 9 章介绍了怀旧电话和手机的设计过程。第 10 章介绍了家庭音响和冰箱的设计过程。第 11 章介绍了单反相机和电脑的设计过程。第 12 章介绍了汽车和摩托车的设计过程。第 13 章介绍了狙击枪和坦克的设计过程。

这些实例涉及面广，都在各自的领域里具有很强的典型性和代表性，希望读者能通过这些实例的学习，彻底掌握多边形建模的方法和要点，从而达到熟练应用到工作中的目的。

本书特色

本书通过近 30 个模型实例，由浅入深地详细讲解了使用 3ds Max 软件进行产品设计的各种高级技术。读者通过学习本书，将能够使用强大的 3ds Max 建模工具进行快速精确的工业产品设计，为最终进行产品渲染奠定良好的基础。在模型塑造和线面布局等关键技术方面，书中提供了全部的解决方案，并对各种工业产品设计的常见问题也都进行了详细的讲解。

书中采用全实例教学的形式按照知识点的应用和难易程度来安排内容，从易到难，从简单到复杂，循序渐进地介绍了各种工业产品的设计方法。

I

1. 实例丰富，实用性强：本书的每一个实例均由典型的工业产品实际案例制作而成；针对性强，专业水平高，因此可以真实地表现工业产品设计的特点。

2. 讲解细致，易学易用：在介绍操作步骤时，每一个操作步骤后均附有对应的图示结合讲解，非常直观，易于理解。

3. 技术实用，举一反三：书中的核心内容是围绕着 3ds Max 非常成熟的多边形建模进行讲解，这种建模方法具有很强的通用性，可使读者举一反三、活学活用。

关于配套资源

本书配套资源的内容包括：

1. 书中实例的模型文件；

2. 讲解实例制作过程的全程语音讲解的视频教学文件。

配套资源下载网址：http://www.crphdm.com/2016/0720/12226.shtml

读者对象

本书实例丰富、技术全面、讲解细致、通俗易懂，同时，又配套有语音视频教学资源，非常适合工业设计及相关专业的师生，工业设计、模型制作等相关行业的从业人员，以及中高级进阶读者阅读学习。具体适用于：

- 在校学生；
- 从事三维设计的工作人员；
- 产品造型设计人员；
- 在职设计师；
- 培训人员。

编　者
2022 年 11 月

目　录

第 **1** 章　3ds Max 建模必备知识

3ds Max 常简称为 Max，是 Autodesk 公司开发的基于 PC 系统的三维动画渲染和制作软件。3ds Max 广泛应用于广告、影视、工业设计、建筑设计、多媒体制作、游戏、辅助教学及工程可视化等领域。

1.1　3ds Max 软件特点

1. 性价比高

3ds Max 有非常好的性能价格比，它所提供的强大功能远远超过了它自身低廉的价格，一般的制作公司都可以承受得起，这样就可以使作品的制作成本大大降低。而且它对硬件系统的要求相对来说也很低，一般普通的配置就可以满足学习的需要，这也是每个软件使用者所关心的问题。

2. 上手容易

初学者比较关心的问题就是 3ds Max 是否容易上手，这一点你可以完全放心，3ds Max 的制作流程十分简洁高效，可以使你很快上手，所以先不要被它的大系列命令吓到，只要你的操作思路清晰，上手是非常容易的。

3. 使用者多，便于交流

3ds Max 在国内拥有很多的使用者，便于交流，教程也很多，比如著名的"火星人"系列。随着互联网的普及，关于 3ds Max 的论坛在国内也相当火暴，如果有问题，就可以放到网上大家一起讨论，方便极了。在应用前景方面，3ds Max 是国内最常用的一个三维动画制作软件，只要你学得好就一定可以找到施展自己才华的地方。

3ds Max 主要应用于影视、游戏、动画方面，拥有软件开发工具包（SDK）。SDK 是一套用在娱乐市场上的开发工具，用于软件整合到现有制作的流水线以及开发与之相合作的工具，在 Biped 方面做出的新改进可以轻松构建四足动物。Revealu 渲染功能可以更快地输出作品。重新设计的 OBJ 输出也会让 3ds Max 和 Mudbox 之间的转换变得更加容易。

3ds Max Design 主要应用在建筑、工业、制图方面，主要在灯光方面有改进，有用于模拟和分析阳光、天空及人工照明来辅助 LEED 8.1 证明的 Exposure 技术，这个功能在 Viewport 中可以分析太阳、天空等。现在可以直接在视口以颜色来调整光线的强度表现。

1.2　3ds Max 基础知识

使用 3ds Max 进行工业级产品设计不仅仅是技巧的问题，如何清晰地掌握其中的核心概念是每一位使用者必须解决的问题。在 3ds Max 中，与设计制作相关的概念很多，比较重要的有对象的概念、参数修改的概念、层级的概念、材质贴图的概念、三维空间与动画的概念、外部插件的概念、后期合成与渲染的概念等。下面从宏观上讲述 3ds Max 常见的与设计有关的核心概念。

1.2.1　对象

对象是 3ds Max 中非常重要的一个概念。3ds Max 是开放的面向对象的设计软件，从编程的角度讲，不仅创建的三维场景属于对象，灯光镜头属于对象，材质编辑器属于对象，甚至贴图和外部插件也属于对象。为了方便学习，本书将视图中创建的几何体、灯光、镜头和虚拟物体称为场景对象，将菜单栏、下拉列表框、材质编辑器、编辑修改器、动画控制器、贴图和外部插件称为特定对象。

1.2.2　创建与修改

使用 3ds Max 进行创作时，首先要创建用于动画和渲染的场景对象。可以选择的方法很多，既可以通过 Create（创建）命令面板中的基础造型命令直接创建，也可以通过定义参数的方法进行创建，还可以使用多边形建模、面片建模及 NURBS 建模，甚至还能使用外挂模块来扩展软件功能。通过以上方法创建的对象仅是为进一步编辑加工、变形、变化、空间扭曲及其他修改手段所做的铺垫。从 3ds Max 2010 版本开始，它加入了强大的【石墨】建模工具，使其造型功能得到相当大的改善。

1.2.3　材质与贴图

当模型制作完成后，为了表现出物体各种不同的性质特征，需要给物体赋予不同的材质。它可使网格对象在着色时以真实的质感出现，从而表现出布料、木头、金属等的性质特征。材质的制作可以在材质编辑器中完成，但必须指定到特定场景中的物体上。除了独特质感，现实物体的表面都有丰富的纹理和图像效果，这就需要赋予对象丰富多彩的贴图。创建出完美的模型只是一个成功的开始，灯光镜头的运用对场景气氛的渲染和动画的设置起着非常重要的作用。在默认情况下，场景中有系统默认的光源存在，因此，即使没有对建立的新场景设置灯光，也可以看到它的形状。一旦在场景中建立灯光，默认的灯光就会消失。

1.2.4　层级

在 3ds Max 中，层级概念十分重要，几乎每一个对象都通过层级结构来组织。层级结构中的对象遵循相同的原则，即层级中较高一级代表有较大影响的普通信息，低一层的代表信息的细节且影响小。层级结构可以细分为对象的层级结构、材质贴图的层级结构和视频后期处理的层级结构。层级结构的顶层称为根，理论上指 World，但一般来说将层级结构的最高层称为根。有其他对象与之连接的是父对象，父对象以下的对象均为它的子对象。

1.2.5　三维动画

建模、材质与贴图、层次树连接都是为动画制作服务的，3ds Max 本身就是一个动画软件，因此动画制作技术可以说是 3ds Max 的精髓所在。如果想使制作的模型富有生命力，可以将场景做成动画。其原理和制作动画电影一样，将每个动作分解成若干帧，每个帧连起来播放，在人的视觉中就形成了动画。在 3ds Max 中，动画是实时发生的，设计师可以随时更改持续时间、事件和素材等对象并立即观看其效果。

1.3　建模工具解决方案

　　3ds Max 中的建模总体分成 3 类。第一类是突出的多边形建模，这是在三维动画初期就存在的建模方式，因此它也是最成熟的建模方式，特别是细分建模的产生，让这一方式又出现了新的生机，几乎所有的软件都支持这种建模方式。本书将着重讲解这一建模方法。第二类是 Patch 建模方法，特别是由此而发展出来的 Surface 建模方式曾经在国内非常流行。Patch 建模方式是以线条来控制曲面制作模型的，理论上可以制作出任何模型，但是因效率低下，制作起来非常费时。随着多边形细分建模的出现，现在关注这种方法的人越来越少。第三类是几乎没有人用到的 NRUBS 建模，就连国外的 3ds Max 教材中对于 NRUBS 建模的介绍也是一带而过。这并不是说这种方法不好，NRUBS 是相当专业的建模方式，但是 3ds Max 对于 NRUBS 的兼容性不好，基本上很难用它来完成复杂模型，所以这里也不推荐大家使用。

　　本书将带领大家一起学习 3ds Max 的多边形建模。首先，我们要搞清楚什么是多边形。可编辑多边形是一种可编辑对象，它包含五个子对象层级：顶点、边、边界、多边形和元素。其用法与可编辑网格对象的用法相同。"可编辑多边形"有各种控件，可以在不同的子对象层级将对象作为多边形网格进行操作。但是，与三角形面不同的是，多边形对象的面是包含任意数目顶点的多边形。

　　要生成可编辑多边形对象，有以下几种方法。

　　第一，首先选择某个对象，如果没有对该对象应用修改器，可在"修改"面板的修改器堆栈显示中右击，然后在弹出菜单的 Convert To（转换为）列表中选择 Editable Poly（可编辑多边形），如图 1.1 所示。

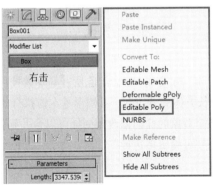

图 1.1

　　第二，右击所需对象，然后从四元菜单的 transform（变换）象限中选择 Convert to Editable Poly（转换为可编辑多边形），如图 1.2 所示。

　　第三，对参数对象应用可以将该对象转变成堆栈显示中的多边形对象的修改器，然后塌陷堆栈。例如，可以应用"转换为多边形"修改器。要塌陷堆栈，使用"塌陷"工具，然后将"输出类型"设置为"修改器堆栈结果"，或者右击该对象的修改器堆栈，然后选择 Collapse All（塌陷全部），如图 1.3 所示。

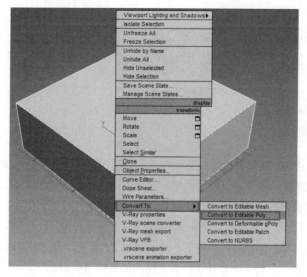

图 1.2

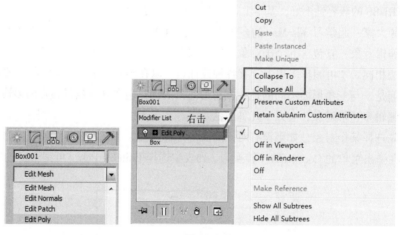

图 1.3

将对象转换成"可编辑多边形"格式时，将会删除所有的参数控件，包括创建参数。例如，可以不再增加长方体的分段数、对圆形基本体执行切片处理或更改圆柱体的边数。应用于某个对象的任何修改器同样可以合并到网格中。转换后，留在堆栈中唯一的项是"可编辑多边形"。

1.3.1　Poly 面板

对几何体使用了 Convert to Editable Poly（转换为可编辑多边形）修改命令后，单击命令面板，可以看到 Editable Poly 命令面板大致分为六个部分，如图 1.4 所示，依次为 Selection（选择）、Soft Selection（软选择）、Edit Geometry（编辑几何体）、Subdivision Surface（细分曲面）、Subdivision Displacement（细分置换）、Paint Deformation（变形画笔）。

图 1.4

1.3.2　Selection（选择）

Selection 卷展栏为用户提供了对几何体各个子物体级的选择功能，位于顶端的 5 个按钮对应了几何体的 5 个子物体级，分别为 Vertex（顶点）、Edge（边线）、Border（边界）、Poly（多边形，也就是面）以及 Element（元素）。当按钮显示成黄色时，则表示该级别被激活，如图 1.5 所示。再次单击该按钮将退出这个级别。当然也可以使用快捷键 1、2、3、4、5 来实现各个子物体级别之间的切换。

图 1.5

（1）By Vertex（通过顶点选择）：该复选框的功能只能在顶点以外的 4 个子物体级中使用。以 Poly 子物体级为例，当选择此复选框后，在几何体上单击点所在的位置，那么和这个点相邻的所有面都会被选择。该功能在其他子物体级中的效果类似。

（2）Ignore Backfacing（忽略背面）：该复选框的功能很容易理解，也很实用，就是只选择法线方向对着视图的子物体。这个功能在制作复杂模型时会经常用到。

（3）By Angle（通过角度选择）：该复选框的功能只在 Poly 子物体级下有效，通过面之间的角度来选择相邻的面。在该复选框后面的微调框中输入数值，可以控制角度的阈值范围。

（4）Shrink（减少选择）和 Grow（扩增选择）：这两个按钮的功能分别为缩小和扩大选择范围。图 1.6 所示为 Shrink（减少选择）和 Grow（扩增选择）的效果比较。

图 1.6

（5）Ring（平行选择）和 Loop（纵向选择）：这两个按钮的功能只在 Edge 和 Border 子物体级下有效。当选择了一段边线后，单击 Ring 按钮可以选择与该所选线段平行的边线，当然也可以通过双击该线段来达到同样的效果。单击 Loop 按钮可以选择与该所选线段纵向相连的边线。图 1.7 所示为 Ring 和 Loop 的效果对比。

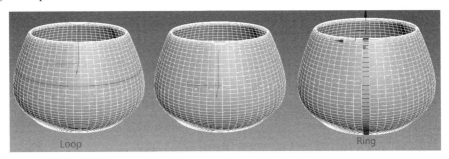

图 1.7

位于 Selection 卷展栏最下面的是当前选择状态的信息显示，比如提示当前有多少个点被选择。另外，结合 Ctrl 和 Alt 键可以实现点、线、面的加选和减选。

1.3.3　Soft Selection（软选择）

软选择功能可以在对子物体进行移动、旋转、缩放等修改的时候，同样影响到周围的子物体。在制作模型时，可以用它来修整模型的大致形状和比例，是个比较有用的功能。要使用软选择功能，需要先勾选 ☑ Use Soft Selection，这样才能打开软选择的功能。当打开该功能后，在模型表面选择点、线、面后，模型的表面会有一个很好的颜色渐变效果，如图 1.8 所示。

Soft Selection 卷展栏大致可分为对子物体的软选择和 Paint Soft Selection（画笔软选择）两部分。当勾选 Use Soft Selection（使用软选择）复选框后，此功能被开启，面板中的参数才可以使用，如图 1.9 所示。

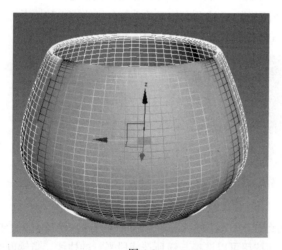

图 1.8

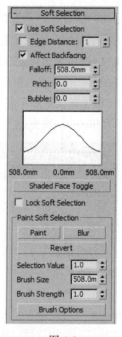

图 1.9

- Edge Distance（边距）：控制多少距离内的子物体会受到影响。其数值可以在复选框后面的微调框中输入。
- Affect Backfacing（影响背面）：控制作用力是否影响到物体背面。系统默认为被选择状态。
- Falloff（衰减）、Pinch（挤压）和 Bubble（泡）：可以控制衰减范围的形态。Falloff 控制衰减的范围，Pinch 和 Bubble 控制衰减范围的局部效果。参数可以通过输入数值调节，也可以使用微调按钮调节。调节的效果可以在图形框中看到。图 1.10 所示为 Soft Selection 图形框和工作视图的对照。
- Shaded Face Toggle（面着色开关）：单击该按钮，视图中的面将显示被着色的面效果。再次单击该按钮即可关闭。图 1.11 所示为关闭和开启时的对比。

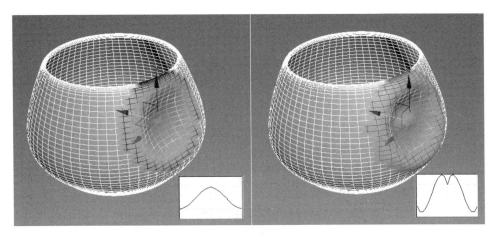

图 1.10

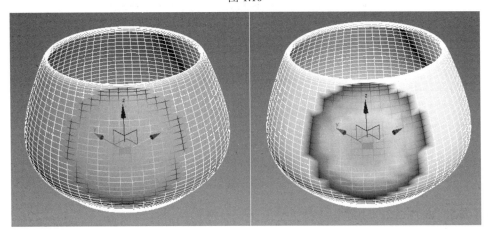

图 1.11

- Lock Soft Selection（锁定软选择）：可以对调节好的参数进行锁定。

卷展栏中的 Paint Soft Selection（画笔软选择）区域为画笔选择区域，该功能非常实用。单击 Paint 按钮就可以使用这个功能在物体上进行任意选取控制，如图 1.12 所示。

当开启画笔软选择时，卷展栏中上方的参数控制区域将变为灰色不可调状态，如图 1.13 所示。

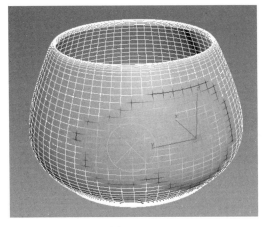

图 1.12

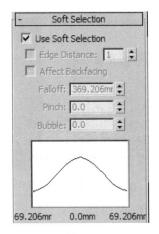

图 1.13

- Blur（模糊）：可以对选取的衰减效果进行柔化处理。
- Revert（重置）：删除所选区域。
- Selection Value（选择重力）：设置画笔的最大重力（强度值）是多少，默认值为 1.0。
- Brush Size（笔刷大小）：设置好笔刷的大小。调整笔刷大小的快捷方法为按住 Ctrl+Shift+鼠标左键推拉即可。
- Brush Strength（笔刷力度）：类似 Photoshop 软件里笔刷的透明度控制。调整笔刷强度的快捷方法为按住 Ctrl+Alt+鼠标左键推拉即可。
- Brush Options（笔刷选项）：对笔刷进一步控制。单击 Brush Options 按钮后即弹出笔刷控制的更多选项，如图 1.14 所示。

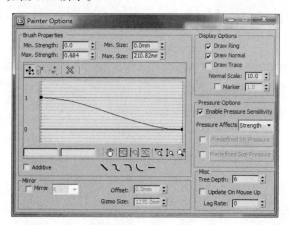

图 1.14

1.3.4 Edit Vertices（编辑顶点）

当选择 Vertex 子物体后，Edit Vertices 卷展栏才会出现，其主要提供针对顶点的编辑功能，如图 1.15 所示。

- Remove（移除）：这个功能不同于按 Delete 键进行的删除，它可以在移除顶点的同时保留顶点所在的面。图 1.16 所示为按 Delete 键和单击 Remove 按钮的对比。Remove 的快捷键为 Backspace 键。

图 1.15

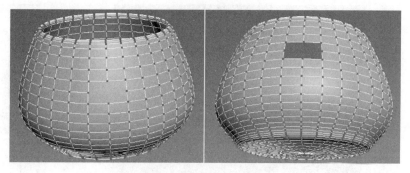

图 1.16

- Break（打断）：选择一个顶点，然后单击 Break 按钮，移动顶点后，可以看到它已经被打断。图 1.17 所示为打断顶点后轻微移动顶点的效果。

- Extrude（挤压）：有两种操作方式，一种是选择好要挤压的顶点，然后单击 `Extrude` 按钮，再在视图上单击顶点并拖动鼠标，左右拖动可以控制挤压根部的范围，上下拖动可以控制顶点被挤压后的高度。图 1.18 所示为顶点的挤压效果。

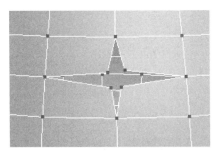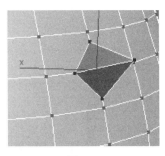

图 1.17　　　　　　　　　　　　　　　　图 1.18

另一种方式是单击 `Extrude` 旁边的 ▫ 按钮，在弹出的高级设置对话框中进行相应的参数调整，如图 1.19 所示。

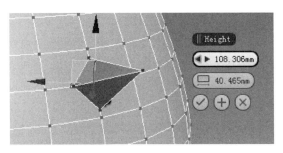

图 1.19

- Chamfer（切角）：将一个点切成几个点的效果。使用方法和 Extrude 类似。图 1.20 所示为点被切角之后的效果。

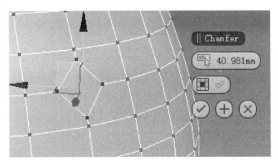

图 1.20

- Weld（焊接）：可以把多个在规定范围的点合并及焊接成一个点。单击 `Weld` 按钮旁边的 ▫ 按钮，可以在高级设置对话框中设定这个范围的大小。有时当我们选择了两个点，单击 `Weld` 按钮后，这两个点并没有焊接，这是因为系统默认的范围值太小，此时只需要单击 ▫ 按钮，将参数值调大即可，如图 1.21 所示。
- Target Weld（目标焊接）：单击 `Target Weld` 按钮，然后拖动视图上的一个顶点到另一个顶点上，即可把两个顶点焊接合并，如图 1.22 所示。

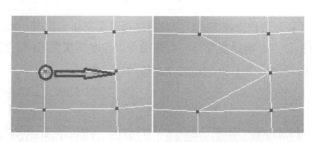

图 1.21

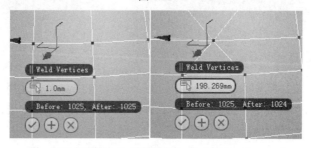

图 1.22

- Connect（连接）：可以在顶点之间连接新的边线，但前提是顶点之间没有其他边线阻挡。如图 1.23 所示，选择三个点之后，单击 Connect 按钮，就可以在它们之间连接边线。另外它的快捷键是 Ctrl+Shift+E，此快捷键一定要牢牢记住，这在以后的模型制作过程中要大量使用，可以大大提高工作效率。

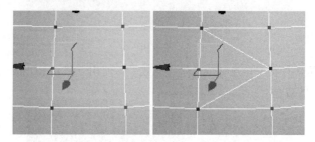

图 1.23

- Remove Isolated Vertices（移除孤立点）：可以将不属于任何物体的孤立点删除。
- Remove Unused Map Verts（移除未使用贴图的点）：可以将孤立的贴图顶点删除。
- Weight（权重）：可以调节顶点的权重值，当对物体细分一次后可以看到效果。默认值是 1.0。各权重效果如图 1.24 所示。

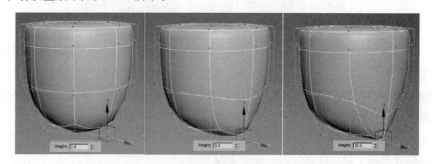

图 1.24

1.3.5   Edit Edges（编辑边线）

Edit Edges 卷展栏只有在 Edge 子物体级下出现，可以针对边线进行修改。Edit Edges 卷展栏和 Edit Vertices 卷展栏非常相似，如图 1.25 所示，有些功能也非常接近，为了避免重复学习，接下来只对 Edit Edges 卷展栏做选择性的讲解。

图 1.25

- Insert Vertex（插入点）：可以在边线上任意地添加顶点。
- Chamfer（切角）：边线也可以使用 Chamfer 工具，使用后会使边线分成两条甚至多条边线，如图 1.26 所示。 20.0mm 值控制切除边线的距离， 2 控制切除边线的数量。

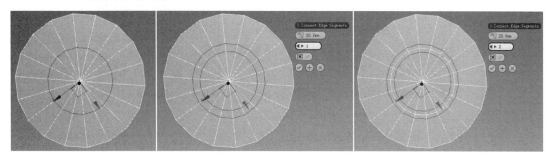

图 1.26

- Connect（连接）：可以在被选择的边线之间生成新的边线，单击 Connect 按钮旁边的 按钮，可以调节生成边线的数量。默认值是新增一条边线，如图 1.27 所示。

注意，这里有几个非常重要的参数，最上面的参数用来调节新增边线的数量，中间值用来控制新增线段同时向两侧位移的多少，最下面的值用来调节新增的边线偏向哪边靠拢，如图 1.28 所示。

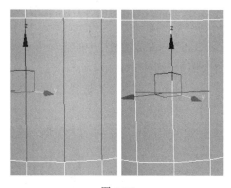

图 1.27

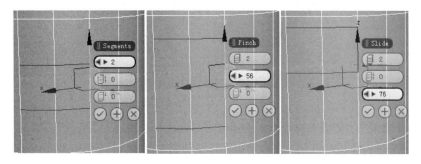

图 1.28

- Create Shape From Selection（从选择创建曲线）：在所选择边线的位置上创建曲线。首先选择要复制分离出去的边线，然后单击 Create Shape From Selection 按钮，在弹出的对话框中为生成的曲线命名，选择分离出之后的曲线类型是光滑还是保持直线样式，然后单击 OK 按钮即可，如图 1.29 所示。

图 1.29

- Crease（褶皱）：增加 Crease 的数值，可以在细分的物体上产生折角的效果。
- Edit Tri.（编辑三角面）：单击 Edit Tri. 按钮，物体上就会显示出三角面的分布情况，然后单击顶点所在的位置，拖动鼠标到另外的顶点就可以改变三角面的走向。图 1.30（中）和图 1.30（右）所示分别为未打开 Edit Tri.和打开 Edit Tri.之后以及改变边线走向之后的对比。

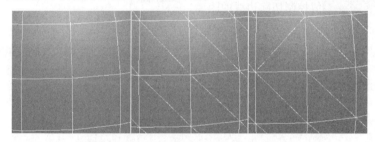

图 1.30

- Turn（翻转）：同样是一个修改三角面的工具。单击 Turn 按钮，然后在物体上单击三角面的虚线，三角面的走向就会改变，再次单击边线就会还原走向。

1.3.6　Edit Borders（编辑边界）

Edit Borders 卷展栏中的选项用来修改边界，如图 1.31 所示。接下来，同样对 Edit Borders 卷展栏中特有的选项进行讲解。

- Cap（封盖）：选择边界，然后单击 Cap 按钮就可以把边界封闭，使用非常简便，如图 1.32 所示。

图 1.31

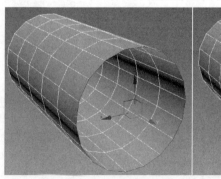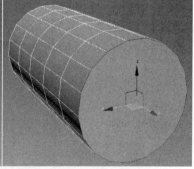

图 1.32

- Bridge（桥接）：如图 1.33 所示，它不仅可以把两个边界或者面连接起来，还可以通过高级参数设置进行搭桥的锥化、扭曲等操作。该功能在制作人体模型的时候可以用来连接人体的各个部分。

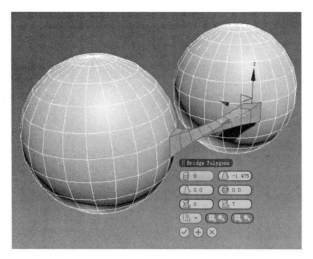

图 1.33

- Connect（连接）：可以在两条相邻边界之间创建边线。

1.3.7　Edit Polygons（编辑多边形）

Edit Polygons 卷展栏是 Convert to Editable Poly 修改命令中比较重要的一部分。单击 Polygon 子物体级，就可以看到 Edit Polygons 卷展栏，如图 1.34 所示。

- Insert Vertex（插入顶点）：使用 Polygon 子物体级下的 Insert Vertex 工具可以在物体的多边形面上任意添加顶点。单击 按钮，然后在物体的多边形面上单击就可以添加一个新顶点，如图 1.35 所示。

图 1.34

图 1.35

- Extrude（挤压）：有三种挤压模式，单击 Extrude 按钮旁边的 口 按钮就可以看到参数面板，单击参数面板中的下拉按钮可以看到有三种模式，分别为 Group、Local Normal 和 By Polygon，如图 1.36 所示。

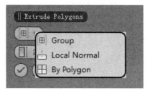

图 1.36

Group 以群组的形式整体向外挤出面，Local Normal 以法线的方式向外挤出，By Polygon 每个面单独向外挤出，它们的区别如图 1.37 所示。

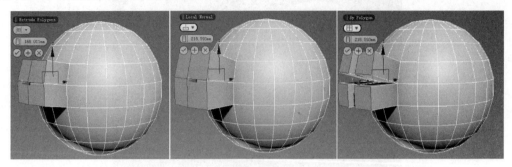

图 1.37

- Outline（轮廓线）：可以使被选择的面沿着自身的平面坐标进行放大和缩小。
- Bevel（倒角）：Extrude 工具和 Outline 工具的结合。Bevel 工具对多边形面挤压后还可以让面沿着自身的平面坐标进行放大和缩小，如图 1.38 所示。此工具非常重要，在模型制作的过程中会大量使用。

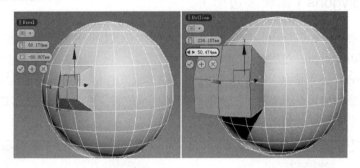

图 1.38

- Bridge（搭桥）：与边界子物体级中的 Bridge 是相同的，只不过这里选择的是对应的多边形而已。
- Flip（翻转法线）：可以将物体上选择的多边形面的法线翻转到相反的方向。
- Hinge From Edge（以边线为中心旋转挤压）：能够让多边形面以边线为中心来完成挤压。往往需要单击 ▣ 按钮，在弹出的对话框中对挤压的效果进行设置，如图 1.39 所示。此方法角度有时不是很容易控制。

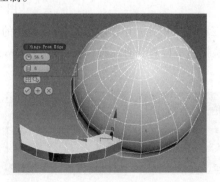

图 1.39

- Extrude Along Spline（沿着样条曲线挤压）：首先创建一条样条曲线，然后在物体上选择好多边形面，单击 Extrude Along Spline 右侧的 ▣ 按钮，在弹出的参数设置中单击图中红色方框的按钮，然后拾取图中创建的样条曲线，效果对比如图 1.40 所示。

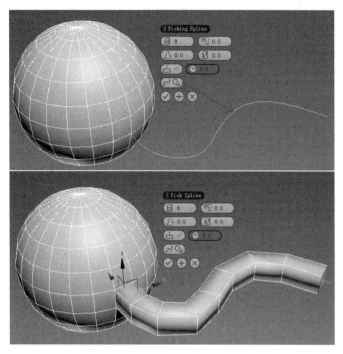

图 1.40

同时可以调整锥化、扭曲、旋转等参数值来达到不同的效果，如图 1.41 所示。

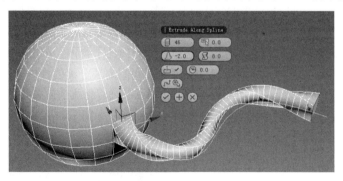

图 1.41

- Edit Triangulation（编辑三角面）：和前面讲到的编辑三角面一样，不再叙述。
- Retriangulate（重新划分三角面）：可以将超过四条边的面自动以最合理的方式重新划分为三角面。

1.3.8　Edit Geometry（编辑几何体）

Edit Geometry 卷展栏中的选项可以用于整个几何体，不过有些选项要进入响应的子级才能使用，参数如图 1.42 所示。

- Repeat Last（重复上一次操作）：使用这个选项可以重复应用最近一次的操作。
- Constraints（约束）：在默认状态下是没有约束的，这时子物体可以在三维空间中不受任何约束地进行自由变换。约束有两种：一种是 Edge（边线），另一种是 Face（面）。
- Preserve UVs（保留 UV 贴图坐标）：在 3ds Max 默认的设置下，修改物体的子物体时，贴图坐标也会同时被修改。勾选 Preserve UVs 复选框后，当对子物体进行修改时，贴图坐标将保留它原来的属性不被修改，如图 1.43 所示。

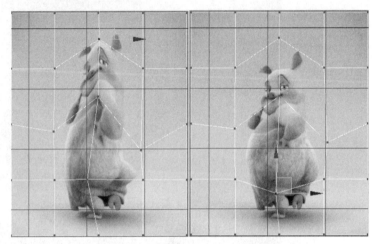

图 1.42   图 1.43

- Create（创建）：可以创建顶点、边线和多边形面。
- Collapse（塌陷）：将多个顶点、边线和多边形面合并成一个，塌陷的位置为原选择子物体级的中心。
- Attach（合并）：可以把其他的物体合并进来。单击旁边的 ▣ 按钮可以在列表中选择合并物体，它实质上是将多个物体附加合并成一个同时可被编辑的子物体。
- Detach（分离）：可以把物体分离。选择需要分离的子物体，单击 Detach 按钮就会弹出 Detach 对话框，如图 1.44 所示，在该对话框中可以对要分离的物体进行设置。
- Slice Plane（平面切片）：其功能就像用刀切西瓜一样将物体的面分割。单击 Slice Plane 按钮，在调整好界面的位置后单击 Slice 按钮完成分割，如图 1.45 所示。单击 Reset Plane 按钮可以将截面复原。

分离到元素
使用复制分离

图 1.44   图 1.45

- QuickSlice（快速切片）：和 Slice Plane 的功能很相似，单击 QuickSlice 按钮，然后在物体上单击以确定截面的轴心，围绕轴心移动鼠标选择好截面的位置，再次单击完成操作。

- Cut（切割）：一个可以在物体上任意切割的工具，如图 1.46 所示。此功能主要用来手动调整模型的布线。

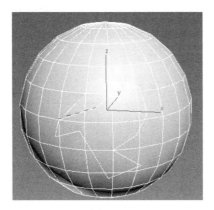

图 1.46

- MSmooth（网格光滑）：能够使选择的子物体变得光滑，但光滑的同时将增加物体的面数。
- Tessellate（网格化）：能在所选物体上均匀地细分，细分的同时不改变所选物体的形状。MSmooth 和 Tessellate 都是光滑细分模型，它们之间的区别如图 1.47 所示。

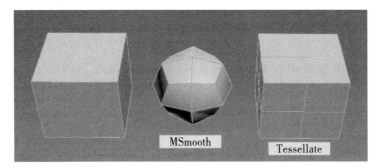

图 1.47

- Make Planar（生成平面）：将选择的子物体变换在同一平面上，后面 3 个按钮的作用是分别把选择的子物体变换到垂直于 X、Y 和 Z 轴向的平面上，如图 1.48 所示。

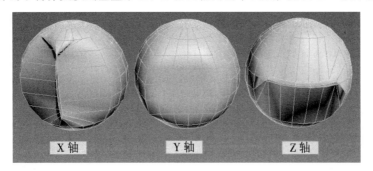

图 1.48

- View Align（视图对齐）和 Grid Align（网格对齐）：分别用于把选择的子物体与当前视图对齐，以及将选择物体的子物体与视图中的网格对齐。
- Relax（松弛）：可以使被选子物体的相互位置更加均匀。

- Hide Selected（隐藏选择）、Unhide All（显示全部）和 Hide Unselected（隐藏未选择对象）：3 个控制子物体显示的按钮。
- Copy（复制）和 Paste（粘贴）：在不同的对象之间复制和粘贴子物体的命名选择集。
- 最后是两个复选框：Delete Isolated Vertices 用于删除孤立的点；Full Interactivity 可以控制命令的执行是否与视图中的变化完全交互。

1.3.9   Vertex Properties（顶点属性）

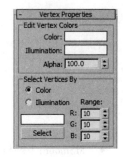

图 1.49

Vertex Properties 卷展栏（见图 1.49）实现的功能主要分为两部分，一部分是顶点着色的功能，另一部分是通过顶点颜色选择顶点的功能。

选择一个顶点，在 Edit Vertex Colors 选项区域单击 Color 旁边的色块就可以对点的颜色进行设置了；调节 Illumination 能够控制顶点的发光色。

在 Select Vertices By 选项区域中，可以通过输入顶点的颜色和发光色来选中相应点。在 Range 列（R，G，B）中可以输入范围值，然后单击 Select 按钮确认。

1.3.10   Polygon:Material IDs

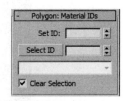

图 1.50

Polygon:Material IDs 卷展栏中的选项主要包括多边形面的 ID 设置，如图 1.50 所示。

首先来看一下多边形面的 ID 设置。选择要设置 ID 的面，然后在 Set ID（设置 ID）输入框中直接输入要设置的数值，也可以在微调框中单击上下箭头快速调节。设置好面的 ID 后，就可以通过 ID 来选择相对应的面了。在 Select ID（选择 ID）右侧的微调框中输入要选面的 ID，然后单击 Select ID 按钮，对应这个 ID 的所有面就会被选中。如果当前的多边形已经被赋予了多维子物体材质，那么在下面的下拉列表框中就会显示出子材质的名称，通过选择子材质的名称就可以选中对应的面。下面的 Clear Selection（清除选择）复选框如果处于选择状态，则新选择的多边形会将原来的选择替换掉；如果处于未选择状态，那么新选择的部分会累加到原来的选择上。

1.3.11   Polygon:Smoothing Groups

Polygon:Smoothing Groups（多边形：光滑组）卷展栏用于在选择多边形面后单击下面的一个数字按钮来为其指定一个光滑组，参数如图 1.51 所示。

- Select By SG（通过光滑组选择）：如果当前的物体有不同的光滑组，单击 Select By SG 按钮，在弹出的对话框中单击列出的光滑组就可以选中相应的面，如图 1.52 所示。

图 1.51

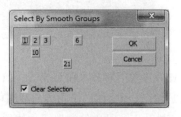

图 1.52

- Clear All（清除全部）：可以从选择的多边形面中删除所有的光滑组。图 1.53 所示为自动平滑和清除所有光滑后的效果对比。

图 1.53

- Auto Smooth（自动光滑）：可以基于面之间所成的角度来设置光滑组。如果两个相邻的面所形成的角度小于右侧微调框中的数值，那么这两个面会被指定同一光滑组。

1.3.12　Subdivision Surface（细分曲面）

Subdivision Surface 卷展栏（见图 1.54）的添加是 Poly 建模走向成熟的一个标志，它使用户只要使用 Convert to Editable Poly 就可以完成 Poly 建模的全部过程。

Smooth Result（光滑结果）复选框设置是否对光滑后的物体使用同一个光滑组。

勾选 Use NURMS Subdivision（使用 NURMS 细分）复选框，可以开启细分曲面功能。

此功能非常重要，在制作模型时，要随时开启/关闭该选项来对比观察模型细分前后的效果。系统默认是没有快捷键的，通过自定义快捷键可以快速开启与关闭该功能，后面将详细讲解该快捷键的设置。图 1.55 所示为关闭和开启 Use NURMS Subdivision 的效果对比。

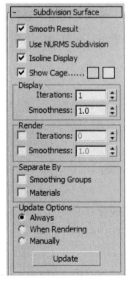

图 1.54

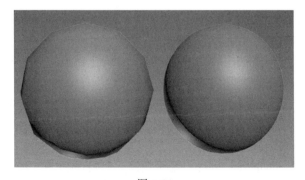

图 1.55

勾选 后，会在视图区域弹出一个参数面板，如图 1.56 所示。

单击参数面板中向右的小三角可以打开更多的参数控制，如图 1.57 所示，这些参数在常规参数面板中都可以找到。

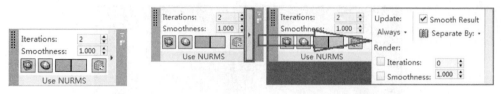

图 1.56   图 1.57

Isoline Display 复选框可以控制光滑后的物体是否显示细分后的网格。开启与关闭的效果对比如图 1.58 所示。

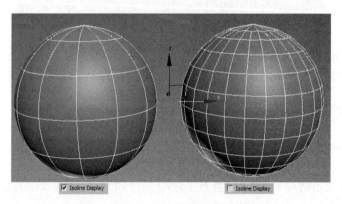

图 1.58

Display（显示）和 Render（渲染）两个选项区域分别控制了物体在视图中显示和渲染时的光滑效果。

Separate By 选项区域内有两个复选框，在介绍 MSmooth 工具时已经讲过，分别为通过光滑组细分和通过材质细分。

最下面的 Update Options 选项区域提供了细分物体在视图中更新的一些相关功能。Always（始终）用于即时更新物体光滑后在视图中的状态；When Rendering（在渲染时）表示只在渲染时更新；Manually（手动）用于手动更新。更新的时候需要单击 Update 按钮。

1.3.13 Subdivision Displacement（细分置换）

Subdivision Displacement 卷展栏（见图 1.59）的功能是可以控制 Displacement 贴图在多边形上生成面的情况。

勾选 Subdivision Displacement（细分置换）复选框，开启 Subdivision Displacement 卷展栏中的功能。

勾选 Split Mesh（分离网格）复选框后，多边形在置换之前会分离成独立的多边形，这有利于保存纹理贴图。取消勾选该复选框，多边形不分离并使用内部方法来指定纹理贴图。

在 Subdivision Presets（细分预设）选项区域中有 3 种预设按钮，用户可以根据多边形的复杂程度选择适合的细分预设。其下方选项区域是详细的 Subdivision Method（细分算法）设置区域。

图 1.59

1.3.14　Paint Deformation（变形画笔）

Paint Deformation 卷展栏（见图 1.60）可以通过使用鼠标在物体上绘画来修改模型，效果如图 1.61 所示。

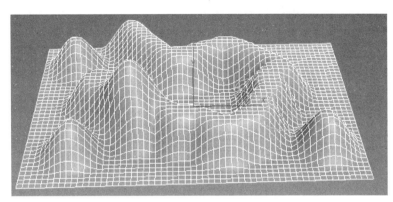

图 1.60　　　　　　　　　　　　　　　　　图 1.61

- Push/Pull（推/拉）：单击该按钮就可以在物体上绘制图形，用法非常简便、直观。
- Relax（松弛）：可以对尖锐的表面进行圆滑处理。
- Revert（重置）：使被修改过的面恢复原状。
- Deformed Normals（变形法线）：与 Original Normals（原始法线）功能相反，推拉的方向会随着子物体法线的变化而变化。
- Transform axis（变换轴向）：可以设定推拉的方向，有 X、Y、Z 轴可以选择。

下面的三个数字用来调节变形画笔的推拉效果，和 Paint Soft Selection 面板中的相应功能几乎一样。

- Push/Pull Value（推拉值）：决定一次推拉的距离，正值为向外拉出，负值为向内推进。
- Brush Size（笔刷大小）：用来调节笔刷的大小。快速调整笔刷大小的方法为按住 Ctrl+Shift 组合键的同时按住鼠标左键拖动鼠标。
- Brush Strength（笔刷强度）：用来调节笔刷的强度。快速调整笔刷强度的方法为按住 Ctrl+Alt 组合键的同时按住鼠标左键拖动鼠标。

1.3.15　石墨工具

自从 3ds Max 2010 版本开始，它加入了强大的 Poly 建模工具，也就是整合收购了之前的 PolyBoost 插件并做了一些自身优化，我们称之为石墨建模工具。系统默认是开启石墨工具的，石墨工具在 3ds Max 软件中的位置如图 1.62 所示。

石墨建模工具集也称为 Modeling Ribbon，代表一种用于编辑网格和多边形对象的新范例。它具有基于上下文的自定义界面，该界面提供了完全特定于建模任务的所有工具（且仅提供此类工具），且仅在需要相关参数时才提供对应的访问权限，从而最大限度地减少了屏幕上的杂乱现象。Ribbon 控件包括所有现有的编辑/可编辑多边形工具，以及大量用于创建和编辑几何体的新型工具。

Modeling Ribbon 采用工具栏形式，可通过水平或垂直配置模式浮动或停靠。此工具栏包含 3 个选项卡："石墨建模工具""自由形式"和"选择"，如图 1.63 所示。

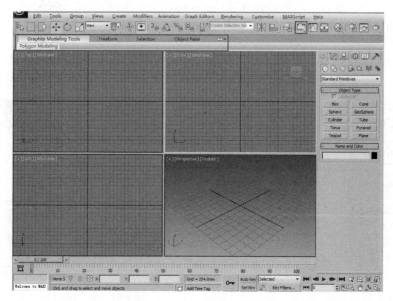

图 1.62

图 1.63

　　每个选项卡都包含许多面板,这些面板显示与否将取决于上下文,如活动子对象层级等。您可以右击菜单确定将显示哪些面板,还可以分离面板以使它们单独地浮动在界面上。通过拖动任意一端即可水平调整面板大小,当面板变小时,面板会自动调整为合适的大小。这样,以前直接可用的相同控件将需要通过下拉菜单才能获得。

　　石墨工具栏可以单独浮动显示,也可以嵌入到 3ds Max 界面中水平或垂直显示。默认为水平显示,要使其浮动显示,只需拖动左边的工具条,把该工具栏拖动出来即可,如图 1.64 所示。当然也可以拖动该工具栏到左侧的边框上释放即嵌入到软件左侧,如图 1.65 所示。

图 1.64

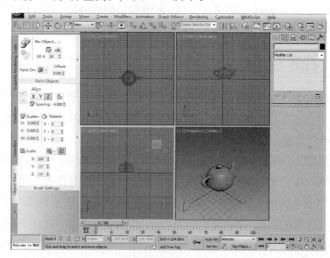

图 1.65

石墨建模工具栏水平显示有三种显示方式，分别为 Minimize to Tabs （最小化为选项卡）、Minimize to Panel Titles （最小化为面板标题）和 Minimize to Panel Buttons （最小化为面板按钮），几种显示的区别如图 1.66 所示。

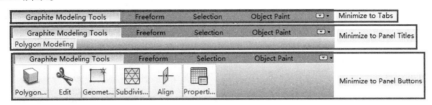

图 1.66

单击工具栏中的 图标可以开启和关闭石墨建模工具。

石墨工具除了包含可编辑多边形建模参数中的所有命令外，还增加了许多实用的工具，最强大之处就是 Freeform 变形工具，其命令面板如图 1.67 所示。

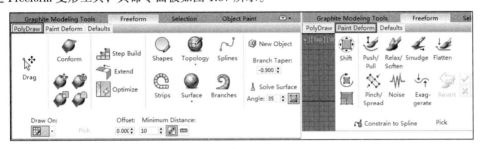

图 1.67

Freeform 变形工具不仅增加了拓扑工具，还增加了许多变形绘制工具，可以使创作者更加随心所欲地创作出自己的作品。石墨工具参数众多，如果要详细讲解的话估计能编辑一本书，所以这里就不再详细讲解了，有兴趣的读者可以专门来好好研究一下。要想学习里面的每一个工具其实也很简单，Max 对石墨工具的说明也做了很大的努力，当鼠标放在石墨工具上时，它会自动弹出该工具的使用方法，同时配有文字图片说明，一目了然。这里给出它们之间一些主要参数的中英文对比图以便读者参考学习，如图 1.68 ~ 图 1.72 所示。

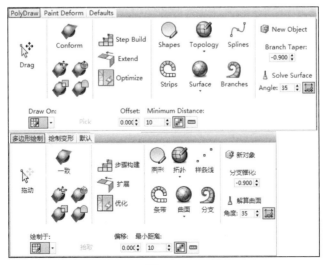

图 1.68

图 1.69

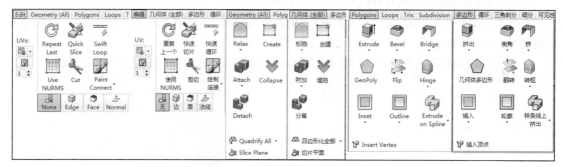

图 1.70

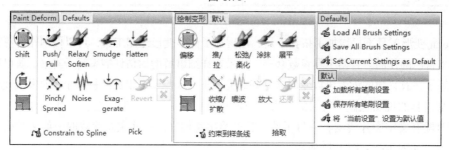

图 1.71

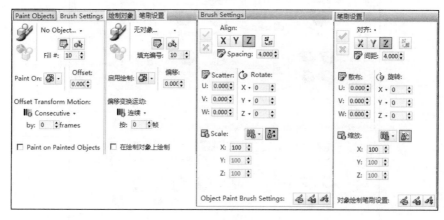

图 1.72

1.4　软件基本设置

3ds Max 2013/2014/2015 版本在安装完成之后，系统自带了各种语言包，可以使用中文版、英文版、法语版、日语版等。在开始菜单下，打开 Autodesk 文件夹，可以看到安装的各种 3ds Max 版本。3ds Max 2013、2014 和 2015 版本分别有各个语言版本的快捷键，单击所需要的版本即可打开相对应的语言版本，如图 1.73 所示。

右击快捷图标，然后单击属性，在打开的属性面板中可以看到 3ds Max 安装的路径，在"目标"栏中可以看到它后面添加了语言文件的代码，如图 1.74 所示。其中的/Language=CHS 就是中文版，如果修改为/Language=ENU，打开之后就是英文版。这种方式是 3ds Max 2015 版本之后的一个创新和突破，也方便读者对照学习。

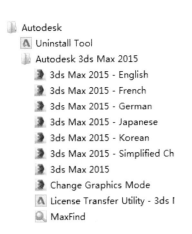

图 1.73　　　　　　　　　　　　　　　　　图 1.74

本书主要来学习一下英文版模型的制作方法，英文版打开之后的界面如图 1.75 所示。

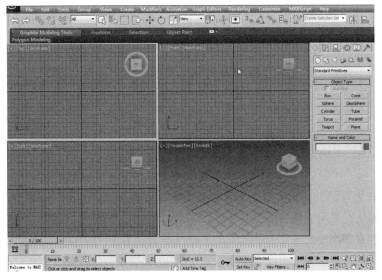

图 1.75

1．常用快捷键设置

在开始制作之前首先设置一些常用的快捷键。单击 Customize（自定义菜单），然后单击 Customize User Interface（自定义用户界面），如图 1.76 所示。

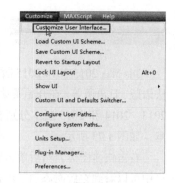

图 1.76

在弹出的自定义用户界面面板的 Category（类别）下拉列表框中选择 Editable Polygon Object（编辑多边形物体），然后在下面的参数中找到 NURMS Toggle（Poly），在右侧中的 Hotkey（热键）中输入 Ctrl+Q，单击 Assign 按钮，如图 1.77 所示。

用同样的方法在 Category（类别）下拉列表框中选择 Views（视图），找到 Display Selected with（以边面模式显示选定），在右侧的 Hotkey 中输入 Shift+F4，单击 Assign 按钮，如图 1.78 所示。该快捷键的设置为把当前选择的物体显示线框。

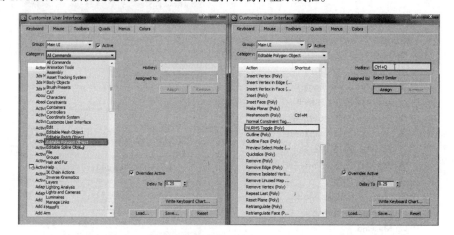

图 1.77

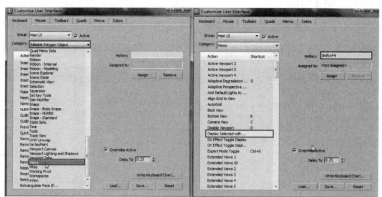

图 1.78

设置好快捷键之后，我们来看一下如何使用该快捷键。首先在视图中创建一个 Box 物体，按 Alt+W 组合键把透视图最大化显示，然后按下 J 键取消物体 4 个角的边框显示，按下 F4 键打开自身的线框显示效果，右击，在弹出的快捷菜单中选择 Convert To（转换为）|Convert to Editable Poly（转换为可编辑多边形），此时就把该 Box 物体转换为可编辑的多边形物体，如图 1.79 所示。

按下 Ctrl+Q 组合键，模型就会自动细分显示，如图 1.80 所示。在弹出的参数中把 Iterations 值设置为 2，它的意思就是给模型 2 级的细分。其实按下 Ctrl+Q 组合键就相当于在右侧的参数中打开了 ☑ Use NURMS Subdivision 选项，浮动面板中的 Iterations 值相当于常规参数面板中的 Iterations: 2 值。再次按下 Ctrl+Q 组合键，即可关闭细分显示效果。

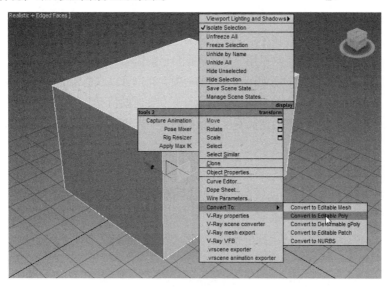

图 1.79

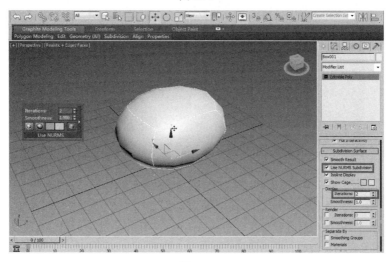

图 1.80

接下来看一下 Shift+F4 组合键的作用。正常情况下，我们按下 F4 键时，物体就会以线框+实体的方式显示，虽然这种显示方式比较直观，但是一旦场景中的模型较多时，就会比较占用系统资源，有时也不便于观察。按下 Shift+F4 组合键，然后再次按下 F4 键，此时只有被选中的物体才会显示边框+实体，如图 1.81 所示。要让曲线该显示效果，再次按下 Shift+F4 组合键即可。

图 1.81

2．自动保存设置

单击 Customize 菜单，然后单击 Preferences（首选项），在首选项设置面板中单击 Files（文件），然后在 Auto Backup（自动保存）区域设置 Number of Autobak Files（自动保存文件数）值为 3，Backup Interval（Minutes）（备份间隔/分钟）为 15 或者 20，这两个值的意思就是让 Max 软件自身每隔多少分钟自动保存一次文件，总共要保存多少个文件。如果 Number of Autobak Files 的值为 3，就是总共要保存 3 个文件，然后依次覆盖保存。这里用户可以根据自己的需要自行设置，默认值为每隔 5 分钟保存一次。其实这里如果用户有良好的手动保存文件的习惯，完全可以取消系统的自动保存功能，关闭之后的好处就是可以避免大型文件中的自动保存出现卡顿和耗时的情况，坏处就是如果用户忘记手动保存文件，出现软件崩溃的情况下就会造成不可挽救的损失（当然，现有的 Max 版本在出现软件崩溃时会提示保存文件）。

3．ViewCube 显示设置

软件默认打开时，在顶视图、前视图、侧视图和透视图右上角会有一个图标的显示，如图 1.82 所示。

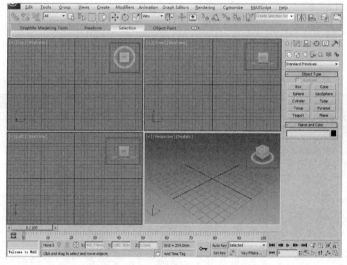

图 1.82

在制作模型时，有时你可能会觉得这个功能很碍事，一不小心就会点到它造成视图的变换，很不方便，所以这个地方我们只需要在激活的视图当中显示即可。在图标上右击，单击 Configure（配置）选项，在弹出的 ViewCube 参数面板中选择 Only in Active View（仅在活动视图中显示），然后将透明度设置为 25%，如图 1.83 所示。

经过这样的设置之后，ViewCube 就只在当前激活的视图当中才会显示。

4．软件 UI 的设置

当安装完 3ds Max 软件之后，默认的 UI 界面是黑色的，虽然这种颜色看起来非常酷，但是为了视频录制的需要，我们还是先设置为之前版本中默认的灰色显示效果。单击 Customize 菜单，单击 Load Custom UI Scheme（加载用户自定义界面），然后在弹出的选择 UI 对话框中选择 ame.light，单击 Open 按钮，如图 1.84 所示。这样我们就更改了系统默认的 UI。

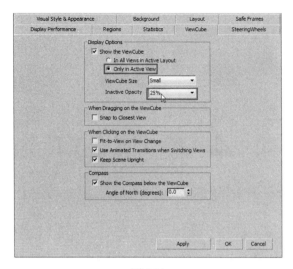

图 1.83

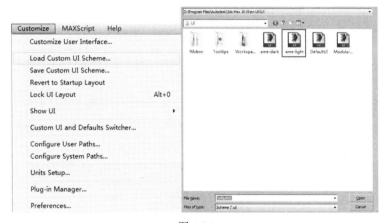

图 1.84

5．系统单位设置

单击 Customize 菜单，单击 Units Setup（单位设置），在弹出的 Units Setup 参数面板中选择 Metric（公制），在下拉列表框中选择 Millimeters（毫米）即可，如图 1.85 所示。

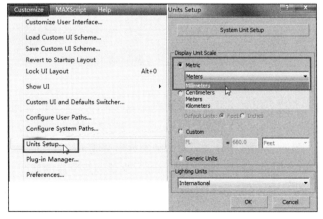

图 1.85

第 2 章 五金工具类产品设计

在正式学习复杂的模型制作之前，我们先通过一个实例来了解一下 3ds Max 的建模技术。

2.1 Poly 建模光滑硬边缘处理方法

上一章我们介绍了可编辑多边形命令里面的详细参数，接下来我们看一下可编辑多边形建模原理及在实例制作中出现的问题解决方案。

步骤 01 在视图中创建一个面片，然后右击并选择转换为可编辑的多边形命令，按 4 键进入面级别，单击 Inset 按钮，在面上单击并拖动鼠标向内插入一个新的面，然后按 Delete 键删除该面，如图 2.1 所示。

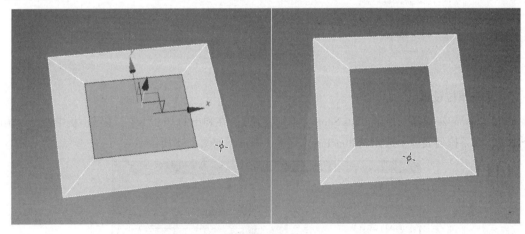

图 2.1

步骤 02 按 3 键进入边界级别，框选外部和内部的边界，按住 Shift 键向下拖动复制出新的面，按 Ctrl+Q 组合键细分光滑该物体，将细分值 Iterations 设置为 3，效果如图 2.2 所示。

步骤 03 此时我们发现模型在细分之后由原来的方形变成了圆形的效果，如果我们希望模型保持之前的方形又想得到一个比较光滑的边缘怎么办呢？这就涉及分段的问题。框选两侧的边，单击 Connect 右侧的 □ 按钮，在弹出的 Connect Edges 参数面板中设置分段数为 2，然后将线段向两边靠拢，如图 2.3 所示。

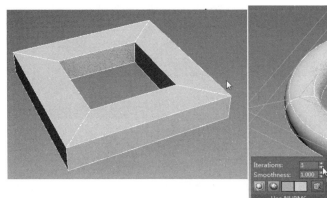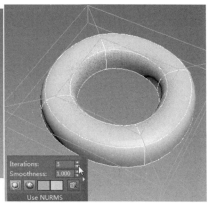

图 2.2

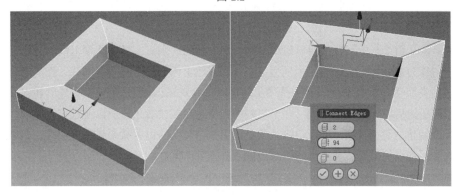

图 2.3

再次按 Ctrl+Q 组合键细分光滑该物体，效果如图 2.4 所示。

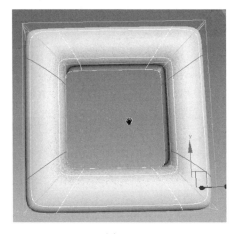

图 2.4

步骤 04 用同样的方法框选左右两侧的边，在两端的位置加线。为了便于观察加线之后的效果对比，将该物体向右复制两个。选择第二个物体，然后单击高度的一条线段，单击 Ring 按钮，这样就快速选择了高度上所有的线段，在外侧的线段上靠近上端的位置加线。将第三个物体的内侧和外侧高度上的线段都加线处理，一一将它们细分，效果对比如图 2.5 所示。

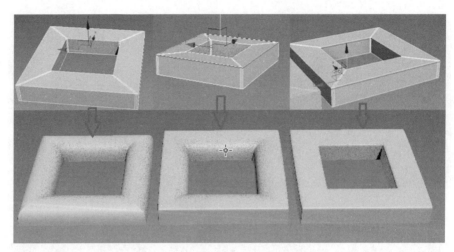

图 2.5

步骤 05 从图 2.5 中可以很明显地观察到它们之间的区别：左侧在高度上没有进行加线的模型在细分之后边缘过渡弧度更大；第二个模型只在外侧靠近上面的地方进行了加线，光滑之后外侧的边缘保持了之前类似 90° 的拐角但又有一个很小的边缘过渡效果；最后一个模型在外侧和内侧都进行了加线处理，光滑之后内外边缘都出现了一个很好的光滑过渡棱角效果。所以通过这个原理，我们就明白了那些光滑棱角的制作方法。要使边缘棱角更加尖锐，加线的位置就要越靠近边缘；如果想使边缘过渡更加缓和，加线的位置就要越远离边缘位置，如图 2.6 所示。

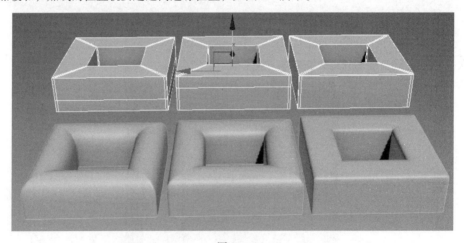

图 2.6

2.2 多边形建模操作体验

步骤 01 在 （创建）面板中的 （基本几何体）下单击 Tube （圆管）按钮，然后在视图中单击并拖动鼠标创建一个圆管物体，设置高度分段数为 1，如图 2.7 所示。

步骤 02 选择该物体并将其转换为可编辑的多边形物体，切换到前视图，按 1 键进入点级别，框选底部的所有点，按 Delete 键删除，如图 2.8 所示。

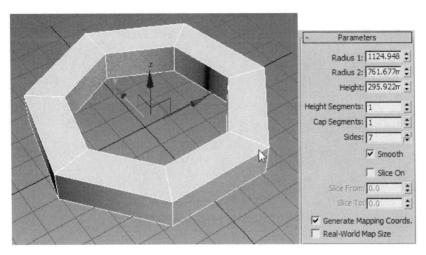

图 2.7

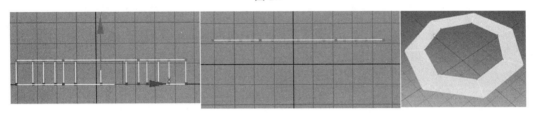

图 2.8

步骤 03　切换到顶视图，按住 Shift 键移动复制物体，如图 2.9 所示。单击 Attach 按钮，依次在视图中单击拾取要焊接的物体，将这 3 个物体附加成一个物体，如图 2.10 所示。

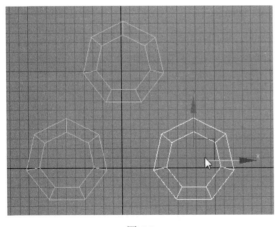

图 2.9

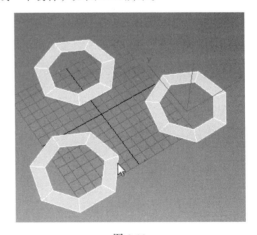

图 2.10

步骤 04　按 5 键进入元素级别，适当地将下方的两个物体旋转，选择图 2.11 所示的边，单击 Bridge （桥接）工具使其中间自动连接生成新的面。

步骤 05　选择图 2.12 （左）所示的线段，按 Ctrl+Shift+E 组合键向中间添加一条线段，将上方的物体适当旋转并调整到合适的位置，单击 Target Weld （目标焊接）工具，将图 2.12 （右）所示的点焊接到上方的点上。

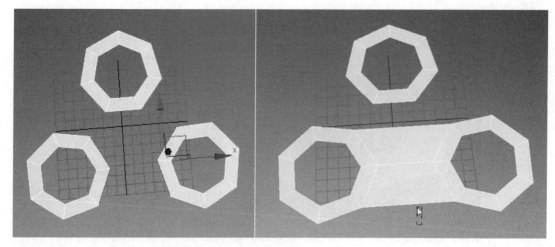

图 2.11

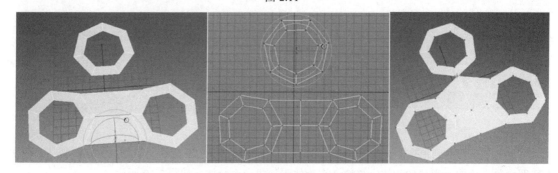

图 2.12

用桥接工具把图 2.13（左）所示的边生成新的面，然后在边级别下将顶部的线段添加分段并调整点线的位置，框选右侧对称的点，按 Delete 键删除一半，如图 2.13（右）所示。

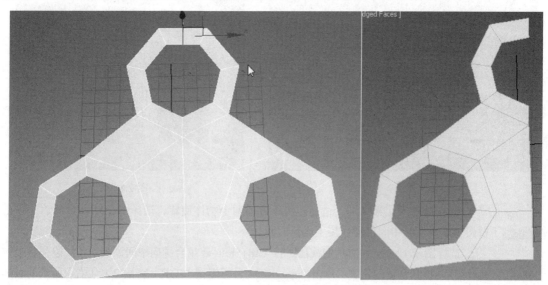

图 2.13

步骤 06 配合面的挤出、点的调整、边的桥接工具等按照图 2.14 所示的步骤调整该模型的形状。

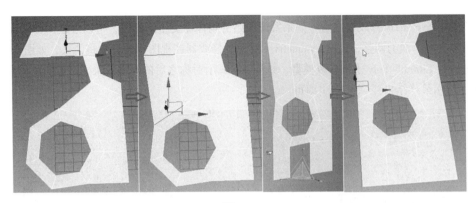

图 2.14

步骤 07 在 （层次）面板中单击 Affect Pivot Only （仅影响轴），将模型的轴心调整到右侧的边缘，如图 2.15 所示。

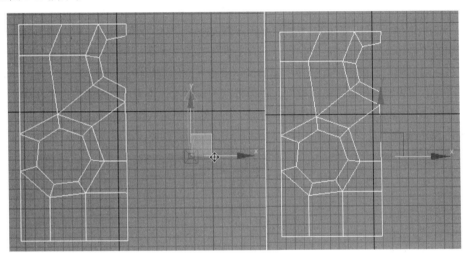

图 2.15

步骤 08 进入 （修改）面板，在下拉列表中选择 Symmetry （对称）修改器，该命令会自动将另一半的模型对称出来。如果出现图 2.16（左）所示的情况，只需勾选 ☑ Flip （翻转）即可，效果如图 2.16（右）所示。

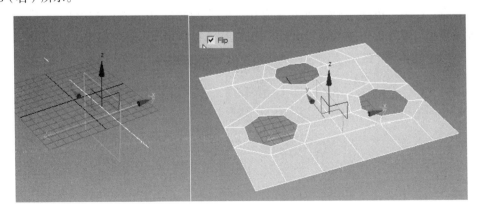

图 2.16

在添加了 Symmetry 修改器之后，如果发现原始的物体需要重新修改，可以继续回到 Editable Poly 子级进行点、线、面的调整，此时 Symmetry（对称）修改器在视图中的显示将消失，如图 2.17 所示。如果想进入到 Editable Poly 子级修改模型，又希望它显示对称之后的模型效果，只需单击 ▦ Ĥ ✓ ❹ ▦ 中的 Ĥ（显示最终结果开/关切换）即可。

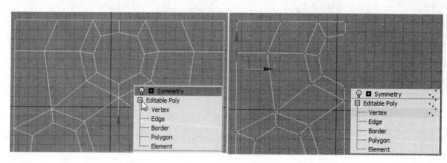

图 2.17

单击 Symmetry（对称）前面的+号可以展开子级显示，单击 ⋯⋯⋯ Mirror 可以调节物体的对称中心，参数中的 Threshold（阈值）可以控制点的自动焊接的距离大小。该值不要调得太大，也不要为 0，这样能保证使对称轴中心的点能焊接在一起而又不会将其他的点焊接在一起。

步骤 09 要想继续修改编辑该模型，我们可以右击再次转换为可编辑的多边形物体，也可以在修改器下拉列表中添加 ▦ Edit Poly（编辑多边形）继续修改编辑。按 3 键进入边界级别，框选图中的边界，按住 Shift 键向下拖动复制出新的面，然后单击 ▭ Cap ▭ 按钮将洞口封上，如图 2.18 所示。

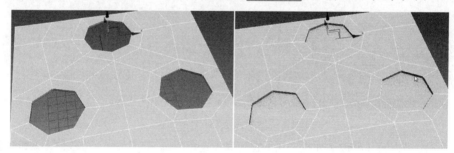

图 2.18

步骤 10 选择刚刚封口的面，单击 ▭ Bevel ▭ 右侧的 ▫ 按钮，将基础的高度值设置为 0，设置缩放值为−30 左右；单击 ⊕ 按钮，将缩放值设置为 0，高度值设置为 80 左右；再次单击 ⊕ 按钮，然后再次将该面高度值设置为 0，向内缩放挤出新的面，如图 2.19 所示。

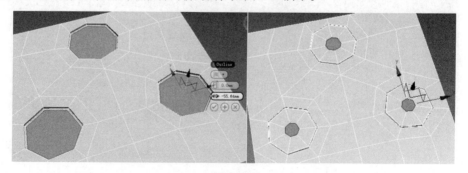

图 2.19

步骤 11 选择四周的边按住 Shift 键向下挤出新的面，然后在修改器下拉列表中单击 TurboSmooth（涡轮平滑），设置 Iterations: 2 参数为 2，该参数值越大，细分次数越多，面数也就成倍增加，但是细分效果越好，此值建议在 1~3 之间，效果如图 2.20 所示。

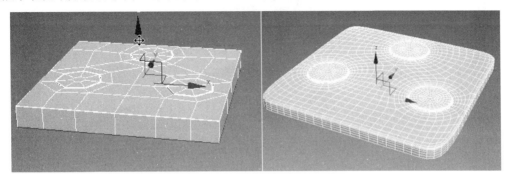

图 2.20

步骤 12 单击 删除按钮，将添加的修改器暂时删除，删除另外一半对称的模型，按 2 键进入边界级别，用前面所讲的方法在边缘的位置加线，如图 2.21 所示。

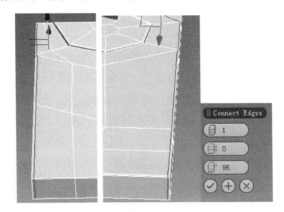

图 2.21

中间有些点可以用 Target Weld （目标焊接工具）将它们焊接成一个点，如图 2.22 所示。

图 2.22

步骤 13 在修改器下拉列表中再次添加 Symmetry（对称）修改器和 TurboSmooth（涡轮平滑）修改器，设置 Iterations 细分值为 2，最后的效果如图 2.23 所示。

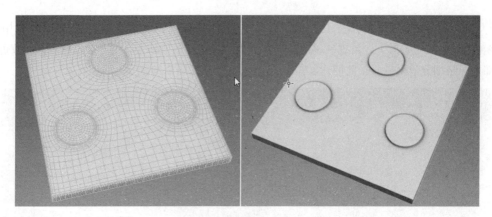

图 2.23

2.3 厨具模型的制作

本节来学习一下一套厨具的制作，包括勺子、铲子、杯子等。

2.3.1 杯子的制作

步骤 01 杯子的制作有两种方法：第一种是利用圆柱体进行可编辑的多边形修改；第二种是创建剖面样条曲线，利用修改器工具转换为三维模型。首先来看一下第一种方法。在 ⊙ "创建"面板中单击 Cylinder （圆柱体）按钮，然后在视图中创建出一个圆柱体。设置 Radius（半径）为 5.3cm，高度为 13cm，Height Segments（高度分段）为 1，Sides（边数）为 18，将该圆柱体转换为可编辑的多边形物体。按 1 键进入点级别，框选底部的点然后用缩放工具适当缩放一下，按 4 键进入面级别，选择顶部的面按 Delete 键删除。选择底部的面，单击 Inset 按钮向内插入一个面。再次进入点级别，右击选择 Cut，利用手动切割工具将底部的点连接起来，如图 2.24 所示。

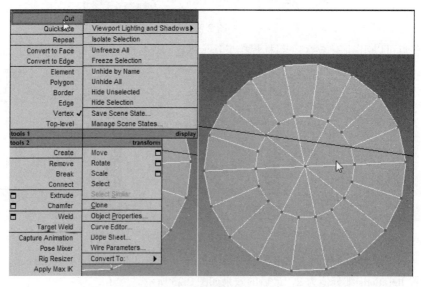

图 2.24

步骤 02 在修改器下拉列表中添加 Shell（壳）修改器，给当前物体添加厚度，设置 Inner Amount（内部量）也就是内部偏移值为 0.25 左右，效果如图 2.25 所示。

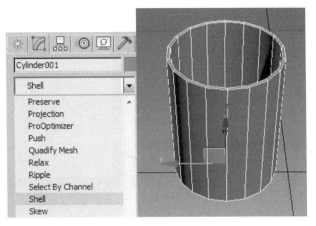

图 2.25

步骤 03 将该模型转换为可编辑的多边形物体。进入线段级别，框选高度上所有线段，右击选择 Connect（连接）也就是加线命令，设置参数如图 2.26 所示。

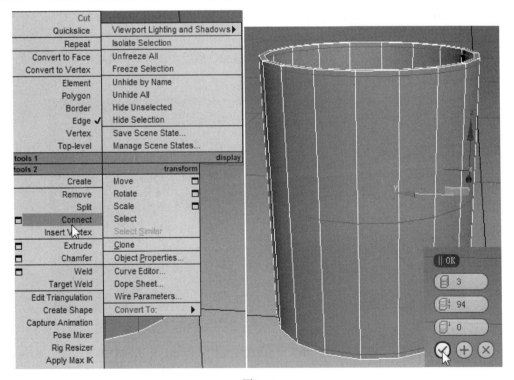

图 2.26

按 Ctrl+Q 组合键细分光滑，设置 Iterations 细分值为 2，细分之后的效果如图 2.27 所示。

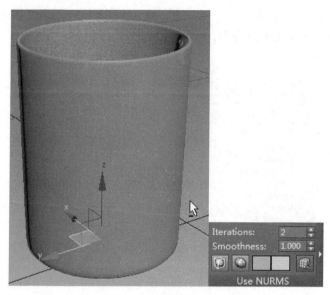

图 2.27

步骤 04 接下来看一下用样条线如何制作该模型。在 图形面板中单击 Line （线）按钮，然后参考刚才制作好的模型来绘制出剖面的曲线，如图 2.28（左）所示。在绘制样条线时，在视图中直接单击创建的点是角点，通过单击并拖动创建的点为 Bezier 点，所以创建时要注意这一点。按 1 键进入点级别，在参数面板中单击 Fillet （圆角）按钮，然后在顶点的位置单击并拖动将该点处理成圆角，效果如图 2.28 所示。

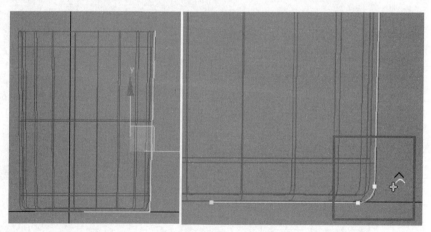

图 2.28

步骤 05 按 3 键进入样条线级别，单击 Outline （轮廓）按钮，在视图中单击并拖动鼠标将该样条线向内挤出一个轮廓线，如图 2.29（左）所示。单击 Fillet （圆角）按钮，将上方的两个点处理成圆角点，如图 2.29（右）所示。

步骤 06 删除左侧对称轴心处的线段，在修改器下拉列表中添加 Lathe（车削）修改器，添加完车削修改器的模型如图 2.30（左）所示。此时的效果不是我们需要的，这是因为软件默认以物体自身的轴心进行旋转，而不是我们需要的以样条线的最左端为轴心进行旋转，这时需要手动进行设置，单击 Min （最小值）按钮，效果如图 2.30（右）所示。

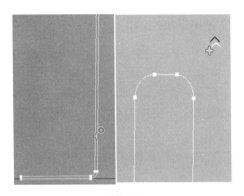
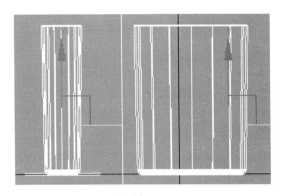

图 2.29   图 2.30

这里我们介绍一下 Min、Center、Max 3 个值的意义。在高中时我们都学过数学中的坐标轴,X 轴的正方向代表着正值,负方向代表着负值;同样 Y 轴的正方向代表着正值,负方向代表着负值,这里又涉及 Z 轴也就是三维轴,Z 轴也是一样,软件中箭头的方向代表正值,反方向代表负值。这里的 Min 就代表着物体 X、Y、Z 轴负方向,Max 代表着物体 X、Y、Z 轴的正方向,Center 就是指中心位置。此时需要以样条线的最左端(最小值)为轴心旋转,所以我们要选择 Min 。

接下来在参数区域中设置 Segments(分段数)为 50,该值越高,模型就越精细,但是也不能过大,过大的值会使模型的面数过多而消耗系统资源。不同的 Segments 值效果对比如图 2.31 所示。

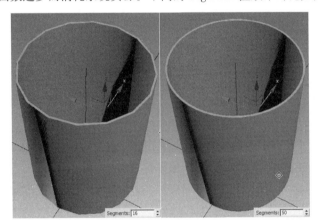

图 2.31

如果在视图中轴心的位置出现图 2.32(左)所示的黑面,只需勾选 ☑ Weld Core 复选框,效果如图 2.32(右)所示。

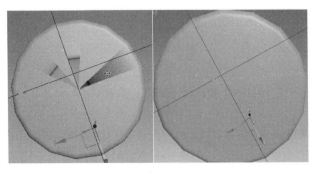

图 2.32

上面的两种方法不管用哪一种方法，找到适合自己制作最快的方法即可。

2.3.2 勺子的制作

步骤 01 在创建面板中单击 Sphere 创建一个球体，设置半径值为 2cm，Segments 值为 12，并将其转换为可编辑的多边形物体，用缩放工具沿着 Z 轴适当缩放，切换到点级别选择上部的点删除，如图 2.33 所示。

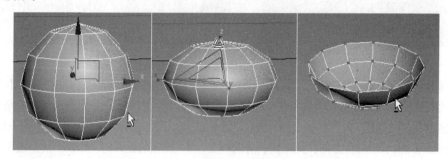

图 2.33

步骤 02 用缩放工具沿着 X 轴将物体适当拉长，然后切换到边级别，选择右侧的两条边，按住 Shift 键拖动复制出面，如图 2.34 所示。

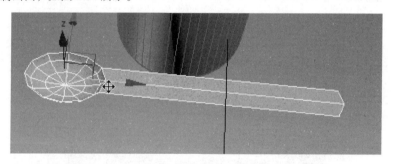

图 2.34

按 Ctrl+Shift+E 组合键添加分段并适当调整它们的宽度，同时注意调整 Z 轴的高度，效果如图 2.35 所示。

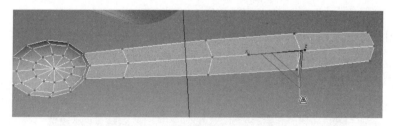

图 2.35

步骤 03 在修改器下拉列表中添加 Shell 修改器，设置 Outer Amount 值为 1.0cm，效果如图 2.36 所示。

步骤 04 继续更加细致地调整点、线、面的位置。选择图 2.37（左上）中的线段，单击 Ring 按钮，效果如图 2.37（右上）所示；按 Ctrl+Shift+E 组合键加线，如图 2.37（左下）所示；右击选择 Cut 手动切线，如图 2.37（右下）所示。

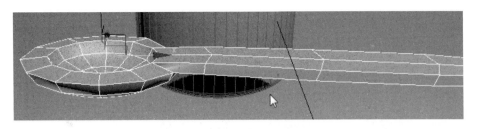

图 2.36

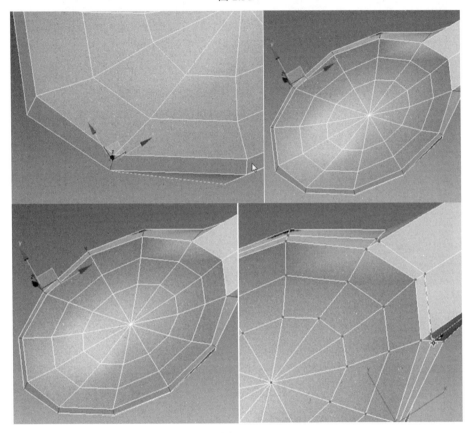

图 2.37

选择图中的线段，单击 Chamfer ⬚ 将线段切角，如图 2.38 所示。

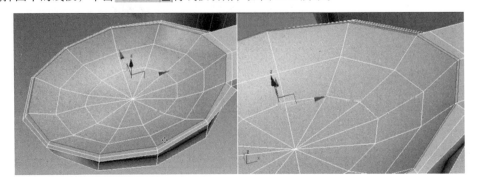

图 2.38

按 Ctrl+Q 组合键细分光滑模型，效果如图 2.39 所示。

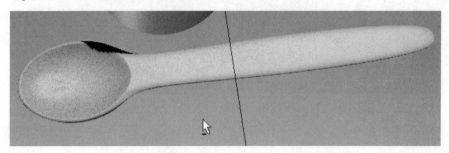

图 2.39

步骤 05 进一步细化调整点的位置，然后选择勺子尾部上下的面删除。按 3 键进入边界级别，框选上下两个边界，按住 Shift 键向内缩放挤压出新的面，如图 2.40 所示。

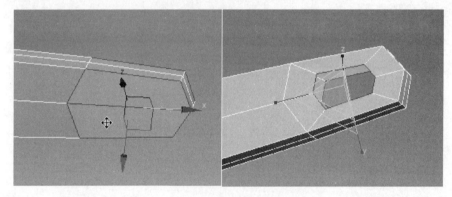

图 2.40

步骤 06 单击 Bridge 按钮在上下两个边界之间桥接出面，同时在内部的线段上添加分段，如图 2.41 所示。

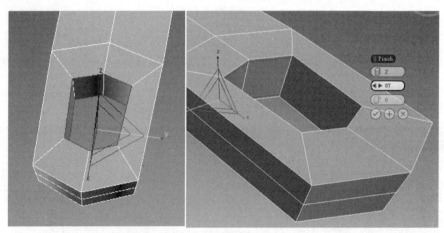

图 2.41

光滑显示最后的模型如图 2.42 所示。

图 2.42

2.3.3　木勺的制作

步骤 01　在视图中创建一个面片，设置长宽的分段数为 2，将其转换为可编辑的多边形物体，调整 4 角点的位置并将中间的点向内侧移动，如图 2.43 所示。

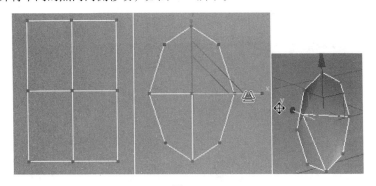

图 2.43

步骤 02　选择下方的两个边复制，然后加线调整，如图 2.44 所示。

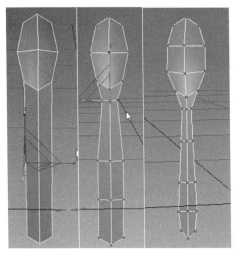

图 2.44

步骤 03 在修改器下拉列表中添加 Shell 修改器，然后再次将该物体塌陷为可编辑的多边形物体，适当调整背部的面，在厚度上添加分段，如图 2.45 所示。

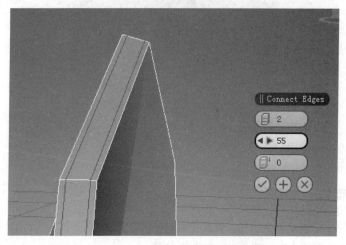

图 2.45

步骤 04 调整好之后复制一个，调整点的位置并删除多余的面，如图 2.46 所示。

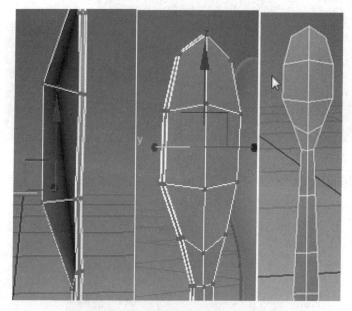

图 2.46

框选所有的面，单击 Make Planar 按钮将所有的面设置在一个平面之内，切换到点级别继续调整点，然后在修改器下拉列表中添加 Shell 修改器将该面片修改成带有厚度的物体。将其转换为可编辑的多边形物体，在中间厚度的边上加线，继续细化修改该模型。在制作好之后，在空白处右击选择 Unhide All（取消所有隐藏），适当调整木勺的位置和大小，最后效果如图 2.47 所示。

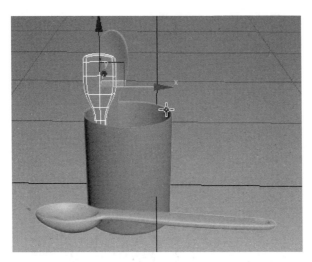

图 2.47

2.3.4　铲子、漏勺等其他物体的制作

步骤 01　在制作铲子的时候，我们发现它和木勺有相似之处，所以可以直接拿木勺模型复制来修改即可。选择木勺模型，按住 Shift 键移动复制，将上部分的点向后移动调整。制作过程如图 2.48 所示。

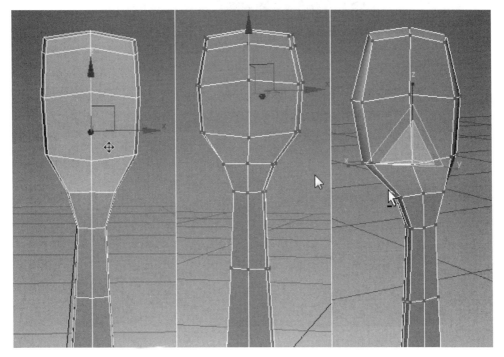

图 2.48

步骤 02　用前面介绍的制作勺子的方法制作出铲子底部的洞口，如图 2.49 所示。

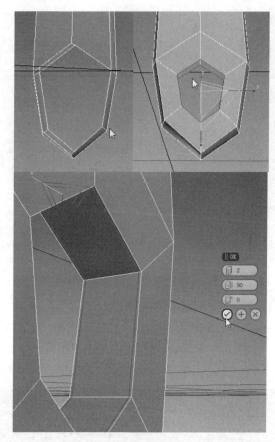

图 2.49

步骤 03 选择边缘的线段，单击 Chamfer □ 工具，将该线段切角，如图 2.50 所示。

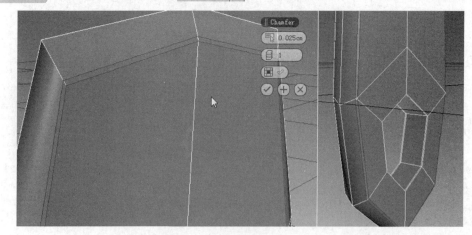

图 2.50

注意，在切角之后出现的多余的点，要及时用 Target Weld（目标焊接）工具将点焊接在一起，如图 2.51 所示。

图 2.51

步骤 04 在需要表现棱角的地方加线，精细调整点、线、面来修改模型，细分光滑之后的效果如图 2.52 所示。

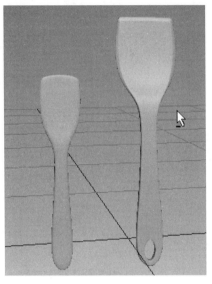

图 2.52

步骤 05 将铲子模型复制一个，删除底部及两侧的面，只保留正面的面。按 2 键进入边级别，右击，在弹出的菜单中选择 Cut 工具给模型切除线段。然后选择中心的线段，单击 Chamfer 右侧的□按钮，设置切出的距离值为 0.15 cm，效果如图 2.53 所示。

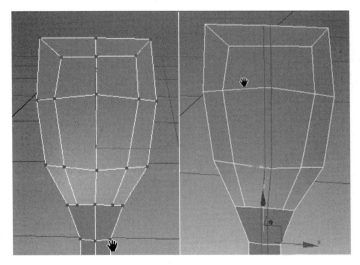

图 2.53

采用同样的方法将图 2.54 中的线段也给它一个切角，上面的线段用 Cut 工具切出线段即可。

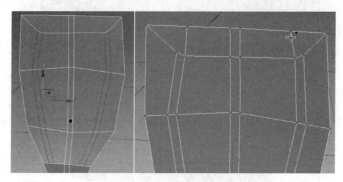

图 2.54

调整图 2.55（左）的布线，然后删除多余的面，如图 2.55（右）所示。

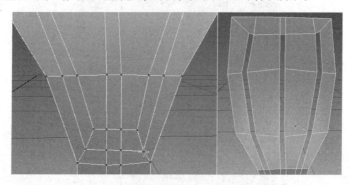

图 2.55

步骤 06 在修改器下拉列表中添加 Shell 修改器，设置参数，然后将该物体再次转换为可编辑的多边形物体，在厚度和上部的位置加线。可以选择环形上的线段通过 Connect 命令加线，也可以单击 Slice Plane 按钮加线。单击该按钮之后在视图中会出现一个黄色的线框平面，当与模型相交时，模型上会出现红色的线段，该线段就是 Slice Plane 投影的线段，可通过移动、旋转该平面来调整在模型上的投影位置，最后单击 Slice 按钮来完成切片平面的操作，如图 2.56 所示。

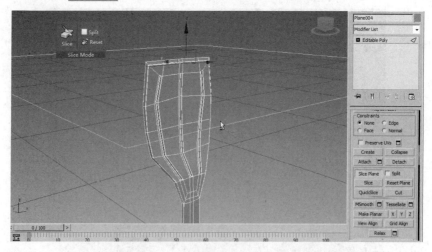

图 2.56

选择拐角处的线段，单击 Loop 按钮，单击 Chamfer ▭ 按钮，将拐角处的线段切出一个很小的角，单击 Target Weld 工具将多余的点焊接到别的点上，如图 2.57 所示。

图 2.57

光滑细分之后的效果如图 2.58 所示。

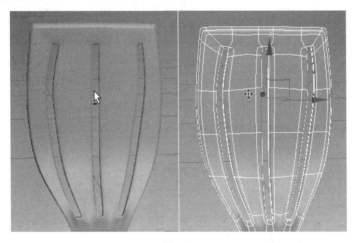

图 2.58

步骤 07　在视图中创建一个球体，将其转换为可编辑的多边形物体，删除对称的一半点，用缩放工具适当将该模型压扁。选择中间的点，单击 Chamfer ▭ 按钮将该点切出一环的点，然后选择中心的面删除，如图 2.59 所示。

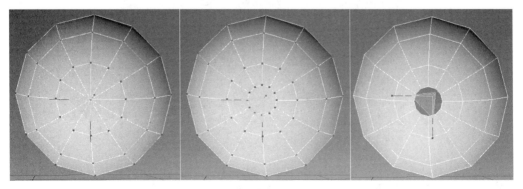

图 2.59

步骤 **08** 按 Ctrl+Q 组合键细分光滑，细分值设置为 1。将该模型转换为可编辑的多边形物体，转换之后会发现面数明显增多。其实这些步骤的操作也可以直接通过球体的创建修改来完成。选择图 2.60（左）所示的边，按住 Shift 键拖动复制出新的面，如图 2.60（右）所示。

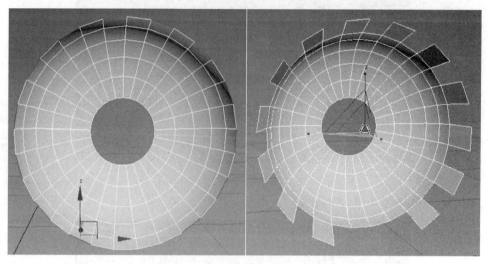

图 2.60

步骤 **09** 将底部的边向下挤出面并架线调整形状，配合缩放工具将上部分的点整体适当缩放，添加 Shell 修改器，然后将下面的开口位置制作出来，如图 2.61 所示。

图 2.61

步骤 **10** 在厚度的边线上添加分段，如图 2.62 所示。

图 2.62

细分光滑之后的效果如图 2.63 所示。

图 2.63

步骤 11　将剩余的物体全部显示出来，如图 2.64 所示。

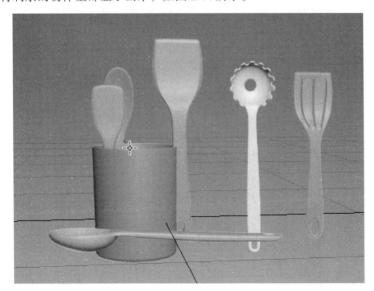

图 2.64

步骤 12 配合移动、旋转、缩放工具调整模型的位置和大小。按下 M 键打开材质编辑器，选择标准的 Standard 材质，单击 按钮，将默认的一个材质赋予当前选择的模型，如图 2.65 所示。

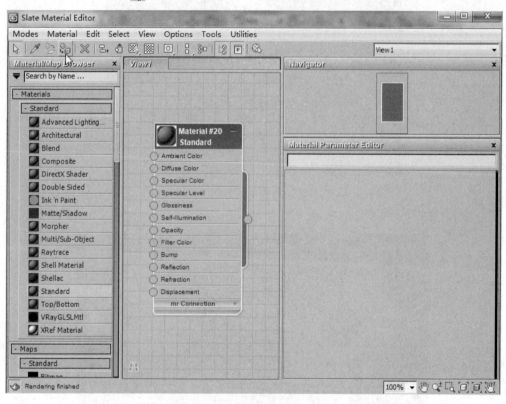

图 2.65

在右侧栏中单击 按钮，在弹出的 Object Color 面板中选择黑色，单击 OK 按钮，此时就将物体的线框颜色设置成了黑色。最终的效果如图 2.66 所示。

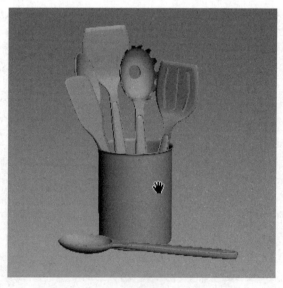

图 2.66

2.4　瑞士军刀模型的制作

瑞士军刀又常称为瑞士刀（Schweizer Messer）或万用刀，是集中许多工具在一个刀身上的折叠小刀，由于瑞士军方为士兵配备这类工具刀而得名。在瑞士军刀中的基本工具常为圆珠笔、牙签、剪刀、平口刀、开罐器、螺丝起子、镊子等。要使用这些工具时，只要将它从刀身的折叠处拉出来，就可以使用。

今日瑞士军刀种类相当繁多，里面所搭配的工具组合也多有创新，如新增的液晶时钟显示、LED手电筒、电脑用 USB 记忆碟、打火机，甚至 MP3 播放器等。瑞士军刀模型的制作过程如下。

步骤 01　在视图中创建一个 Box 物体，设置长、宽、高分别为 850 mm、200 mm、20 mm（这里的参数暂时放大了 10 倍，如果值太小，那么在视图操作中有些细节不容易观察），将长、宽、高的分段数设置为 2、2、1，如图 2.67 所示。

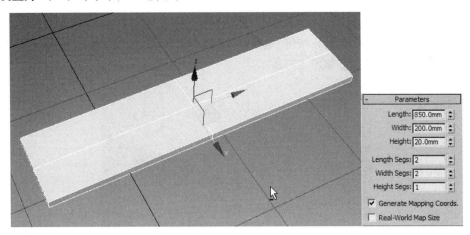

图 2.67

将 Box 物体转换为可编辑的多边形物体，在长度上添加分段，然后调整顶部点的位置，如图 2.68 所示。

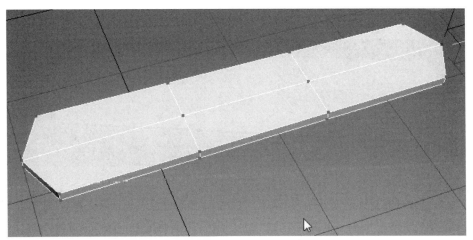

图 2.68

选择上部的面，用 Bevel（倒角）工具将顶部的面向上挤出并适当缩放，效果如图 2.69 所示。

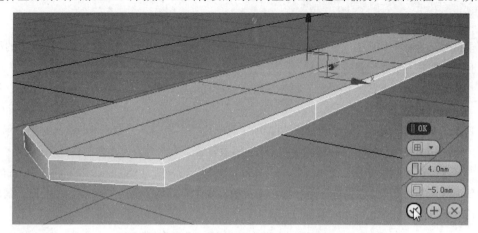

图 2.69

选择厚度上的一条边，单击 Ring 按钮，这样就快速选择了一环的线段。单击 Connect 后面的 ▣ 按钮，在弹出的连接参数中进行设置，如图 2.70 所示。

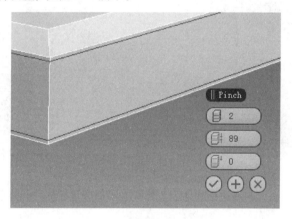

图 2.70

用同样的连接方法，在该物体的两侧位置分别加线，如图 2.71 所示。

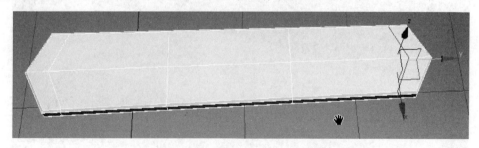

图 2.71

按住 Shift 键移动复制该物体。选择原物体，按 Alt+Q 组合键孤立化显示该物体（也就是暂时把其他物体全部隐藏），单击 Name and Color 区域中的 ▢ 按钮，在弹出的 Object Color 面板中选择一个青色单击 OK 按钮，这里给模型换一种显示原色便于区分。参考图中所示的位置加线，然后删除多余的面，如图 2.72（右上）所示，进入边级别，依次选择上下的线段，单击 Bridge 按钮自动生成面。

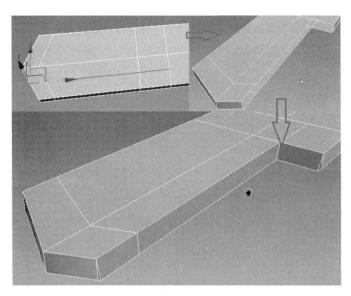

图 2.72

继续加线调整至如图 2.73 所示。

图 2.73

选择拐角处的边单击 Chamfer 右侧的 □ 按钮，给当前的边一个切角，然后用 Target Weld （目标焊接）工具将多余的点进行焊接，如图 2.74 所示。

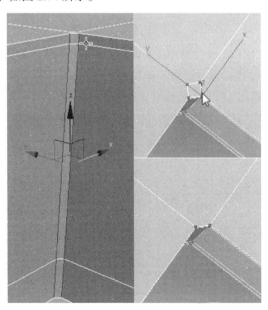

图 2.74

再次按下 Alt+Q 组合键取消孤立化显示，将当前的模型细分，效果如图 2.75 所示。

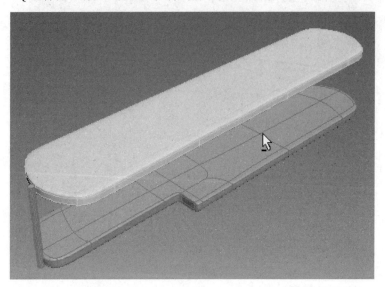

图 2.75

步骤 02　在 ⚙ 面板中单击 ▭Line▭ 按钮，在视图中创建样条曲线。在创建后，要进入点级别将细节做进一步的细致调整，调整后的效果如图 2.76 所示。

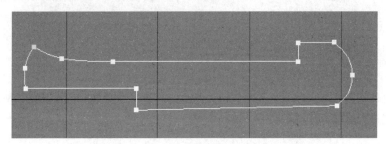

图 2.76

在修改器下拉列表中添加 Extrude（挤出）修改器，设置挤出的值为 2 mm。如果在添加完修改器之后发现样条线需要进一步调整，可以回到 Line 级别下的 Vertex（点）级别进一步调整。选择图 2.77 中的点，单击 ▭Fillet▭（圆角化）按钮，将该点处理成圆点。

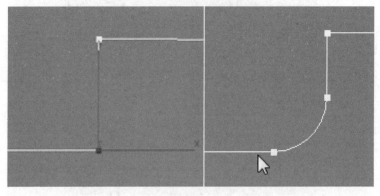

图 2.77

修改好之后，将该物体向下复制出 3 个，如图 2.78 所示。

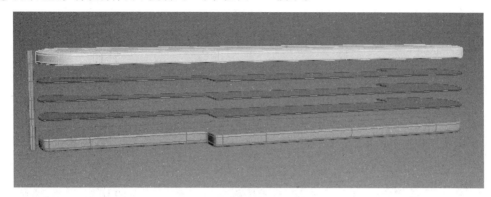

图 2.78

步骤 03 用 Line 工具在视图中创建并修改图 2.79 所示的样条线。

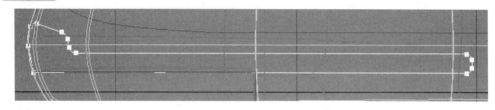

图 2.79

然后用同样的方法创建修改图 2.80 所示的样条线。

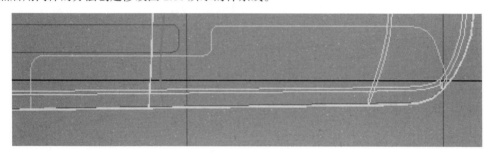

图 2.80

选择其中的一条样条线，单击 Attach 按钮再拾取另外一条样条线，将它们附加在一起，效果如图 2.81 所示。

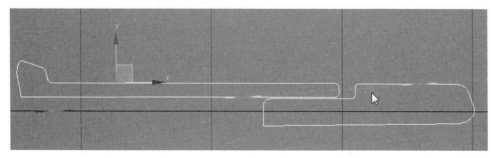

图 2.81

在修改器下拉列表中添加 Extrude（挤出）修改器，设置 Amount 值为 30mm，然后将该物体复制 3 个，调整好它们的位置，如图 2.82 所示。

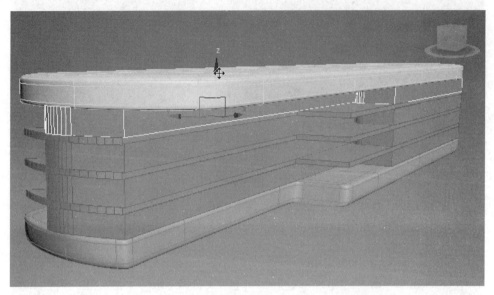

图 2.82

步骤 04 在视图中创建一个圆柱体，调整半径值为 8 mm，高度为 90 mm，将高度分段数设置为 1，边数设置为 18，然后将该圆柱体移动到合适的位置。该圆柱体可以作为瑞士军刀中的固定杆物体。

步骤 05 单击 Line 按钮，在视图中创建图 2.83 所示的样条线。

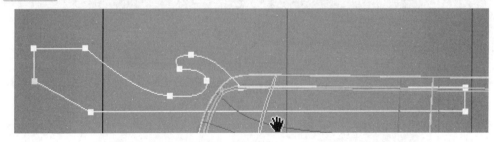

图 2.83

进入修改面板，按 1 键进入点级别，细化调整样条线的形状至如图 2.84 所示。

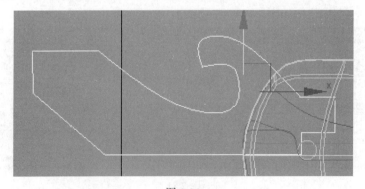

图 2.84

在修改器下拉列表中添加 Extrude（挤出）修改器，设置 Amount 值为 16，然后将该物体移动到合适的位置。用同样的方法继续创建修改图 2.85 所示的样条线。

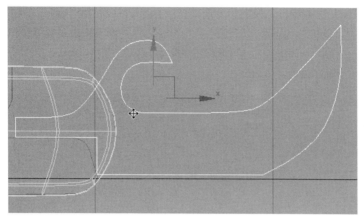

图 2.85

添加 Extrude 修改器并调整位置，效果如图 2.86 所示。

图 2.86

创建一个圆柱体作为刀子的固定转轴，为便于在视图中观察效果，在软件的右下角右击，在 Viewport Configuration（视口配置）中取消勾选 □ Shadows（显示阴影），效果如图 2.87 所示。

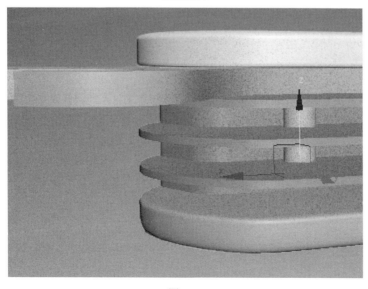

图 2.87

在旋转刀子时，它是以自身的轴心进行旋转的，这不符合我们的要求。那么我们该如何设置呢？很简单，选择刀子物体模型，在工具栏中单击 View，选择 Pick，然后在视图中拾取圆柱体模型，在 图标上按住鼠标左键不放，会弹出几个选项，选择 ，这时就切换到了圆柱体的轴心。再次旋转刀子模型时它就会以圆柱体为轴心进行旋转了，前提是要先将圆柱体调整好位置。

将刀子物体旋转 180°，回到 Line 级别继续调整点、线等。用同样的方法将另一头的刀子物体做同样的调整处理。为了便于观察，可以选择外侧物体，按下 Alt+X 组合键透明化显示，如图 2.88 所示。

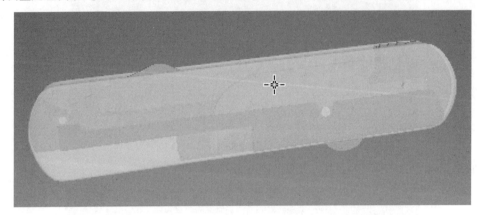

图 2.88

步骤 06 选择图 2.89 所示的物体。

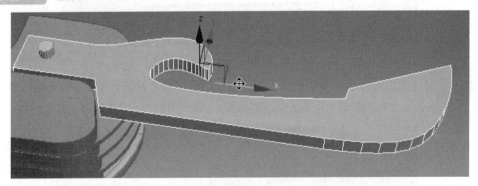

图 2.89

在修改器下拉列表中选择 Quadify Mesh（四边面化物体），添加该修改器之后，软件会自动将当前的模型进行四边面处理，如图 2.90 所示。默认值 Quad Size% 为 4.0，该值越小，模型的四边面越小，分配的面数也就越多；相反，值越大，四边面也就越大，分配的面数也就越小。

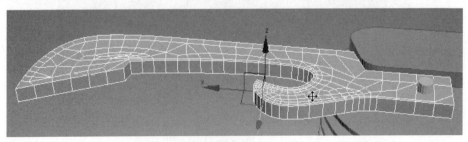

图 2.90

　　该修改器通常用来快速分配四边面。比如一些通过创建样条线再添加挤出修改器来制作的模型，由于面的极度分配不均匀，在转换为可编辑的多边形之后需要手动调整布线来达到我们的需求，有了这个命令之后，直接通过该命令就可以快速调整它们的布线，非常方便。

　　单击 Target Weld （目标焊接）工具，将刀刃处上面的点依次焊接到下部的点上，如图 2.91 所示。

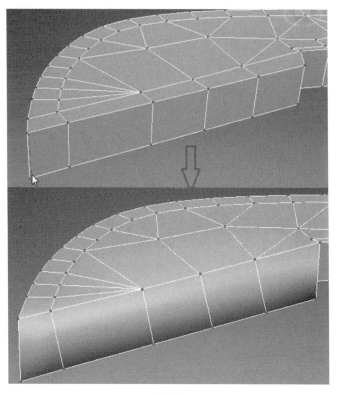

图 2.91

　　在修改器下拉列表中添加 Edit Poly 修改器，按 5 键进入元素级别，选择该物体所有的面，在参数面板中单击 Clear All 按钮清除当前面的自动光滑信息，清除前后的效果对比如图 2.92 所示。

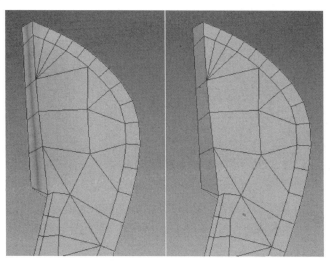

图 2.92

步骤 07 创建图 2.93（左）所示的样条线，进入修改面板细致调整点至图 2.93（右）所示的形状。

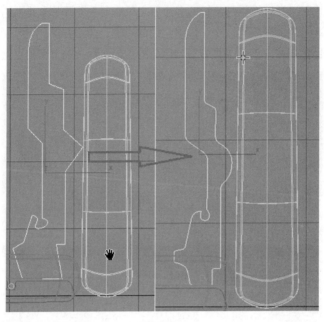

图 2.93

继续创建图 2.94（左）所示的样条线。注意，拐角点可以通过 Fillet 工具做适当的圆角调整，调整之后的效果如图 2.94（右）所示。

在修改器下拉列表中添加 Extrude（挤出）修改器，设置挤出的值为 10mm，然后在剪刀的中间位置创建一个圆柱体作为它们之间的固定杆，效果如图 2.95 所示。

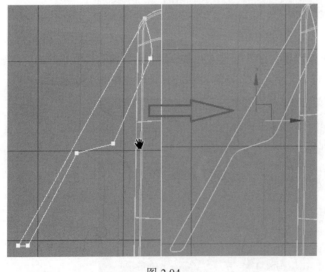
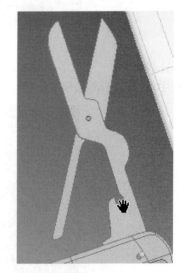

图 2.94   图 2.95

创建修改图 2.96（左）所示的样条线，在修改时要注意它在 Z 轴上的空间变化。按 3 键进入样条线级别，选择样条线，单击 Outline 按钮，然后向内挤出样条线轮廓，如图 2.96（右）所示。

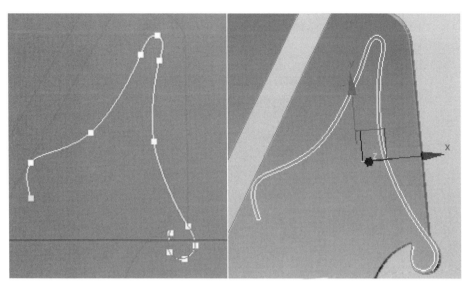

图 2.96

在修改器下拉列表中添加 Extrude（挤出）修改器，设置 Amount 值为 10，效果如图 2.97 所示。

图 2.97

框选剪刀模型的所有物体，在 Group 菜单中选择 Group（群组），在弹出的 Group 面板中可以给它设置一个名字，然后单击 OK 按钮。

步骤 08　选择剪刀物体模型，右击，在弹出的快捷菜单中单击 Hide Selection（隐藏选择）将该模型暂时隐藏。在视图中创建一个 Box 物体，设置长、宽、高分别为 820 mm、160 mm、15 mm，长度分段数设置为 4，将其转换为可编辑的多边形物体，按 Ctrl+Shift+E 组合键在宽度上加线。进入点级别，删除一个角处的点，然后用桥接工具将上下之间连接出面。继续调整点控制小刀的整体形状，效果如图 2.98 所示。

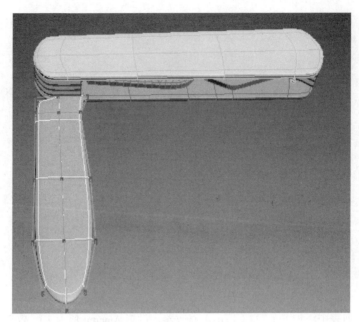

图 2.98

选择图 2.99 中上部所示的面，用缩放工具沿着 Z 轴适当缩放，效果如图 2.99 中下部所示。

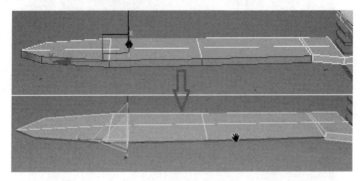

图 2.99

在图 2.100 所示的位置添加线，这样做的目的是制作出刀子拐角处的棱角。用同样的方法在刀子背部刀刃处的边缘加线。

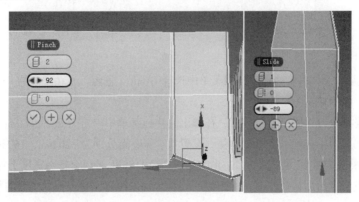

图 2.100

加线的原则就是哪里需要表现棱角就在哪个边缘加线。按 Ctrl+Q 组合键细分光滑显示该物体，效果如图 2.101 所示。

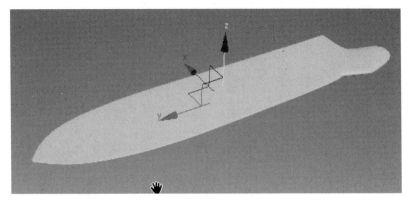

图 2.101

选择边缘拐角处的线段，单击 Chamfer 后面的□按钮，将线段切角处理，效果如图 2.102 所示。

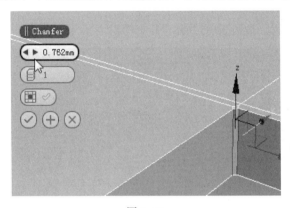

图 2.102

最后的效果如图 2.103 所示。

图 2.103

步骤 09　在视图中继续创建一个 Box 物体，调整长、宽、高参数分别为 750 mm、75 mm、16 mm，将其转换为可编辑的多边形物体。除了前面介绍的通过 Connect 命令加线的方法外，接下来介绍一下石墨工具下的一个快速加线工具。进入到边级别，依次单击 Graphite Modeling Tools 、 Edit 、 Swift Loop 工具，当鼠标放在模型上时，会有一个绿色的线框跟随鼠标移动，此时只需要在需要加线的位置单击即可完成加线的操作。按照图 2.104 中的顺序继续加线调整物体的形状。

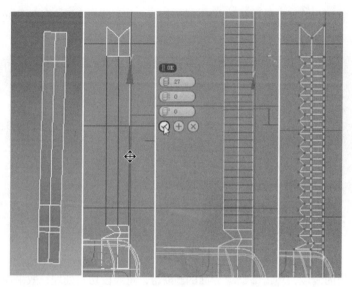

图 2.104

将下部的一角的面删除，按图 2.105 所示进行处理。

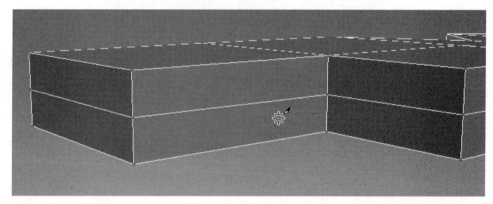

图 2.105

步骤 10 在 面板中单击 Helix 在视图中创建一条螺旋线，调整参数如图 2.106 所示。

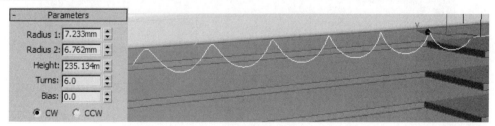

图 2.106

将创建的螺旋线转换为可编辑的样条曲线，在修改器面板中的 Rendering 卷展栏下勾选 ☑ Enable In Renderer 和 ☑ Enable In Viewport，这样样条线在视图中就可以显示厚度了，类似于圆柱体。将 Thickness（厚度，也就是直径）值设置为 5 mm，Sides（边数）设置为 6，效果如图 2.107 所示。

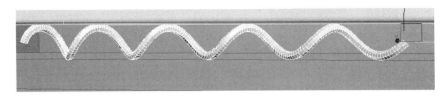

图 2.107

将该模型转换为可编辑的多边形物体，删除顶端的面。按 3 键进入边界级别，选择顶部的边界，按住 Shift 键配合移动缩放工具，将顶部的位置逐步缩小。同时将底部的位置按照图 2.108 所示的步骤逐步调整到所需的形状。

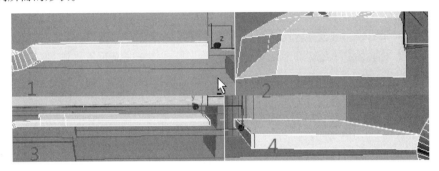

图 2.108

细分之后的效果如图 2.109 所示。

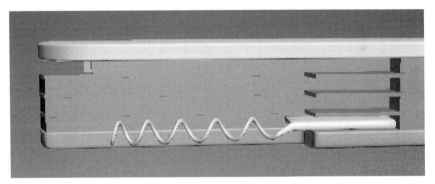

图 2.109

步骤 11　用多边形建模工具创建一个图 2.110 所示形状的物体。

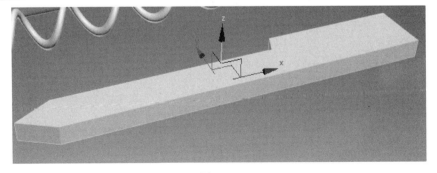

图 2.110

然后创建一个圆柱体，调整圆柱体的位置至如图 2.111 所示。

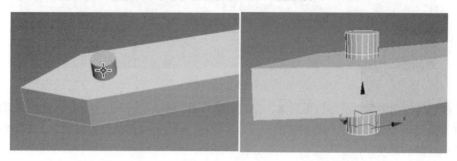

图 2.111

在 ◯ 面板下单击 Standard Primitives ▾，在下拉列表中选择 Compound Objects （复合物体），然后在复合物体下单击 ProBoolean （超级布尔运算）按钮，拾取圆柱体来完成布尔运算，效果对比如图 2.112 所示。

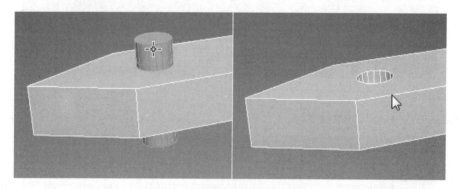

图 2.112

步骤 12 创建图 2.113（上）所示的样条曲线，在修改器下拉列表中添加 Extrude（挤出）修改器，效果如图 2.113（下）所示。

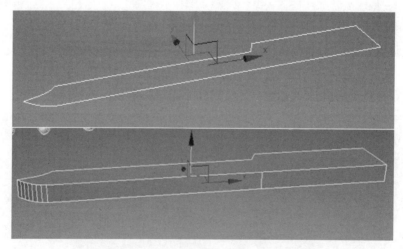

图 2.113

在该物体的上部创建 Box 物体。注意，让该 Box 物体一定要嵌入到下面的模型中，调整好嵌入的深度之后向右复制出 N 个物体，如图 2.114 所示。

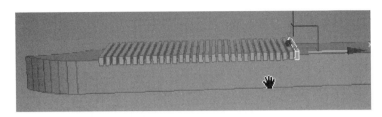

图 2.114

　　然后在复合物体下单击 ProBoolean（超级布尔运算）按钮，依次拾取上方的 Box 物体完成布尔运算。也可以先选择一个 Box 物体并将其转换为可编辑的多边形物体，然后单击 Attach 后面的 按钮，在弹出的附加列表中框选刚才复制的 Box 物体的名称，单击 Attach 按钮，如图 2.115 所示，这样就把上面所有的 Box 物体附加成了一个物体。

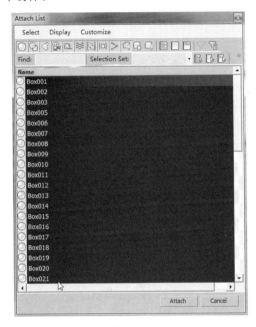

图 2.115

用超级布尔运算工具进行运算，效果如图 2.116 所示。

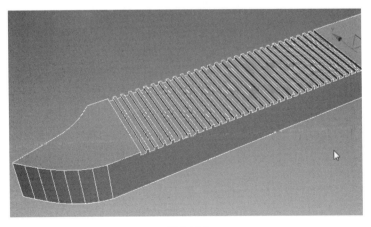

图 2.116

步骤 **13** 将隐藏的物体全部显示出来，然后适当旋转剪刀、刀子等模型，效果如图 2.117 所示。

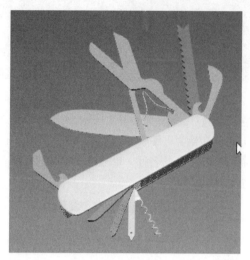

图 2.117

步骤 **14** 选择所有的模型，按 M 键打开材质编辑器，选择 Standard 材质球，单击 ![按钮] 按钮给当前选择的模型赋予一个默认的材质，然后将线框的颜色设置为黑色，最终的效果如图 2.118 所示。

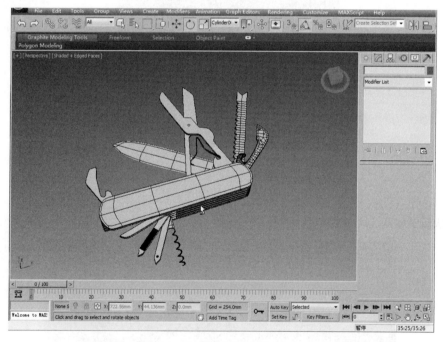

图 2.118

第 **3** 章　礼品和工艺品设计

　　礼品，是指人们之间互相馈赠的物品，通常是人和人之间互相赠送的物件，其目的是取悦对方，或表达善意、敬意。工艺品也可以作为礼品来相送，比较适合收藏、观赏等。本章将通过化妆品和一个陶瓷工艺品来学习一下这类模型的制作方法。

3.1　礼品模型的制作

1．瓶体的制作

　　步骤 01　在 ✢ 创建面板下的 ⃝ 中单击 ▭Box▭ 创建一个 Box 物体，设置 Length（长）、Width（宽）、Height（高）分别为 300 mm、300 mm、606 mm，长、宽、高的分段数分别为 2、2、1。观察成品图可以发现，瓶子 4 个角的纹理是一致的，所以只需将 Box 物体划分为 4 个部分，将一个角的模型制作出来，剩余的 3 部分可以通过对称复制或者镜像等操作来完成。进入面级别，删除 3/4 的面，如图 3.1 所示。

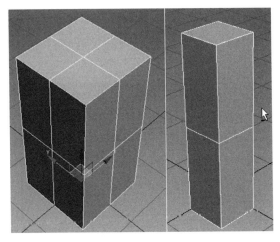

图 3.1

　　步骤 02　选择高度上所有的边，按 Ctrl+Shift+E 组合键加线，同时调整加线的位置，用缩放工具调整线的大小。注意，在用缩放工具调整大小之后，要注意边缘垂直方向的线段要随时做好调整。调整的过程如图 3.2 所示。

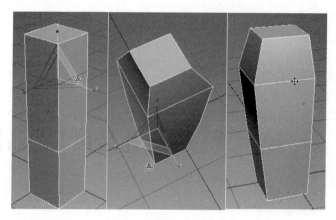

图 3.2

步骤 03 继续在需要添加分段的地方加线并调整点来控制好该物体的外形。调整的过程如图 3.3 所示。

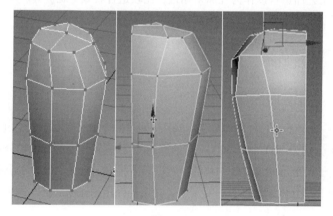

图 3.3

在图 3.4（左）所示的位置继续加线，然后选择两条环形线段，此时我们希望让这两条线段在底部和上部线段之间平均分配而且保持原有的形状，如果靠手动调整，就会比较麻烦。下面讲解一个比较快捷的调整方法。

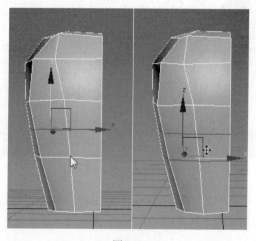

图 3.4

单击石墨工具上的 Graphite Modeling Tools 、 Loops 、 ，在弹出的 Loop Tools 参数面板中单击 Center 按钮，此时系统快速调整线段的位置使其平均分为三等分，如图 3.5 所示。

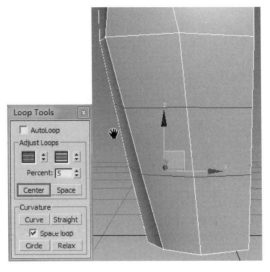

图 3.5

步骤 04 将顶部的布线用 Cut 工具手动调整一下，如图 3.6 所示。

图 3.6

步骤 05 按 4 键进入面级别，选择图 3.7（左 1）所示的面，单击 Bevel 后面的 按钮，用倒角挤压工具依次缩放和挤压该面，如图 3.7 所示。

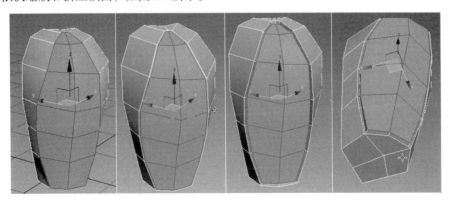

图 3.7

细分光滑之后我们发现还有一些细节需要调整，按 Ctrl+Z 组合键执行车削操作，选择图 3.8（左）所示的线段，单击 Extrude 后面的□按钮，用线段的挤出工具调整该线段。

图 3.8

将底部面的布线手动通过 Cut 工具来调整一下，如图 3.9 所示。这样做的目的就是为了避免出现多边面。

图 3.9

细分光滑显示该模型效果如图 3.10 所示。

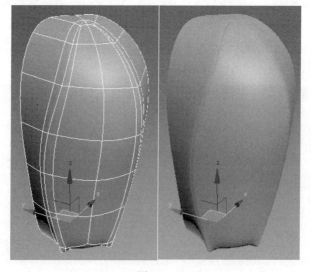

图 3.10

如果中间的凹槽痕迹不是很明显，就在刚才挤出线段时，将深度进一步提高，同时将线段进行切角，如图 3.11 所示。

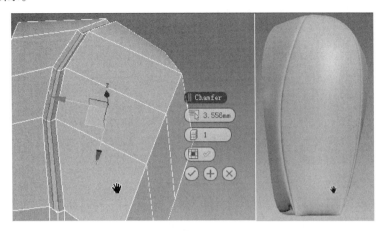

图 3.11

细分光滑之后发现底部凹槽部位显得非常不美观，此时需要单独调整底部面的布线来控制光滑效果。底面的布线调整如图 3.12 所示。

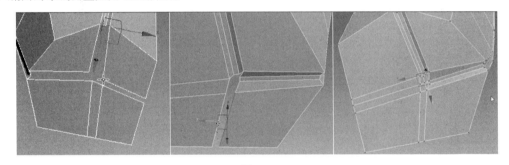

图 3.12

框选底部所有的面，在参数面板中单击 Make Planar 按钮使底面平面化处理。再次细分光滑该模型，效果如图 3.13 所示。

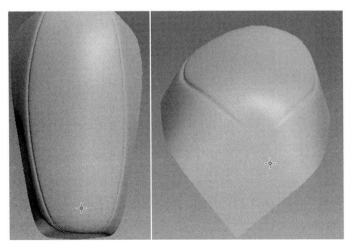

图 3.13

步骤 06 按 2 键进入线级别，选择底部的线段，单击 Chamfer ▢ 按钮，将线段切角，如图 3.14 所示。

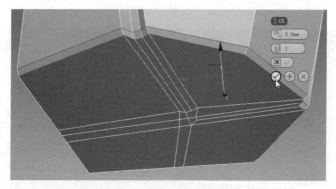

图 3.14

步骤 07 在修改器下拉列表中添加 Symmetry 修改器，先将一半对称出来，效果如图 3.15 所示。

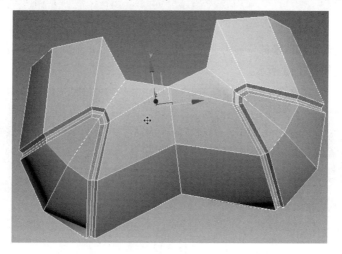

图 3.15

步骤 08 将模型转换为可编辑的多边形物体，将顶部的布线稍微调整一下。然后再次添加 Symmetry 修改器，对称出剩余的一半，效果如图 3.16 所示。

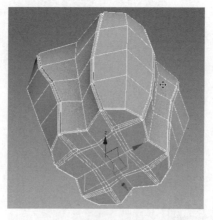

图 3.16

步骤 09 再次将其转换为可编辑的多边形物体，框选对称轴中间所有的点，适当向外缩放，如图 3.17 所示。

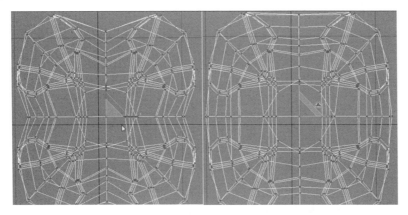

图 3.17

细分光滑之后的效果如图 3.18 所示。

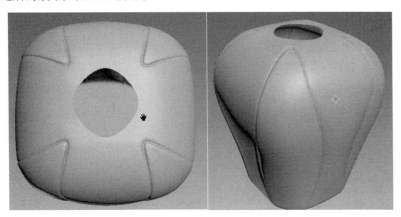

图 3.18

步骤 10 在顶视图瓶口的位置创建一个圆柱体，按 Alt+X 组合键透明化显示。选择瓶子模型进入点级别，参考圆柱体的位置将瓶口的点调整成圆形，这样在细分之后，瓶口就接近于圆口了，效果如图 3.19 所示。

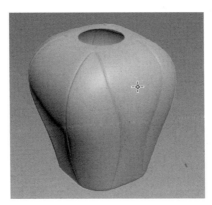

图 3.19

2. 瓶盖的制作

步骤 01　先选择瓶体物体模型，按 3 键进入边界级别，选择瓶口处的边界线，按住 Shift 键向上移动复制出新的面，如图 3.20 所示。

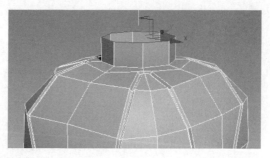

图 3.20

步骤 02　按 4 键进入面级别，框选刚才挤出的面，单击 Detach 按钮，在弹出的 Detach 对话框中可以给物体命名，然后单击 OK 按钮将这些面分离出来。分离出来的模型的轴心还是之前模型的轴心，所以要先来调整一下新物体的轴心。单击 面板，然后单击 Affect Pivot Only 按钮，再单击 Center to Object 按钮，这样就快速把该物体的轴心设置成为自身的一个轴心。

步骤 03　再次进入边界级别，选择边界，按住 Shift 键向上移动挤出面进行调整，用旋转工具适当将开口旋转一定角度。继续向上挤出面，单击 Cap 按钮将开口封闭，如图 3.21 所示。

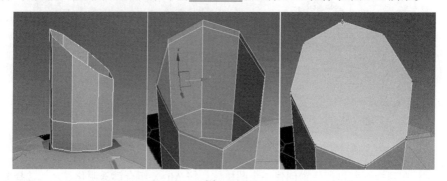

图 3.21

步骤 04　用 Cut 工具将顶部面的线段切割出来，选择一半的面，用 Extrude 工具向上挤出新的面，然后再选择侧边的面向侧面挤压出新的面并调整它的形状，过程如图 3.22 所示。

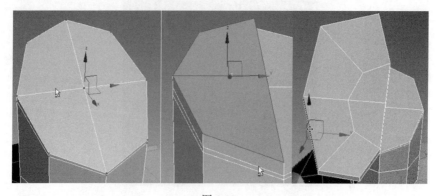

图 3.22

继续在瓶盖的顶部加线并调整至如图 3.23（左）所示，细分之后的效果如图 3.23（右）所示。

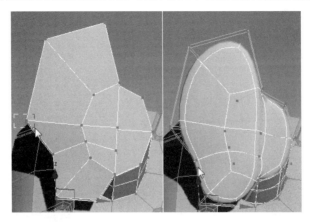

图 3.23

步骤 05　选择刚才加线的线段，单击 Chamfer ☐ 按钮将该线段切角处理。切角之后注意检查一下，如果出现图 3.24（右上）所示的情况，就需要 Cut 工具进行手动切线处理。

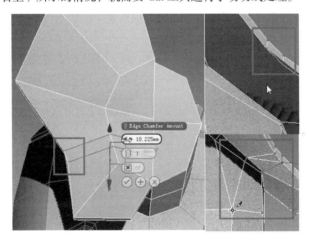

图 3.24

继续细致、深化调整该部位的形状，调整的过程如图 3.25 所示。

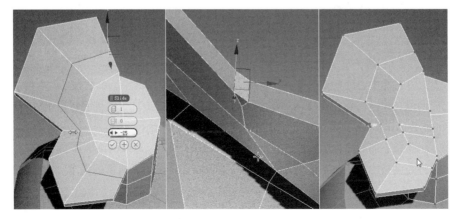

图 3.25

步骤 06 删除瓶盖右侧的面，选择左侧部分的面，单击 Extrude 右侧的 ■ 按钮，将模型整体向外挤出调整，如图 3.26 所示。

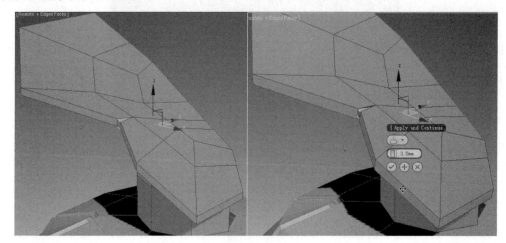

图 3.26

步骤 07 删除瓶盖内侧的面，然后在修改器下拉列表中添加 Symmetry（对称）修改器，效果如图 3.27 所示。

步骤 08 将该物体转换为可编辑的多边形物体，按 Ctrl+Q 组合键细分光滑该物体，将细分值设置为 2，效果如图 3.28 所示。

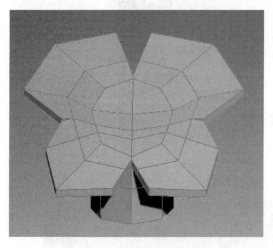
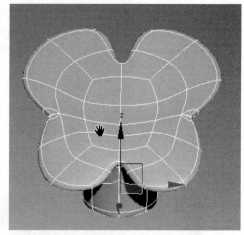

图 3.27   图 3.28

步骤 09 将对称中心处的点适当向下移动调整，然后选择对称中心的线段，单击 Chamfer ■ 按钮，将线段切割成两段，同时注意在点级别下将多余的点用目标焊接工具焊接到其他点上，再选择图 3.29（左）所示的面用 Extrude 工具向上挤出，效果如图 3.29（右）所示。

步骤 10 选择下部的面，用同样的方法多次向外挤出调整，边缘的细节如图 3.30 所示。这里也可以先一次性将高度挤出来，然后在两端通过加线处理同样可以达到所需的要求。

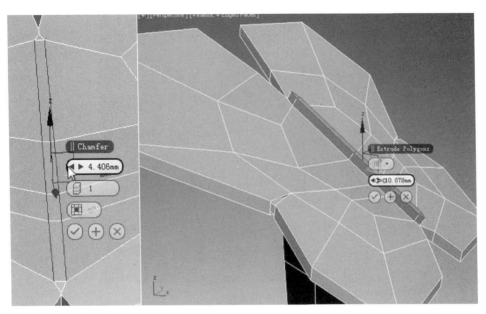

图 3.29

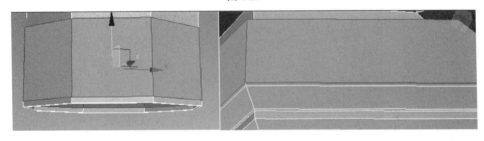

图 3.30

步骤 11　继续细致调整点、线、面，出现问题的地方可以通过切线来调整布线。其中对称中心线段的调整如图 3.31 所示。

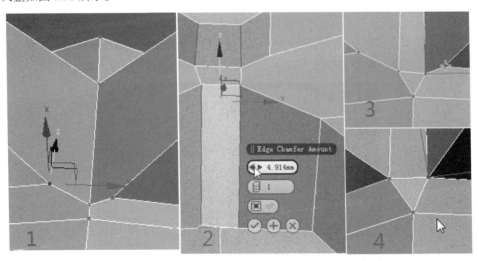

图 3.31

调整好之后，按 Ctrl+Q 组合键细分光滑该模型，效果如图 3.32 所示。

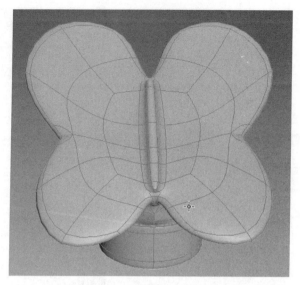

图 3.32

步骤 12 在瓶盖两侧的边缘位置加线，这样在细分之后会显得有厚度感，效果如图 3.33 所示。

图 3.33

步骤 13 瓶盖底部面上凹凸的部分，可以通过后期的凹凸贴图或者法线贴图来实现。在模型细分的情况下将模型塌陷，然后选择图 3.34 所示的面，单击 Detach 按钮将该面分离出来。

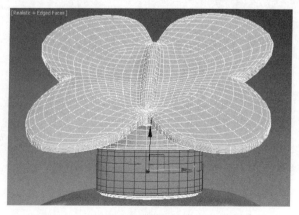

图 3.34

步骤 14 选择分离出来的面，在修改器下拉列表下面添加 UVW Map 修改器，参数中的贴图类型选择 Cylindrical（圆柱体），单击"自动适配"按钮 Fit ，按下 M 键打开材质编辑器，双击左侧的 Standard（标准）材质，在 Standard 菜单中单击 Bump 左侧的圆并向外拖放，在弹出的选项里选择 Normal Bump（法线贴图），如图 3.35 所示。

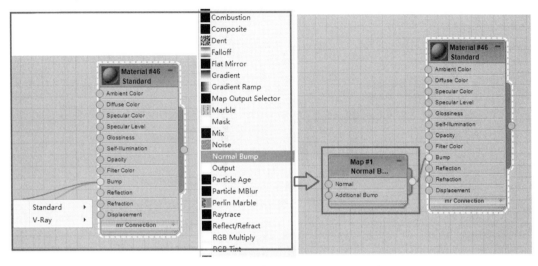

图 3.35

在 Normal Bump（法线贴图）材质贴图通道中单击 Normal 左侧的圆并拖放，在弹出的贴图类型中选择 Bitmap（位图），然后选择图 3.36 所示的法线贴图。

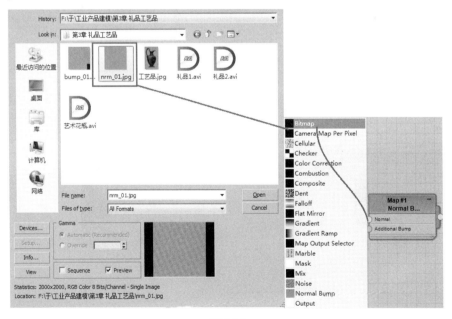

图 3.36

用同样的方法在 Normal Bump（法线贴图）材质贴图通道中单击 Additional Bump 左侧的圆并拖放，在弹出的贴图类型中选择 Bitmap（位图），然后选择图 3.37 所示的法线贴图。

双击 Normal Bump 通道，在右侧的参数中设置 Normal 值为 5 左右，如图 3.38 所示。

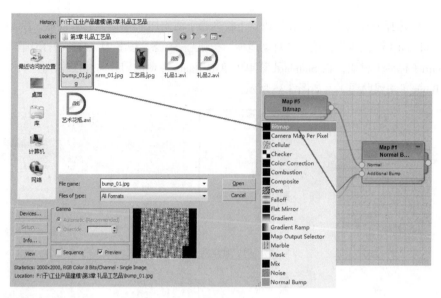

图 3.37

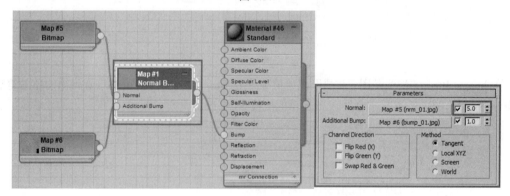

图 3.38

测试渲染一下，效果如图 3.39 所示。

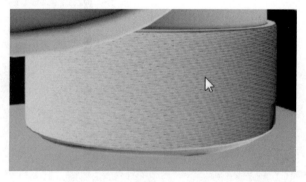

图 3.39

调整 UVW Map 参数下的 U Tile 和 V Tile 参数，直至渲染的效果令人满意为止，如图 3.40 所示。

步骤 15 在视图中创建一个 Box 物体，设置长、宽、高分别为 670 mm、670 mm、1 100 mm，调整其位置，如图 3.41 所示。该 Box 物体可以作为一个简单的外包装盒模型。

图 3.40

图 3.41

步骤 16　将瓶盖模型复制一个，移动、旋转并调整其位置，然后给场景中的模型赋予一个默认的材质，最终的效果如图 3.42 所示。

图 3.42

3.2　艺术花瓶模型的制作

　　花瓶是一种器皿，多为陶瓷或玻璃制成，外表美观光滑。这一节我们要制作的物体严格来说应该算是一种更具有收藏价值的陶瓷制品。本例中模型的制作有两种方法：第一种是直接创建圆柱体，然后用可编辑的多边形物体进行修改;第二种是利用参考图创建剖面曲线,通过修改器转换为三维模型再进行多边形编辑修改。

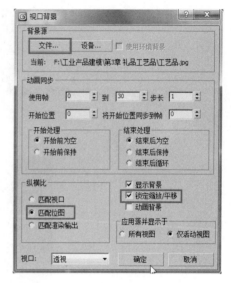

图 3.43

步骤 01 首先来看一下背景参考视图的设置。激活前视图,按下 Alt+B 组合键打开背景视口设置面板,当然也可以在 `Views` (视图)菜单下单击 `Viewport Background` (视口背景)

`Configure Viewport Background...` `Alt+B` 来打开背景视口设置面板。2013 版本之后的背景视口设置进行了更改,首先来看一下 2012 版本的设置方法以便进行对比。打开视口背景设置面板之后,单击 `文件...` 按钮,然后在弹出的选择背景图像对话框中选择一个位图,勾选"匹配位图"和"锁定缩放/平移"复选框,如图 3.43 所示。

2013 版本中有多种选项,我们分别来看一下。

(1)Use Customize User Interface Gradient Colors(使用自定义用户界面渐变颜色)。从图 3.44 中可以看到使用了这个选项后,它的背景色就变成了和透视图一样的渐变色。

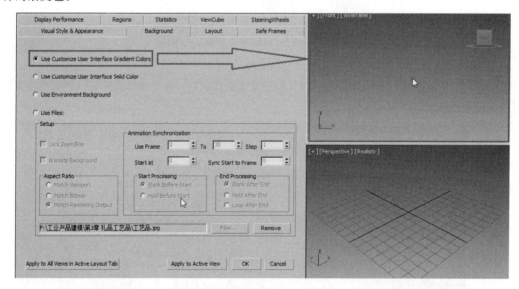

图 3.44

(2)Use Customize User Interface Solid Color(使用自定义用户界面纯色)。这是系统默认的选项,该选项默认的背景色是灰色。

(3)Use Environment Background(使用环境背景)。选择该选项后,背景视图默认变成了黑色。按下 8 键,打开环境特效面板,因为默认的背景色就是黑色,所有视图中的背景色也会是黑色。单击 Color 面板框,在弹出的颜色面板中可以随意更改颜色,当环境色改变之后,视图中的颜色也会随之改变,如图 3.45 所示。

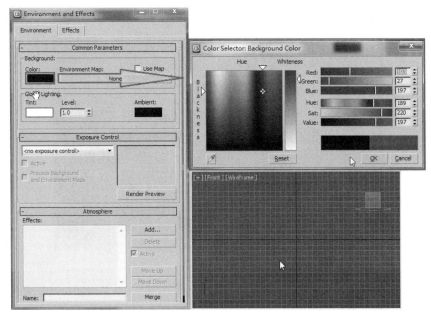

图 3.45

（4）利用图片设置背景图。首先选择 Use Files（使用文件）单选按钮，再单击 Files... 按钮，在弹出的选择背景图像对话框中选择需要的图像，单击 Open 按钮，然后选择 Match Bitmap（匹配位图）单选按钮，勾选 Lock Zoom/Pan（锁定缩放/平移）复选框，如图 3.46 所示。

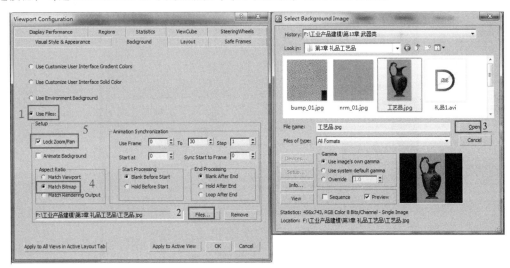

图 3.46

勾选 Lock Zoom/Pan（锁定缩放/平移）复选框之后，在视图中移动和缩放视图时，图像也会随之进行移动和缩放。如果没有勾选该复选框，那么在视图中拖动视图时，只有网格线跟着移动和缩放，而图像是固定不变的。

注意，除了 Match Bitmap（匹配位图）外，还有一个 Match Viewport（匹配视口），如果选择了该单选按钮，当我们选择了一张长宽同等比例的图片之后，它在视图中显示就没什么问题；但如果选择了一张长宽比不同的位图，那么在视图中显示时就会将图片压扁或者拉长来保持在视口中长宽比一致，如图 3.47 所示。

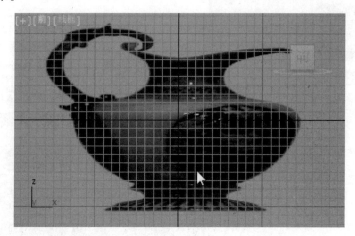

图 3.47

上面介绍的是 3ds Max 2012 和 3ds Max 2013 背景视图的设置，3ds Max 2014 中的背景视图设置和 3ds Max 2013 基本一样，但是 2014 版本中没有了 Lock Zoom/Pan（锁定缩放/平移），显得很不方便。图 3.48 所示为 3ds Max 2014 中的背景视图设置参数面板。

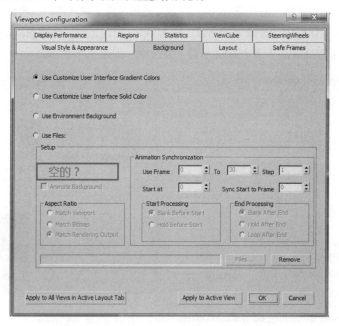

图 3.48

2015 版本中并不是真正取消了背景视图中的锁定缩放/平移功能，那么该如何调取呢？单击 Customize 菜单，选择 Preference 系统设置，在弹出的 Preference Settings 对话框中选择 Viewports，然后单击 Choose Driver... 按钮，在弹出的 Display Driver Selection 面板中选择 Legacy Direct3D，如图 3.49 所示。单击 OK 按钮，此时会弹出一个提示框 Display driver changes will take effect the next time you start 3ds Max.（显示驱动变更将在下次重启 3ds Max 软件时生效）。当再次启动 3ds Max 软件时，就可以正常看到 13 版本之前的锁定缩放/平移功能了。

步骤 02 背景视图设置好之后，接下来就可以参考图片来制作所需要的样条曲线了。在"创建"面板中单击 Line 按钮，在图片中花瓶的边缘创建出它的轮廓线，如图 3.50 所示。

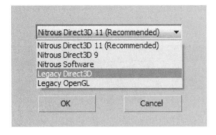

图 3.49　　　　　　　　　　　图 3.50

步骤 03 选择该样条曲线，在修改器下拉列表中添加 Lathe 修改器，进入 Lathe 子级别（Axis），将轴心移动到中心位置，当然也可以单击 Min 按钮快速设置。调整 Segments（分段数）值为 6，回到 Line 级别，将 Interpolation 的 Steps 值设置为 1，这样当前的模型面数会大大降低。图 3.51 所示为分别调整了 Segments 值和 Interpolation 值的对比效果。

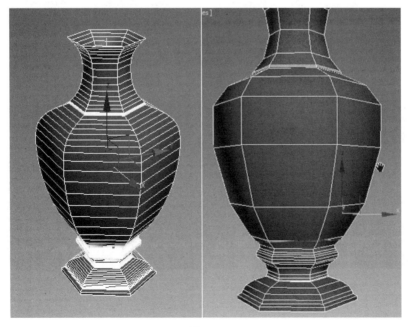

图 3.51

在调整了两个参数之后，我们发现花瓶底部的线段还是有点密，可以继续回到 Line 中的点级别下，适当删除一些点即可。同时在中部的位置再添加一些点，让模型的布线尽量均匀一些，效果如图 3.52 所示。

步骤 04 将其转换为可编辑的多边形物体，选择瓶口处的线段，按住 Shift 键向上移动复制新的面并调整位置。调整的过程如图 3.53 所示。

将瓶口右侧的面也调整出来，如图 3.54 所示。

步骤 05 调整好之后，在修改器下拉列表中添加 Shell（壳）修改器，调整 Inner Amount 和 Outer Amount 值均为 20 mm，将其转换为可编辑的多边形物体，进一步调整瓶口点的位置来控制好它的形状。细分光滑显示该物体，效果如图 3.55 所示。

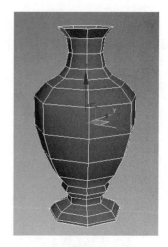

图 3.52

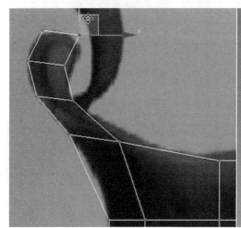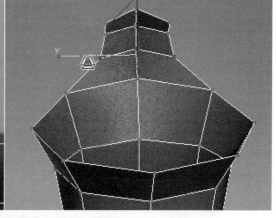

图 3.53

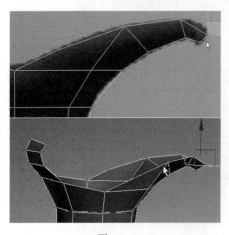

图 3.54

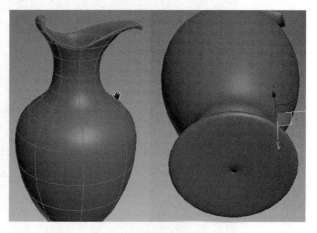

图 3.55

　　该模型在细分之后，底部中心位置出现了一些问题。按 Ctrl+Q 组合键取消细分光滑，进入到点或者面级别，按 Alt+X 组合键透明化显示该物体，发现底部的面出现了一些问题，如图 3.56 所示。

　　这里只需将多余的面删除，然后将点用 Weld 工具焊接一下即可。再次细分光滑之后，问题得到解决，如图 3.57 所示。

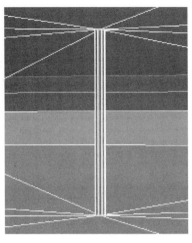

图 3.56　　　　　　　　　　　　　　　　　　　　图 3.57

 　在视图中创建一个 Box 物体，将其转换为可编辑的多边形物体，选择顶部面边，挤出面边并调整形状至如图 3.58 所示。

　　参考图片中的细节，选择对应的面继续挤出和调整，需要加线调整的地方要做进一步的加线调整处理，效果如图 3.59 所示。

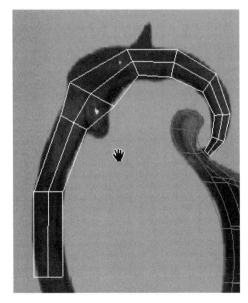

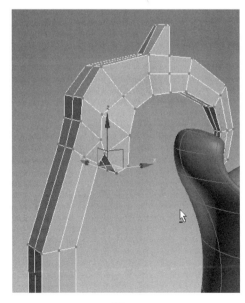

图 3.58　　　　　　　　　　　　　　　　　　　　图 3.59

用同样的方法将下部分的细节调整出来，效果如图 3.60 所示。

步骤 07 选择瓶体模型，在石墨工具下的 Freeform（自由形式）菜单中单击 Paint Deform（绘制变形），然后单击 （偏移）工具，切换到前视图，此时可以通过笔刷工具来快速调整花瓶整体的外形。该笔刷调节的快捷键分别为：按住 Shift +鼠标左键并拖动，可以快速调整内圆的大小，也就是笔刷强度值的调整；按住 Ctrl+鼠标左键并拖动，可以快速调整外圆的大小，也就是笔刷大小的调整；按住 Ctrl+Shift+鼠标

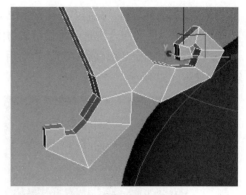

图 3.60

左键并拖动，可以同时调整外圆和内圆的大小，也就是笔刷大小和强度的同时调整。将笔刷大小和强度调整到一个合适的值，然后就可以在模型上拖动调整模型的形状了，如图 3.61 所示。

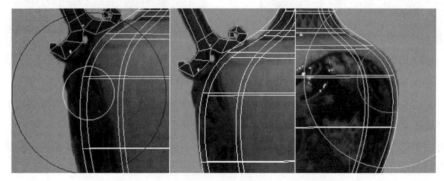

图 3.61

步骤 08 将花瓶把手模型删除一半，然后在修改器下拉列表中添加 Symmetry（对称）修改器将另一半模型对称出来。将该模型塌陷，将对称轴心的线段适当向外缩放调整，如图 3.62 所示。

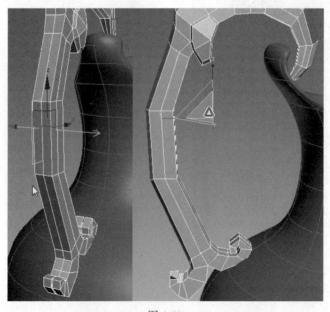

图 3.62

步骤 09 选择瓶体模型，然后进入线段级别，用 Cut 工具将瓶体和把手对应的位置切线，如图 3.63 所示。

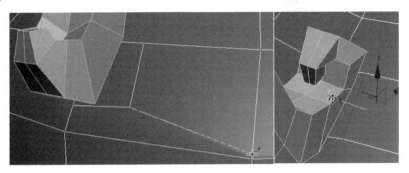

图 3.63

单击 Attach 按钮，拾取把手模型，将瓶体和把手模型焊接成一个物体。然后选择把手和瓶体相对应的面，单击 Bridge 按钮使中间自动连接出新的面。按 1 键进入点级别，在顶视图中删除一半模型，然后在修改器下拉列表中添加 Symmetry 修改器，将另外一半模型对称出来，细分光滑显示模型后的效果如图 3.64 所示。

步骤 10 选择瓶体上的一些线段，先用 Chamfer 工具切角处理，然后移动调整线段，再次用 Chamfer 工具将一条线段进行切角处理，过程如图 3.65 所示。

图 3.64

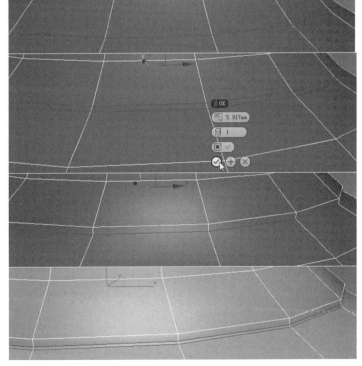

图 3.65

用同样的方法将底座的线段做同样的处理，调整出棱角的效果，如图 3.66 所示。

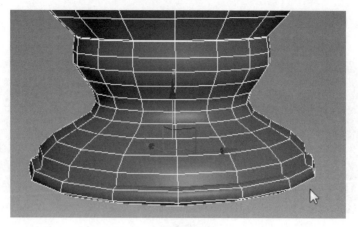

图 3.66

步骤 11 选择图 3.67（左）所示的面，单击 Extrude 后面的 □ 按钮，将这些面向外挤出调整。最后在中间位置添加一条线段，最终的效果如图 3.67（右）所示。

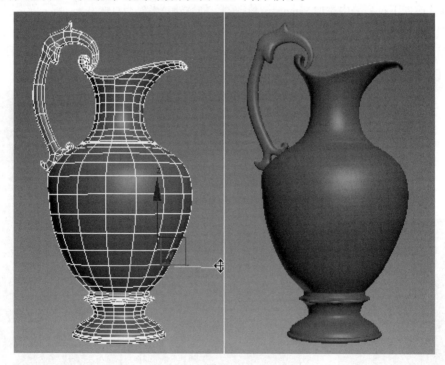

图 3.67

第 **4** 章　运动器械类产品设计

运动器械是竞技体育比赛和健身锻炼所使用的各种器械、装备及用品的总称。体育器材与体育运动相互依存、相互促进。体育运动的普及和运动项目的多样化使体育器材的种类、规格等都得到发展。同样，质量优良、性能稳定的运动器械，不但可以保证竞技比赛在公正和激烈的情况下进行，而且还为促进运动水平的提高创造了必要的物质条件。

本章将以一个滑轮车模型和溜冰鞋模型为例来介绍一下运动器械模型的建模方法。

4.1　滑轮车模型的制作

1. 滑轮车板制作

步骤 01　依次单击 ✳ Creat（创建）‖ ◯ Geometry（几何体）｜ Box （长方体）按钮，在视图中创建一个长、宽、高分别为 880 mm、220 mm、13 mm 的长方体，将长方体模型转换为可编辑的多边形物体，选择长度方向上的环形线段，按 Ctrl+Shift+E 组合键加线，移动四角的点调整形状如图 4.1 所示。

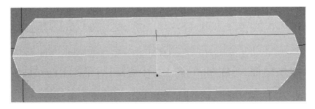

图 4.1

用同样的方法在宽度方向上加线，如图 4.2 所示。切换到缩放工具并沿着 Y 轴多次缩放使其线段缩放为笔直状态，如图 4.3 所示。

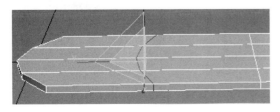

图 4.2

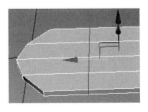

图 4.3

调整所加线段 Z 轴上的位置，将模型调整为图 4.4 所示的形状。

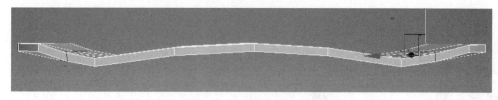

图 4.4

在顶部和底部边缘位置加线，如图 4.5 所示。选择整个模型右侧一半的点，按 Delete 键将其删除。调整剩余的左侧模型的形状如图 4.6 所示。

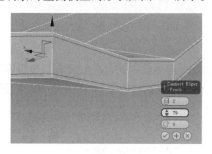

图 4.5   图 4.6

单击 按钮进入修改面板，单击"修改器列表"右侧的小三角按钮，在修改器下拉列表中添加 Symmetry（对称）修改器，单击 Symmetry 前面的+号然后单击 Mirror 进入镜像子级别，在视图中移动对称中心的位置，如果模型出现空白的情况，可以勾选"翻转"参数。添加对称修改器后的效果如图 4.7 所示。

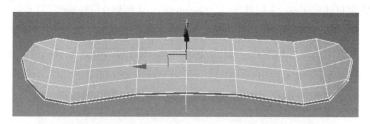

图 4.7

步骤 02 选择图 4.8 中的面，按住 Shift 键向上移动复制，在弹出的对话框中选择 Clone To Object，如图 4.9 所示。

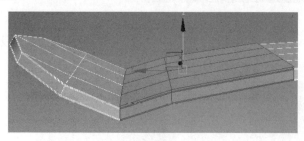

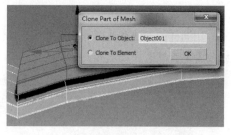

图 4.8   图 4.9

为了便于区分，给复制的物体换一种颜色显示，然后选择中间线段按 Ctrl+Backspace 组合键将其移除，选择顶部所有点沿着 Z 轴向下移动调整模型厚度，然后按"3"键进入边界级别，选择两侧的边界线，单击 Cap （补洞）按钮将开口封闭起来，然后在"点"级别下，分别选择上下对应的点，按 Ctrl+Shift+E 组合键加线调整布线。过程如图 4.10 和图 4.11 所示。

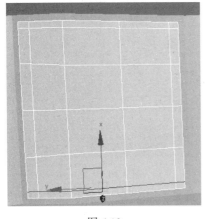

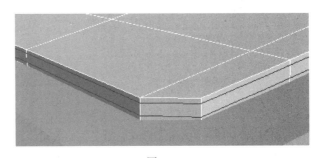

图 4.10 图 4.11

按 Ctrl+Q 组合键细分该模型，效果如图 4.12 所示。

图 4.12

步骤 03 依次单击 Creat （创建）│ Geometry （几何体）│ Box （长方体）按钮，在透视图中创建一个长方体，如图 4.13 所示，将长方体模型转换为可编辑的多边形物体。调整左侧两角的点，然后选择图 4.14 所示中的面，单击 Extrude 按钮后面的 图标，在弹出的 Extrude 快捷参数面板中设置挤出值将面向上挤出，然后调整点的位置，调整形状至如图 4.15 所示。

设置图 4.16 所示中的线段切角。

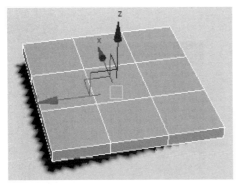

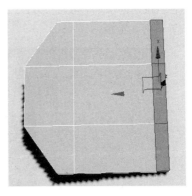

图 4.13 图 4.14

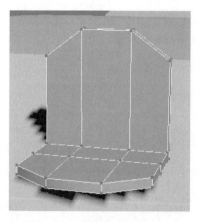
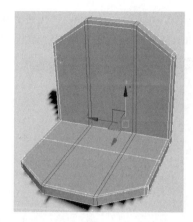

图 4.15　　　　　　　　　　　　　　　图 4.16

　　在拐角位置加线（此步骤加线非常重要）如图 4.17 所示，如果不加线细分，效果如图 4.18 所示，拐角位置的面在细分后会出现较大的变形，而如果在该位置加线约束，细分后就会出现较为美观的棱角效果。

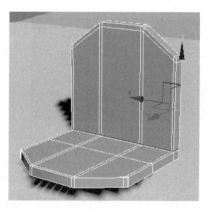

图 4.17　　　　　　　　　　　　　　　图 4.18

　　步骤 04　单击 ✳Creat（创建）|○Geometry（几何体）Extended Primitives ▼下的 ChamferBox（切角长方体）按钮创建一个切角长方体，如图 4.19 所示，将其转换为可编辑的多边形物体后，加线调整点的位置至图 4.20 所示。

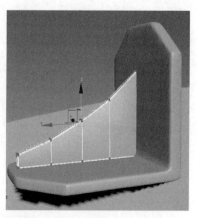

图 4.19　　　　　　　　　　　　　　　图 4.20

步骤 05 调整好形状后将该物体复制一个，如图 4.21 所示，然后创建一个球体模型并删除一半，用缩放工具压扁，调整至如图 4.22 所示。

图 4.21

图 4.22

按 "3" 键进入边界级别，选择边界线按住 Shift 键配合移动和缩放工具挤出面并调整，如图 4.23 所示，然后将图 4.24 和图 4.25 中的线段切角设置。

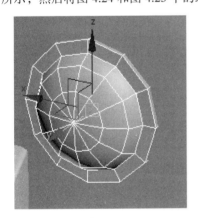

图 4.23

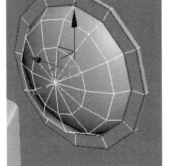

图 4.24

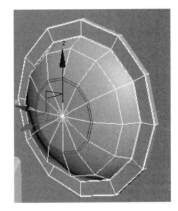

图 4.25

步骤 06 细分后复制调整至如图 4.26 所示。然后再创建一个长方体并将其转换为可编辑的多边形物体，删除前方的面，如图 4.27 所示。

图 4.26

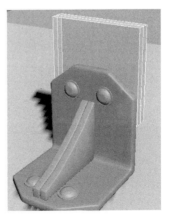

图 4.27

选择边界线按住 Shift 键配合移动、缩放工具向内连续挤出调整所需形状，如图 4.28 所示。然后将拐角位置线段切角设置如图 4.29 所示。

图 4.28　　　　　　　　　　　图 4.29

分别在图 4.30 中红色线段的位置加线并调整，然后删除背部一半模型，在修改器下拉列表中添加 Symmetry（对称）修改器，将前面制作好的形状直接对称出来，如图 4.31 所示。细分后的整体效果如图 4.32 所示。

红色线

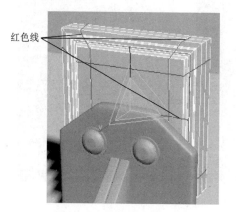  

图 4.30　　　　　　　　图 4.31　　　　　　　　图 4.32

步骤 07 再次创建一个长方体并将其转换为可编辑的多边形物体，勾选 ☑ Use Soft Selection 使用软选择，调整衰减值大小，选择底部如图 4.33 中的底部点，用缩放工具缩放调整至如图 4.34 所示。

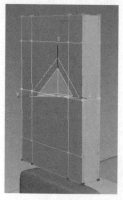 

图 4.33　　　　　　　　　　　图 4.34

在修改器下拉列表中添加 Bend（弯曲）修改器，效果和参数设置如图 4.35 和图 4.36 所示，最后将该模型塌陷为多边形物体后细分。

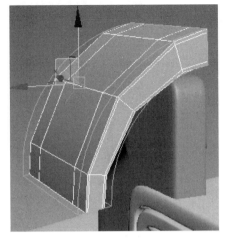

图 4.35　　　　　　　　　　　　　　　图 4.36

步骤 08　单击 Creat（创建）Shape（图形）| Rectangle（矩形）按钮，在视图中创建一个矩形，调整 Corner Radius（圆角）参数值，效果如图 4.37 所示。将模型转换为可编辑的样条线，选择图 4.38 所示中的线段，单击参数面板下的 Divide 按钮，将线段平分为二，也就是在线段中心位置加线，如图 4.39 所示。

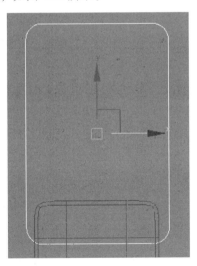

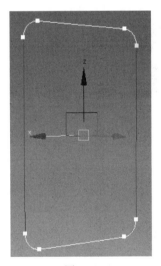

图 4.37　　　　　　　　　　　　　　　图 4.38

在透视图中调整线段的弧形效果如图 4.40 所示。勾选 Rendering 卷展栏下的 Enable In Renderer 和 Enable In Viewport，设置 Thickness（厚度值）和 Sides（边数）值，效果如图 4.41 所示。

选择图 4.42 所示中的所有模型，单击 Group（组）| Group 命令设置一个群组，这样便于整体选择操作。旋转调整好角度，如图 4.43 所示，最后再复制一个调整角度和位置，如图 4.44 所示。

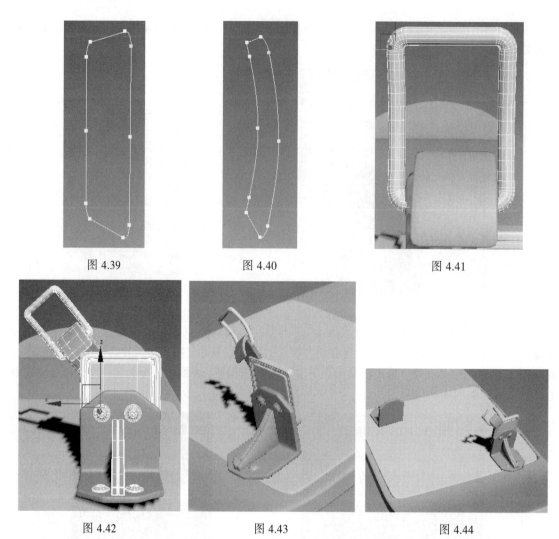

图 4.39　　　　　　　　　图 4.40　　　　　　　　　　图 4.41

图 4.42　　　　　　　　　图 4.43　　　　　　　　　　图 4.44

步骤 09　在顶视图中创建一个 Plane 面片物体并将其转换为可编辑的多边形物体，选择边缘的线，按住 Shift 键挤出面并调整形状，如图 4.45 和图 4.46 所示。

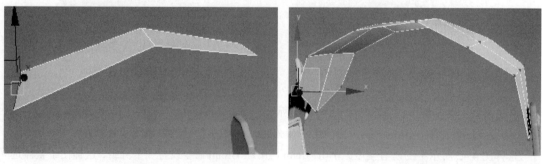

图 4.45　　　　　　　　　　　　　　图 4.46

通过不断的挤出面、加线调整等操作，制作出一个带有弧线效果的面片，如图 4.47 所示。在整体调整形状时，可以单击 Freeform Paint Deform 下的 按钮，该"偏移"工具可以针对模型进行整体的比例形状调整，有点类似于"软选择"工具的使用，但是它使用起来会更加快捷、更加灵活。当开启"偏移"工具时，鼠标的位置会出现两个圈，外圈为黑色，内圈为白色。外圈控制笔刷的衰减值，内圈控制强度。Ctrl+Shift+鼠标左键拖拉可以同时快速调整内圈和外圈的大小，Ctrl+鼠标左键调整外圈衰减值大小，Shift+左键拖拉控制调整内圈强度值。调整好笔刷大小和强度值在模型上可以拖动来调整形状，如图 4.48 所示。

图 4.47　　　　　　　　　　　　　　　　　　图 4.48

在修改器下拉列表中添加 Shell（壳）修改器，调整厚度值后再次将物体塌陷为可编辑的多边形物体，如图 4.49 所示。切换到面级别，选择图 4.50 中的面向下倒角挤出，然后选择边沿的线段切角设置。

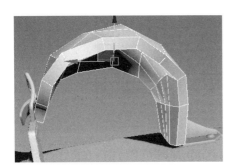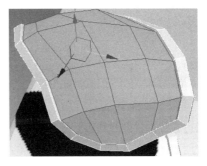

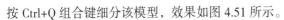

图 4.49　　　　　　　　　　　　　　　　　　图 4.50

按 Ctrl+Q 组合键细分该模型，效果如图 4.51 所示。

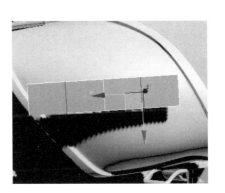

图 4.51　　　　　　　　　　　　　　　　　　图 4.52

步骤 10 创建一个面片物体并将其转换为可编辑的多边形物体，如图 4.52 所示。依次单击 Freeform | PolyDraw | 右侧的小三角，在下拉列表中选择 ⊙ Draw on: Surface ，然后单击右侧的 Pick 按钮拾取底部物体，单击 按钮在面片物体的点上单击并拖动可以快速将面片物体移动吸附到底部拾取的物体表面上，如图 4.53 所示。然后选择边并挤出面，如图 4.54 所示。同样的方法用拖曳工具快速调整点到底部物体的表面上，如图 4.55 所示。最后选择所有面向上挤出，如图 4.56 所示。

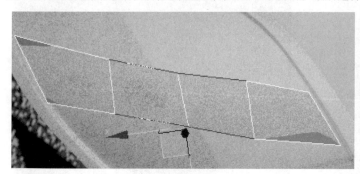
图 4.53

图 4.54

图 4.55

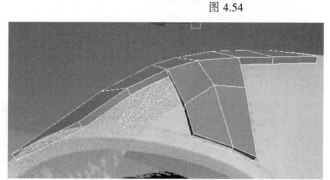
图 4.56

在四边边缘位置加线约束，细分后效果如图 4.57 所示。

再次创建一个面片物体，用上述同样的方法吸附面调整至如图 4.58 所示。在修改器下拉列表中添加 Shell 修改器设置厚度后将模型塌陷为多边形物体，加线调整形状细分后的效果如图 4.59 所示。最后再创建一个长方体，调整好位置如图 4.60 所示。

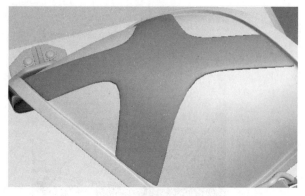
图 4.57

图 4.58

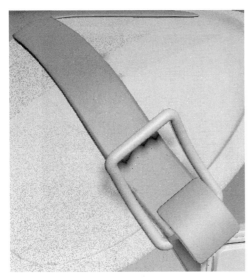

<table>
<tr><td>图 4.59</td><td>图 4.60</td></tr>
</table>

将除了滑板外的所有模型设置一个组，然后复制并调整到另一侧位置，效果如图 4.61 所示。

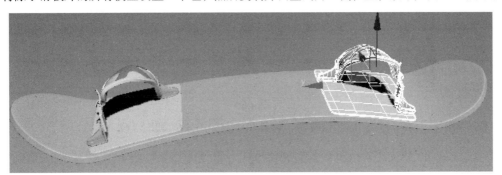

图 4.61

2．减震装置模型制作

步骤 01　创建一个长方体并将其转换为可编辑的多边形物体后调整形状如图 4.62 所示。右击，选择 Cut 命令手动切线，如图 4.63 所示。

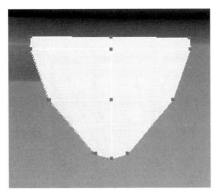
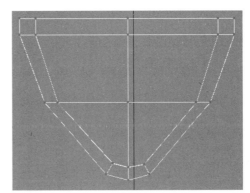

<table>
<tr><td>图 4.62</td><td>图 4.63</td></tr>
</table>

按"4"键进入面级别，选择图 4.64 所示中的面向下挤出面调整，然后将挤出边缘的线段切角，

如图 4.65 所示。

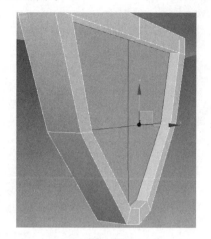

图 4.64

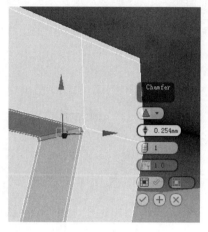

图 4.65

步骤 02 在该物体表面创建一个长方体，如图 4.66 所示。

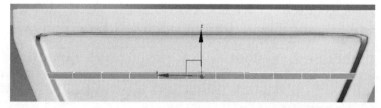

图 4.66

在修改器下拉列表下添加 Bend 修改器，效果和参数如图 4.67 和图 4.68 所示。

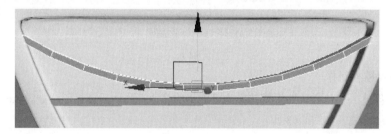

图 4.67

将长方体复制调整至如图 4.69 所示。

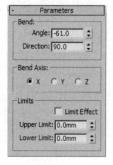

图 4.68

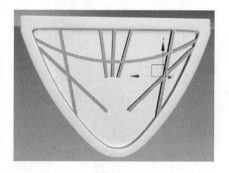

图 4.69

步骤 03　单击 `Tube` 按钮，在视图中创建一个圆管物体，如图 4.70 所示，然后在圆管内部再创建一个圆柱体，如图 4.71 所示。

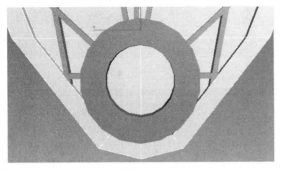
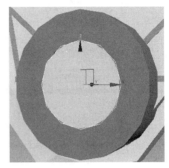

图 4.70　　　　　　　　　　　　　　　　图 4.71

将圆柱体模型转换为可编辑的多边形物体后，删除顶部面，选择边界线，按住 Shift 键配合移动和缩放工具挤出面调整至所需形状，如图 4.72 和图 4.73 所示。

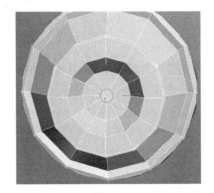

图 4.72　　　　　　　　　　　　　　　　图 4.73

单击 `Collapse`（聚合）按钮将中心的所有点聚合焊接为一个点，如图 4.74 所示。然后选择拐角位置线段切角。细分后选择该部位模型并镜像复制，如图 4.75 所示。

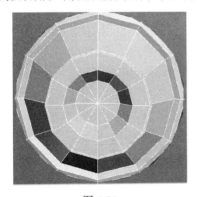
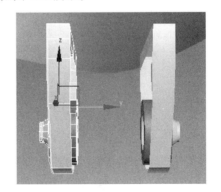

图 4.74　　　　　　　　　　　　　　　　图 4.75

单击 `Attach` 按钮将复制的物体和原物体附加在一起，选择顶部对应面（如图 4.76 中的面），单击 `Bridge` 按钮桥接出中间的面，如图 4.77 所示。

分别在图 4.78 所示中的位置加线，然后选择图 4.79 中的边，单击 `Bridge` 按钮生成中间的面，如图 4.80 所示。

图 4.76

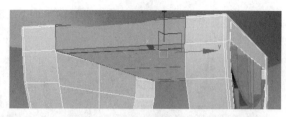

图 4.77

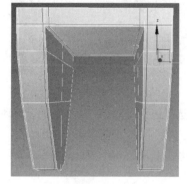

图 4.78

图 4.79

步骤 04 创建一个圆柱体并将其转换为可编辑的多边形并编辑调整出如图 4.81 中所示形状。在 （图形）面板中单击 Helix （弹簧线），创建弹簧线，如图 4.82 所示。设置弹簧线的高度和圈数等参数后，勾选 Rendering 卷展栏下的 ☑ Enable In Renderer 和 ☑ Enable In Viewport，设置 Thickness（厚度值）和 Sides（边数）值，效果如图 4.83 所示。

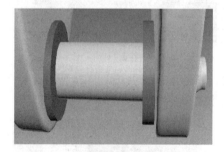

图 4.80

图 4.81

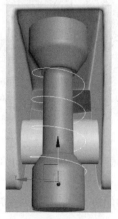

图 4.82

图 4.83

整体调整减震装置的角度后再复制一个并调整至如图 4.84 所示。

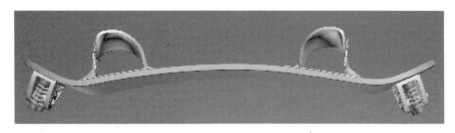

图 4.84

步骤 05　然后在减震装置的底部创建一个圆柱体并将其转换为可编辑的多边形物体，删除侧面中的面，选择边界线移动挤出面并调整形状如图 4.85 和图 4.86 所示。

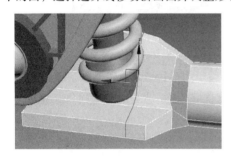

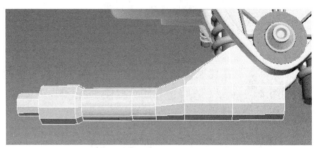

图 4.85　　　　　　　　　　　　　　　图 4.86

调整好形状后通过对称修改器对称出另一半，如图 4.87 所示。最后的细分效果如图 4.88 所示。

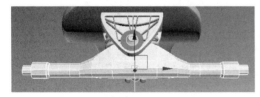

图 4.87　　　　　　　　　　　　　　　图 4.88

将减震装置的底部托盘复制并调整到另一侧，整体效果如图 4.89 所示。

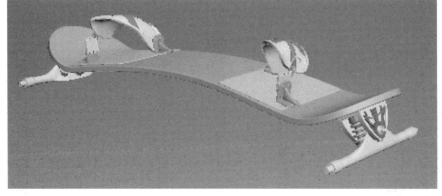

图 4.89

3. 轮胎模型制作

步骤 01 单击 Tube 按钮，在视图中创建一个如图 4.90 所示的管状体并将其转换为可编辑的多边形物体。选择环形线段，缩放调整形状至如图 4.91 所示。

图 4.90

图 4.91

步骤 02 在轮胎内侧创建一个圆柱体并将其转换为可编辑的多边形物体，删除顶部和底部的面，如图 4.92 所示。选择边界线，按住 Shift 键向外缩放挤出面并调整，注意，须将拐角位置的线段切角。细分后的效果如图 4.93 所示。

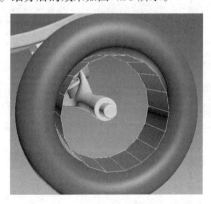

图 4.92

图 4.93

步骤 03 再次创建圆柱体并修改至如图 4.94 所示的形状，然后创建修改出如图 4.95 所示中的物体。

图 4.94

图 4.95

步骤 04　创建长方体模型，注意将分段数适当调高，如图 4.96 所示。在修改器下拉列表中添加 Bend（弯曲）修改器，设置 Angle 值为-35，Direction 为 90°，效果如图 4.97 所示。

创建一个三角形的样条线，然后添加 Extrude（挤出）修改器，效果如图 4.98 所示。将三角形物体和弯曲的长方体物体镜像复制，效果如图 4.99 所示。

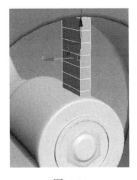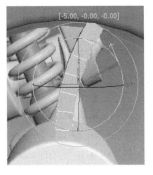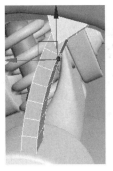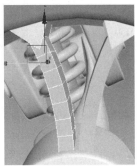

图 4.96　　　　　　　图 4.97　　　　　　　图 4.98　　　　　　　图 4.99

长按 View 右侧小三角，在弹出的下拉列表中选择 Pick ，然后拾取轮胎中心轴物体，长按 按钮，在下拉列表中选择 切换物体的轴心，每隔 60° 复制出 5 个，如图 4.100 所示。然后将所有轮毂模型再次复制，如图 4.101 所示。

最后在轮毂中间位置创建一个管状体，如图 4.102 所示。

步骤 05　单击 Creat（创建） Shape（图形）| Line 按钮在轮胎的顶部创建如图 4.103 所示的样条线。在修改器下拉列表中添加 Extrude 修改器，效果如图 4.104 所示，将该物体镜像复制到另一侧，效果如图 4.105 所示。

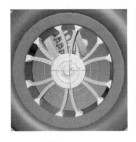

图 4.100　　　　　　图 4.101　　　　　　图 4.102　　　　　　图 4.103

选择边缘的线段适当切角设置，如图 4.106 所示。

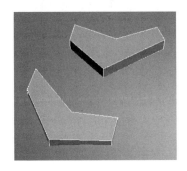

图 4.104　　　　　　　图 4.105　　　　　　　图 4.106

长按 View 右侧小三角，在弹出的下拉列表中选择 Pick ，然后拾取轮胎中心轴物体，长按按钮，在下拉列表中选择切换物体的轴心，单击 Tools 菜单选择 Array... 阵列工具将物体阵列复制，阵列效果和参数设置如图 4.107 和图 4.108 所示。

图 4.107

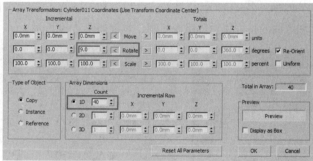

图 4.108

在轮胎边缘位置创建一个如图 4.109 所示形状的物体，用同样的方法阵列复制，效果如图 4.110 所示。

图 4.109

图 4.110

在轮胎外侧中心位置创建一个管状体，Sides 分段数设置为 100，如图 4.111 所示。将该物体转换为可编辑的多边形物体，分别选择图 4.112 中的面。

图 4.111

图 4.112

单击 Bevel 按钮后面的□图标，在弹出的"倒角"快捷参数面板中设置倒角参数将选择面向内倒角，如图 4.113 所示。倒角后的线段出现了穿插现象，如图 4.114 所示。

　　在正常情况下，将呈现如图 4.115 中所示的效果，该如何修改呢？选择边缘的一个线段，依次单击 `Modeling` `Modify Selection` `Similar` 快速选择相同位置的类似线段，在左视图中用缩放工具缩放调整，用同样的方法选择内侧的所有线段缩放调整，调整后的效果如图 4.116 所示。

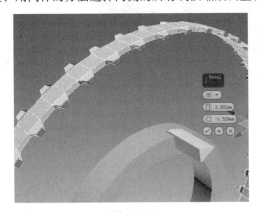

图 4.113

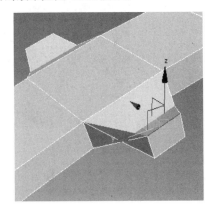

图 4.114

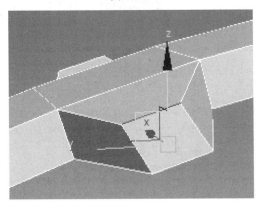

图 4.115

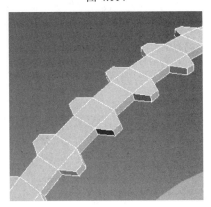

图 4.116

　　同样用 `Similar` 工具快速选择外侧和内侧边缘的线段做切角设置，如图 4.117 所示。制作好的轮胎整体效果如图 4.118 所示。

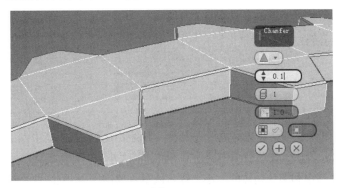

图 4.117

图 4.118

　　选择制作好的所有轮胎模型，镜像复制出另一侧轮胎，然后再复制出前端的两个轮胎，整体效果如图 4.119 所示。至此为止，滑轮车全部制作完成。

图 4.119

4.2 溜冰鞋模型的制作

步骤 01 首先来设置背景参考图。按下 Alt+B 组合键打开背景视图设置面板，选择 Use Files 单选按钮，然后单击 Files... 按钮，选择一张顶视图的图片，选择 ⊙ Match Bitmap（匹配位图）单选按钮并勾选 ☑ Lock Zoom/Pan（锁定缩放/平移）复选框，如图 4.120 所示。

图 4.120

用同样的方法将前视图的背景参考图设置一下。设置好之后先来看一下两张图片在视图当中大小是否匹配，方法为：在视图中创建一个 Box 物体，在前视图中调整 Box 物体的大小和图片中的大小一致，然后再看一下该 Box 物体是否在顶视图中和图片物体的大小一致。从图 4.121 中可以发现两个参考图的大小并不匹配。

接下来就需要调整参考图片的大小。再次按下 Alt+B 组合键，先取消勾选 ☐ Lock Zoom/Pan（锁定缩放/平移），按 Ctrl+Alt+鼠标中键拖动来调整视图的大小，直至 Box 物体和鞋子模型的大小相匹配之后，再次勾选 ☑ Lock Zoom/Pan（锁定缩放/平移）。此时该图片的位置可能会发生改变，打开 Photoshop 软件，将鞋子向左移动调整即可。调整时并不是一次性就能将它的位置调整好，需要多次观察调整，比如先向左调整，将图片覆盖保存，在 3ds Max 软件中，按下 Ctrl+Shift+Alt+B 组合键更新背景视图，如果发现 Box 物体和鞋子模型还不对位，返回到 Photoshop 中继续调整位置，再次保存，然后再次回到 3ds Max 软件中按 Ctrl+Shift+Alt+B 组合键更新背景视图，直至它们的位置完全对位，如图 4.122 所示。参考图中它们的位置对位非常重要，否则在制作时会带来不必要的麻烦。

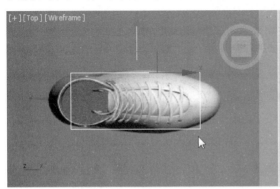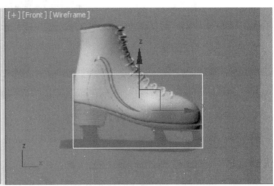

图 4.121

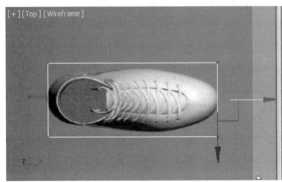

图 4.122

步骤 02　参考图设置好之后，将创建的 Box 物体删除，先从鞋底模型开始制作。在顶视图中创建一个 Box 物体，这里的参数不是固定的，因为我们是根据参考图的大小进行调整的。将 Box 物体转换为可编辑的多边形物体，选择线段按 Ctrl+Shift+E 组合键加线并调整点的位置，如图 4.123 所示。

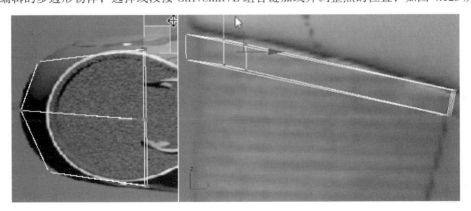

图 4.123

删除图 4.124（左上）所示的面，按 3 键进入边界级别，选择该边界，按住 Shift 键移动复制新的面，边复制边调整点的位置，最后单击 Cap 按钮封闭洞口，如图 4.124 所示。

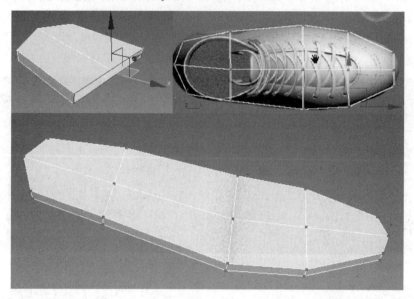

图 4.124

选择鞋跟的面，单击 Extrude 后面的 按钮，将鞋跟的面挤压出来并调整好高度，如图 4.125 所示。

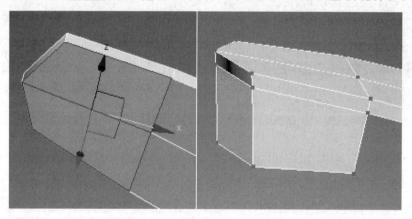

图 4.125

在鞋跟上下边缘和鞋底上下边缘位置加线，如图 4.126 所示。

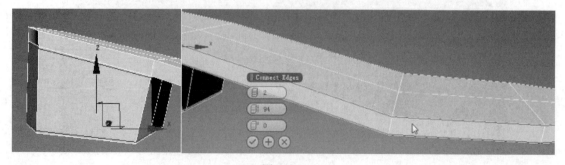

图 4.126

细分光滑后的效果如图 4.127 所示。

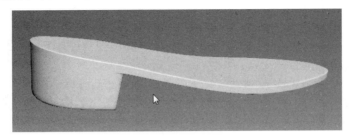

图 4.127

步骤 03　在鞋跟底部创建一个 Box 物体，设置长、宽、高分别为 680 mm、680 mm、40 mm，将该物体转换为可编辑的多边形物体，然后在长度和宽度的线段上分别加线，将四角的点用缩放工具适当向内缩放调整。按 Ctrl+Shift+E 组合键细分该物体。单击 Sphere 按钮，在视图中创建一个球体，调整半径值的大小为 60 mm，分段数为 18。将球体移动到鞋底的底部，并将其转换为可编辑的多边形物体，选择上部一半的点按 Delete 键删除，调整好位置和大小，然后复制出 3 个并调整到 Box 物体的四角位置，如图 4.128 所示。

图 4.128

将底部可编辑的 Box 多边形物体再复制一个，移动到鞋底的前部位置，调整点，然后配合加线工具适当加线，将该物体调整至如图 4.129 所示的形状。

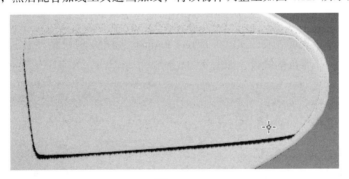

图 4.129

复制半球体模型并调整至如图 4.130 所示。

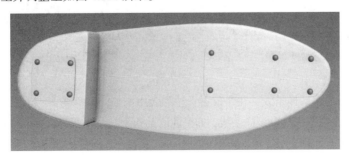

图 4.130

步骤 04　在 ⊙ 面板下单击 `Line` 按钮，根据参考图中溜冰鞋刀刃的形状绘制出样条轮廓线，如图 4.131 所示。

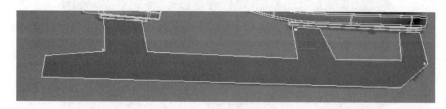

图 4.131

按 1 键进入点级别，单击 `Fillet` 按钮，将角点处理成圆角点。右击，在弹出的快捷菜单中单击 `Refine`，然后在右下角的线段上加点并调整形状，如图 4.132 所示。

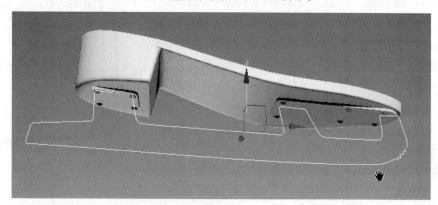

图 4.132

在左视图中创建一条矩形线段，注意将 Corner Radius（圆角）值设置为 11 mm，将矩形转换为可编辑的样条曲线，删除下半部的线段，如图 4.133 所示。

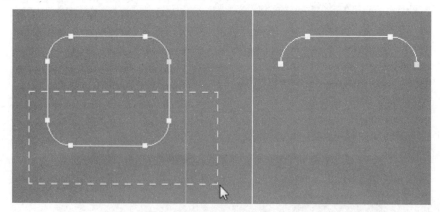

图 4.133

选择溜冰鞋刀刃的轮廓样条线，在修改器下拉列表中添加 `Bevel Profile`（超级倒角）修改器。单击 `Pick Profile` 按钮，在视图中拾取该样条线，如果此时的模型显示不正确，可以进入到 Bevel Profile 级别下的 Profile Gizmo 子级别，用旋转工具将它的 Gizmo 旋转 90° 即可，如图 4.134 所示。

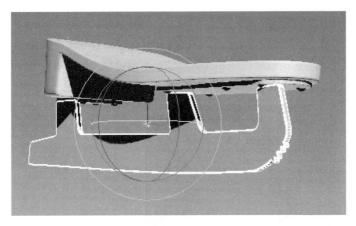

图 4.134

步骤 05　接下来制作鞋身。单击 Plane 按钮，在前视图中创建一个面片，将长、宽的分段数均设置为 1，将面片物体转换为可编辑的多边形物体，按 2 键进入边级别，按住 Shift 键拖动复制出新的面并调整，如图 4.135 所示。

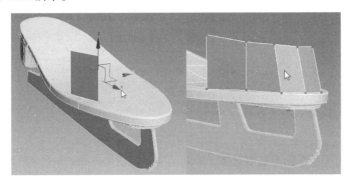

图 4.135

选择顶部的边向上挤出面并调整。注意，在调整时须根据参考图中的位置把点调整到合适的位置，中间配合 Ctrl+Shift+E 组合键对线段进行加线处理，如图 4.136 所示。

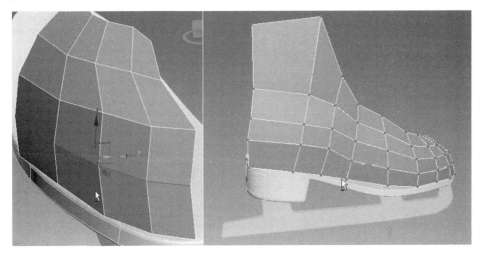

图 4.136

制作时只需将一半的面先制作出来，另外一半的模型通过修改器下拉列表下的 Symmetry 修改器对称出来，如图 4.137 所示（注意：在 Symmetry 修改器下需要选择对称轴心是 X 轴、Y 轴还是 Z 轴，有时在分不清要选择哪个轴心的时候可以一一试验。如果出现对称之后的模型是空白的情况，勾选 Flip 复选框即可）。

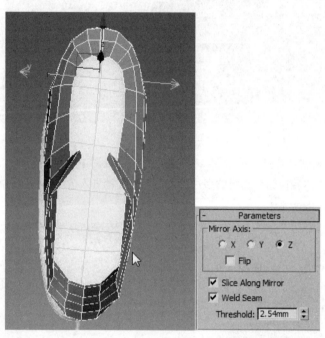

图 4.137

将该物体转换为可编辑的多边形物体，中间没有焊接的地方用 Weld 工具将其焊接起来，如图 4.138 所示。

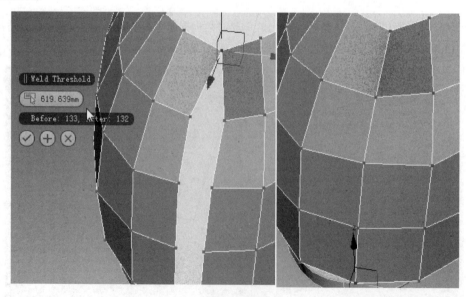

图 4.138

在石墨工具 Freeform 菜单下单击 Paint Deform ，然后选择 工具，用偏移笔刷工具调整模型的整体形状，如图 4.139 所示。

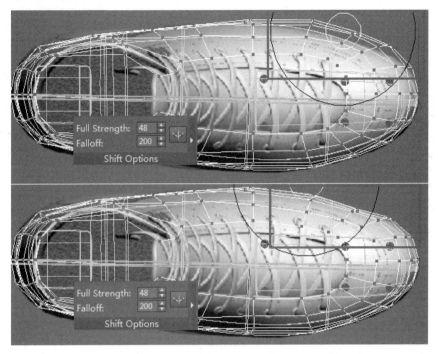

图 4.139

步骤 06　在 面板下单击 Affect Pivot Only ，然后单击 Center to Object ，将该模型的轴心调整到物体的中心位置，然后再次单击 Affect Pivot Only 退出轴心设置。切换到缩放工具，按住 Shift 键缩放并复制出一个模型。单击图 4.140 所示的颜色按钮，在弹出的颜色选择面板中选择一种颜色，单击 OK 按钮，这样就将当前的模型换了一种颜色，便于和之前的模型区分。

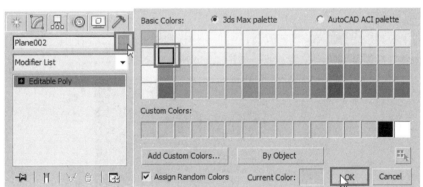

图 4.140

用石墨工具下的偏移笔刷工具将内部模型的形状调整一下，然后选择顶部的边向上拖动复制出新的面。选择外部鞋身的面，进入边界级别，选择开口处的边，按住 Shift 键向内缩放挤出面，然后将点、线的位置调整好。用这种方法来模拟出鞋子的厚度，然后在厚度的边线上加线，如图 4.141 所示。用同样的方法将鞋子底部开口的部分也向内挤出面。

整体效果如图 4.142 所示。

图 4.141   图 4.142

选择内部的模型物体，按 Alt+Q 组合键孤立化显示该物体，将底部的开口用 Cap 工具封闭，用 Cut 工具将各点之间连接起来，如图 4.143 所示。

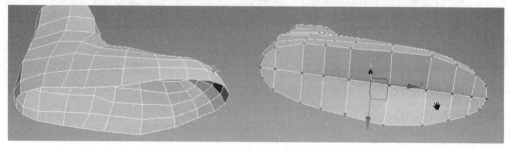

图 4.143

在修改器下拉列表中添加 Shell 修改器，给当前的模型添加厚度，然后再次将该物体转换为可编辑的多边形物体，在厚度的边缘位置加线，如图 4.144 所示。

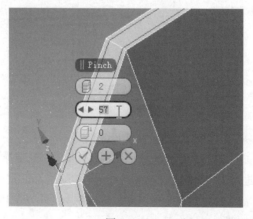

图 4.144

按 Alt+Q 组合键退出孤立化显示，配合石墨工具下的偏移工具整体调整它们之间的形状，最后单击 **Attach** 按钮将内、外模型焊接成一个模型。选择图 4.145 所示的线段，按 Ctrl+Shift+E 组合键加线，用缩放工具向外缩放调整。

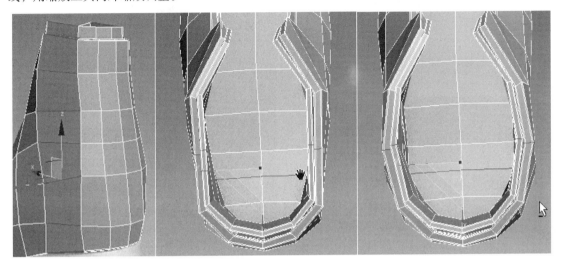

图 4.145

调整之后细分显示效果如图 4.146 所示。

步骤 07　下面制作出溜冰鞋内部模型。在视图中创建一个面片并将其转换为可编辑的多边形物体，将面片编辑至如图 4.147 所示。

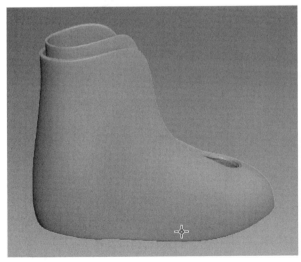

图 4.146

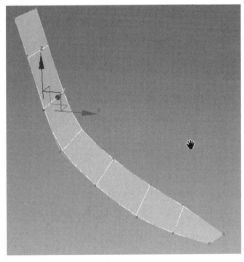

图 4.147

在修改器下拉列表中添加 Shell（壳）修改器，设置 Inner Amount（向内挤出厚度）值为 90 mm 左右，再次转换为可编辑的多边形物体，在物体厚度的边缘添加分段，如图 4.148 所示。

同时在宽度的线段上添加分段，如图 4.149 所示。

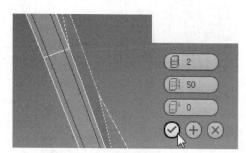

图 4.148

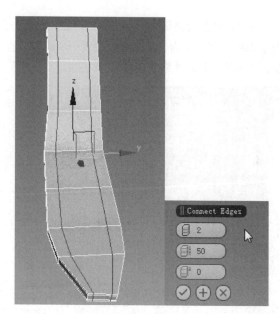

图 4.149

整体效果如图 4.150 所示。

步骤 08 鞋带扣模型的制作。在"创建"面板 ◯ 下单击 Tube （圆管）按钮，在视图中创建一个圆管物体，如图 4.151 所示。

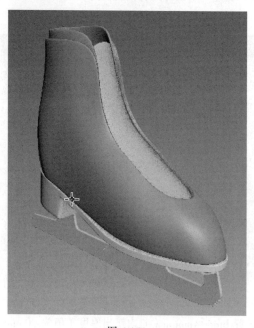

图 4.150

图 4.151

将 Height Segments 和 Cap Segments 均设置为 1，将 Sides 设置为 10。将该物体转换为可编辑的多边形物体，在厚度的边缘线段上加线，如图 4.152 所示。

按 Ctrl+Q 组合键细分光滑该物体，然后将该模型移动并旋转到合适的位置。这里除了单独复制调整剩余的物体之外，还有一个快捷的方法：先选择鞋子外部模型，在石墨工具下的 Object Paint

（对象绘制）中单击 Paint Objects （绘制对象），在下面的参数面板中单击 （拾取对象）按钮，然后在视图中拾取图 4.151 创建的圆管物体，拾取之后 Paint Objects 面板下就更换成了拾取后模型的名称，如图 4.153 中红色区域所示。

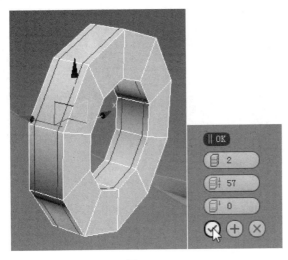

图 4.152　　　　　　　　　　　　　　　　　　　　图 4.153

单击 Paint On: 后面的 按钮，在下拉列表中选择 Selected Objects （在选择的物体上绘制），再单击 按钮，此时就可以在物体表面快速绘制出所需的圆管物体了。这里绘制的方法有两种：一是可以通过单击一个一个地绘制；二是可以通过按住鼠标左键不放，然后在物体的表面拖动鼠标绘制。这两种方法绘制的物体都会自动依附在原有物体表面，如图 4.154 所示。

如果你觉得这些物体的位置通过移动和旋转工具调整起来比较麻烦，可以继续在物体表面绘制并删除不需要的模型，调整好之后，单击 按钮将另外一半对称复制出来。因为鞋子左右并不是完全对称的模型，所以复制的鞋带扣模型并不能完全贴附于鞋子的表面，需要手动将它们调整到合适的位置，当然快捷的方法还是通过前面介绍的直接用绘制笔刷在需要的位置单击即可，最后删除不需要的部分模型。最后的效果如图 4.155 所示。

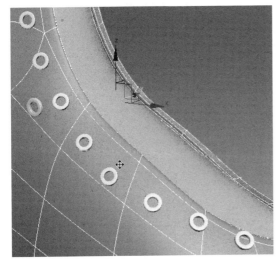

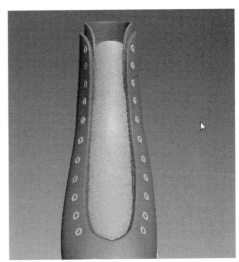

图 4.154　　　　　　　　　　　　　　　　　　　　图 4.155

步骤 09 选择鞋子模型，将该物体转换为可编辑的多边形物体，因为之前已经有了 2 级的细分，所以塌陷之后它的面数会明显增加。这里我们需要的并不是该模型，而是从模型身上提取所需的样条线。选择如图 4.156 所示的线段。

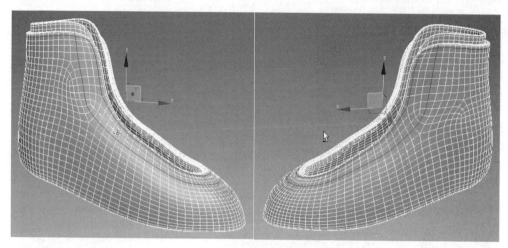

图 4.156

在参数面板中单击 Create Shape From Selection （从选择物体中创建样条线）按钮，在弹出的面板中可以修改一下创建样条线的名字，Shape Type（形状类型）中选择默认的 Smooth（平滑）即可。样条线分离出来之后就可以将模型删除了。

选择刚才创建的样条线，进入边级别，将不需要的线段删除。然后选择下部的线段，单击 Detach 按钮将该部分分离出来，如图 4.157 所示。

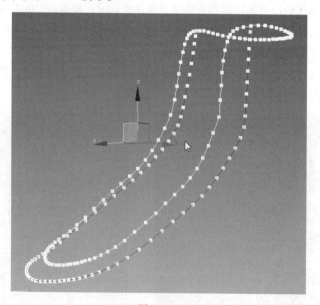

图 4.157

步骤 10 在视图中创建一个 Box 物体，并将其转换为可编辑的多边形物体，调整 Box 物体的形状至如图 4.158 所示。

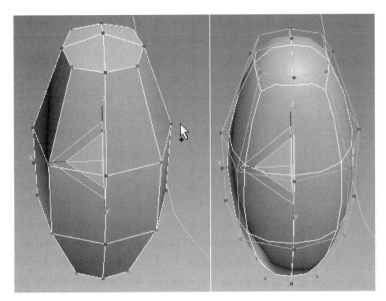

图 4.158

在 Animation（动画）菜单中选择 Constraints（约束）中的 Path Constraint（路径约束），然后在视图中拾取样条线，这样就把该物体约束到了样条线上，拖动时间滑块就可以看到该物体沿着样条线移动。

图 4.159

在 Tools 菜单中选择 Snapshot...（快照）命令，在打开的快照参数面板中选择 Range（范围）单选按钮，其中 From 和 To 就是从第几帧到第几帧之间总共复制多少个物体，Copies 是复制物体的数量，下面的 Clone Method 是克隆方式，一般选择 Copy 即可。参数面板如图 4.159 所示。

将 Copies（数量）暂时设置为 200，也就是从 0～100 帧之间复制 200 个物体，单击 OK 按钮，将视图放大，效果如图 4.160 所示。

从图 4.160 中可以发现，所有的模型都是保持在竖直方向的，不会跟着路径的变化而自动改变方向。按 Ctrl+Z 组合键先撤销，在 ◎ 面板下勾选 ☑ Follow，这样该模型就会自动跟随路径的变化方向而自动调整方向。但是此时的第一帧模型效果如图 4.161（左）所示，这个方向不是我们想要的，更改一下参数中的 Axis（轴）轴向即可，如图 4.161（右）所示。

图 4.160

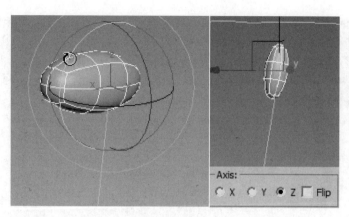

图 4.161

再次执行 Snapshot..（快照）命令，复制的数量可以多试验几次给出一个合适的值。

最后执行快照之后的模型效果如图 4.162 所示。

注意，如果发现物体嵌入到了模型的内部，只需要将样条线适当向外调整一下即可。在调整样条线时，可以勾选 ☑ Use Soft Selection（使用软选择），然后调整衰减值，这样在调整点时中间可以很好地过渡调整而不至于显得过于生硬。将样条线复制并适当缩放调整一下，用同样的方法先将物体约束到样条线上，再用快照工具快速复制出模型，效果如图 4.163 所示。

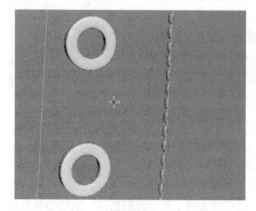

图 4.162

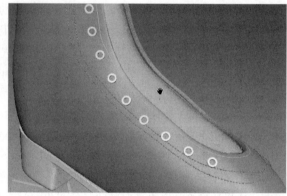

图 4.163

最后用同样的方法制作出剩余物体。在快照复制模型时，中间也出现了一些问题，比如说它只在某一段进行复制，而不是从头到尾，这是因为最初将样条线从模型上分离出的时候，中间的线段有交叉，系统默认它们交叉的点为第一个点。出现这样的问题也不用着急，可以一段一段地进行快照复制。最后的整体效果如图 4.164 所示。

步骤 11 除了上述快照的方法外，也可以用石墨工具下的绘制笔刷工具先拾取要绘制的模型，然后直接在模型的表面进行绘制即可。具体步骤为：在石墨工具下的 Object Paint（对象绘制）中单击 Paint Objects（绘制对象），在下面的参数面板中单击 （拾取对象）按钮，然后在视图中拾取图 4.164 中的 Box 物体，单击 Paint On 后面的 按钮，在下拉列表中选择 Selected Objects（在选择的物体上绘制），再单击 按钮，就可以在物体的表面开始绘制了，如图 4.165 所示。

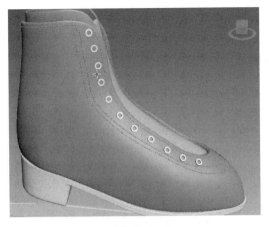

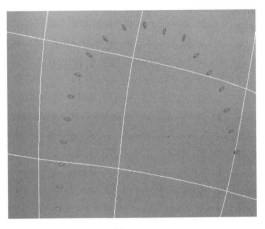

图 4.164	图 4.165

此时绘制的模型方向不是我们想要的，在 Brush Settings 面板中设置 Align 对齐方式为 X 轴，Spacing 值适当降低，此时的绘制效果就如愿以偿了，如图 4.166 所示。

用这种方法绘制出的效果如图 4.167 所示。

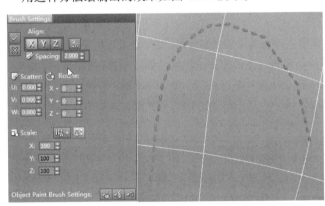

图 4.166	图 4.167

步骤 12　纹理的制作：在石墨工具下的 Freeform（自由形式）菜单的 PolyDraw（多边形绘制）中单击 Draw On 下面的下拉按钮，在弹出的下拉列表中选择 Draw on:Surface（绘制：曲面）选项，然后单击 Pick 按钮，在视图中拾取要绘制于曲面的模型物体，再单击 （条带）工具，如图 4.168 所示。

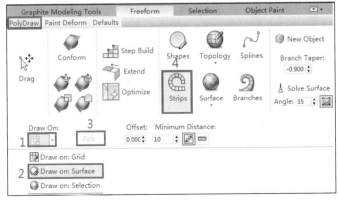

图 4.168

之后就可以在物体表面自由绘制曲面模型了，如图 4.169 所示。

这里绘制的曲面模型的宽度和分段间距与视图的远近有一定的关系，同时还和鼠标绘制的速度有关，速度越慢，间距越小。调整好视图大小之后，在模型上绘制图 4.170 所示的条带形状模型。

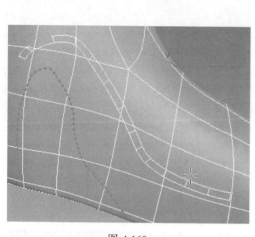

图 4.169   图 4.170

按 Ctrl+Q 组合键先取消细分光滑，按 5 键进入元素级别，选择刚才绘制的条带模型，单击 Detach 按钮将它分离出来。选择该条带模型，再手动调整一下所需要的形状，如图 4.171 所示。

进入面级别，框选所有的面，在修改器下拉列表中添加 Shell（壳）修改器，将挤出的厚度值设置为 23 mm，将该模型转换为可编辑的多边形物体，按 Ctrl+Q 组合键细分光滑显示该物体，最后的效果如图 4.172 所示。

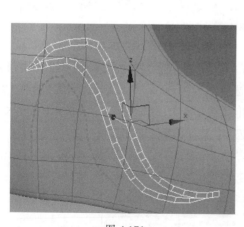
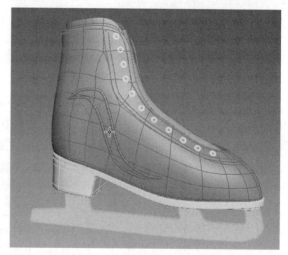

图 4.171   图 4.172

将该条带物体对称复制到左侧，适当调整好位置。

步骤 13 鞋带的制作：在视图中创建一个面片物体并转换为可编辑的多边形物体，利用边的挤出复制方法调整至图 4.173 所示的形状（这里说起来简单，在制作过程中其实有很多地方需要调整，因为要考虑各个轴向的位置）。

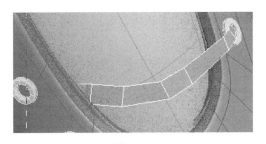

图 4.173

按 4 键进入面级别，框选所有的面，单击 Extrude 按钮将面挤出厚度，注意挤出的时候可以多挤出一些分段，如图 4.174（左）所示，细分之后的效果如图 4.174（右）所示。

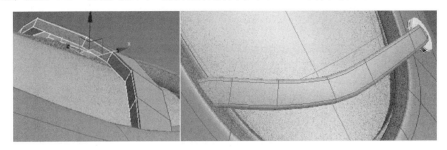

图 4.174

向上复制出一个模型，调整好位置，然后再镜像复制出另一半鞋带模型，调整好它们之间的层叠关系，如图 4.175 所示。

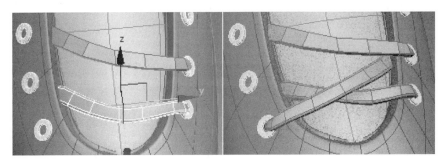

图 4.175

用同样的方法复制调整剩余的鞋带模型，在调整的过程中可以用石墨工具下的偏移笔刷工具来快速调整点的位置，效果如图 4.176 所示。

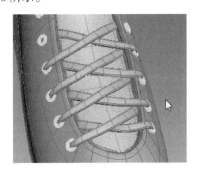

图 4.176

下部的鞋带模型都是由单独的每个部分拼接而成的，而上部分的鞋带模型在制作时需要注意它的连贯性，如图 4.177 所示。

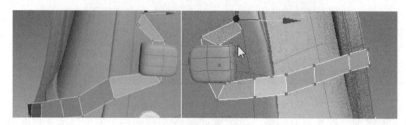

图 4.177

先将单个面片的形状调整出来，然后分别给每个鞋带物体添加 Shell 修改器并塌陷细分显示，效果如图 4.178 所示。

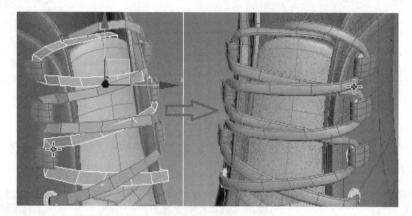

图 4.178

经过反复调整，溜冰鞋的整体效果如图 4.179 所示。

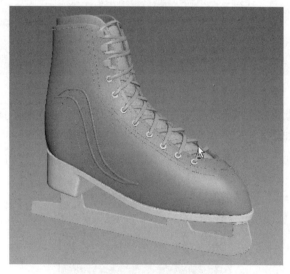

图 4.179

步骤 14 选择场景中的所有模型，在 Group 菜单中选择 Group（群组）将所有的物体组成一个组，然后复制一个，旋转移动它们之间的位置至如图 4.180 所示。

图 4.180

按下 M 键打开材质编辑器，给场景中所有模型赋予一个默认的材质，然后将线框的颜色设置为黑色，最终的模型效果如图 4.181 所示。

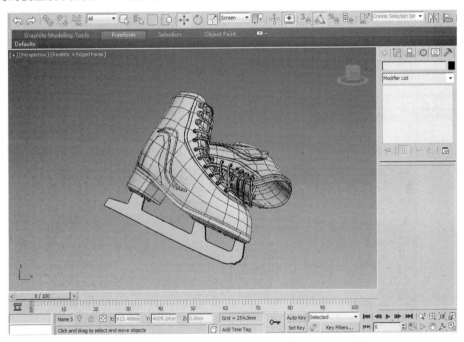

图 4.181

第 **5** 章　照明灯具类产品设计

　　照明灯具的作用已经不仅仅局限于照明，它也是家居的眼睛，更多的时候它起到的是装饰作用。因此照明灯具的选择就要更加复杂得多，它不仅涉及安全、省电，而且还会涉及材质、种类、风格、品位等诸多因素。一个好的灯饰，可能一下成为装修的灵魂。

　　照明灯具的品种很多，有吊灯、吸顶灯、台灯、落地灯、壁灯、射灯等；照明灯具的颜色也有很多，无色、纯白、粉红、浅蓝、淡绿、金黄、奶白。选购灯具时，不要只考虑灯具的外形和价格，还要考虑亮度，而亮度的定义应该是不刺眼、经过安全处理、清澈柔和的光线。应按照居住者的职业、爱好、情趣、习惯进行选配，并应考虑家具陈设、墙壁色彩等因素。照明灯具的大小与空间的比例有很密切的关系，选购时，应考虑实用性和摆放效果，方能达到空间的整体性和协调感。

5.1　现代灯模型的制作

　　步骤 01　在 🎛️ 面板下单击 Line 按钮，创建并修改如图 5.1 所示的样条曲线。

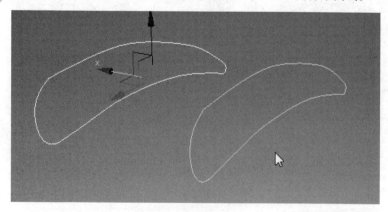

图 5.1

　　步骤 02　在修改器下拉列表中添加 Bevel（倒角）修改器，该修改器可以这样理解：它将面分 3 次挤压，其中第一级和第三级挤压的同时还可以缩放面的大小，一般情况下将第一级和第三级的挤出高度值设置一样。有了这个概念，在调整参数时就变得非常简单了。倒角之后的效果和参数如图 5.2 所示。

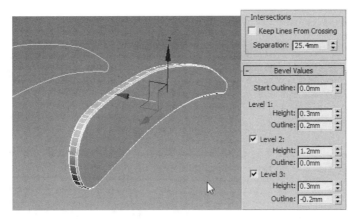

图 5.2

步骤 03　将倒角之后的模型复制一个调整到另外一条样条线的位置，然后在视图中创建一个圆环物体，效果和参数设置如图 5.3 所示。

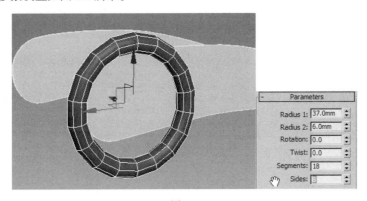

图 5.3

将该物体转换为可编辑的多边形物体，然后在圆环的位置创建一个圆柱体，设置 Cap Segments（分段数）为 2，Sides（边数）为 12。将圆柱体转换为可编辑的多边形，选择图 5.4 所示的面，用 Bevel（倒角）工具向内挤出并适当缩放，背部的面也做同样的处理。

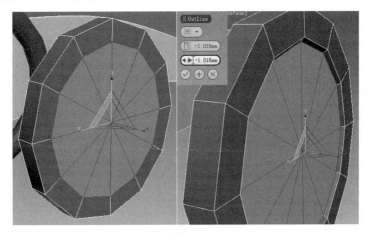

图 5.4

选择该物体的内外边缘线段，单击 Chamfer 按钮适当给它一个切角，如图 5.5 所示。

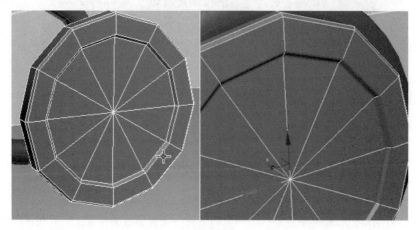

图 5.5

按 Ctrl+Q 组合键细分光滑，将这几个模型位置调整好之后，整体复制并调整好它们之间的距离。

步骤 04 在轮子的中心位置创建一个圆柱体，如图 5.6 所示。

图 5.6

然后在模型的前端位置复制两个圆柱体，将其中的一个半径值增大、长度减小，如图 5.7 所示。

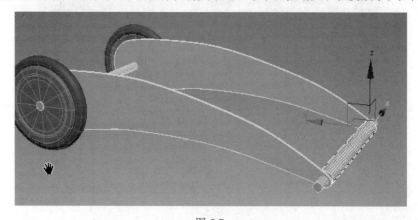

图 5.7

步骤 05 在视图中创建一个矩形，并将其转换为可编辑的样条曲线，进入点级别，框选右侧的两个点，单击 `Fillet` 按钮，然后在视图中单击并拖动鼠标将其处理成圆角点，如图 5.8 所示。

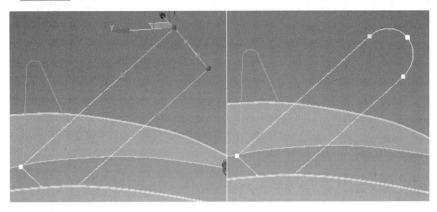

图 5.8

此时中间的点看似一个点，其实它是两个点挤在了一起，所以一定要将它们焊接。框选这个点，单击 `Weld` 按钮即可。在修改器下拉列表中添加 Extrude 修改器，设置 Amount 值为 130 或者-130 都可以，然后按住 Shift 键移动复制一个，并用缩放工具适当缩放。因为这个物体不是一个正方体，在缩放的时候难免会出现不协调的情况，而我们又想单独再缩放某一个轴向，但是当前的模型经过了旋转操作，X、Y、Z 轴缩放时又会将物体拉扯变形，这时就需要调整它的坐标轴了。单击工具栏中的 `View` 下拉按钮，选择 `Local` 模式，也就是物体自身的坐标模式，这样在缩放某一轴时就会方便得多，如图 5.9 所示。

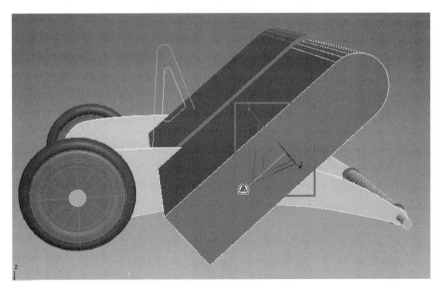

图 5.9

缩放好之后，再向左复制出一个，将被缩放的物体移动嵌入到中间的模型中。注意，移动的深度会影响到超级布尔运算之后的结果，如图 5.10 所示。

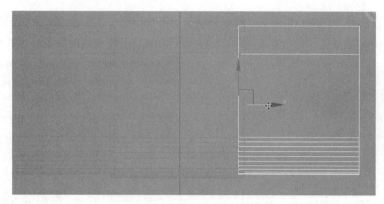

图 5.10

选择中间的模型,在 ○(创建)面板的 Compound Objects (复合物体)下单击 ProBoolean (超级布尔运算)按钮,然后单击 Start Picking 按钮,在视图中拾取左侧和右侧的模型来完成超级布尔运算。运算后的模型效果如图 5.11 所示。

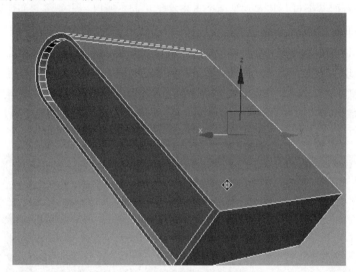

图 5.11

步骤 06 在视图中创建图 5.12 所示的样条线,选择其中的一条,然后在参数面板下单击 Attach 按钮拾取另一条样条线将其焊接在一起,在修改器下拉列表中添加 Bevel 修改器,参数设置如图 5.12(右)所示。

图 5.12

将该物体再复制一个，然后在它们之间创建一个圆柱体，如图 5.13 所示。

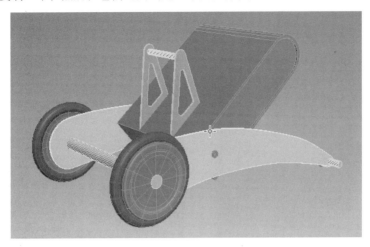

图 5.13

步骤 07　继续创建一个圆柱体并将其转换为可编辑的多边形物体，选择面，用 Bevel 工具挤出面并调整大小至如图 5.14 所示的形状。

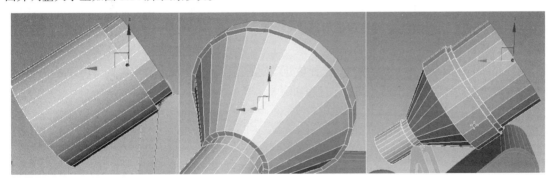

图 5.14

然后将开口处的面用旋转工具旋转到竖直的位置，旋转之后的面就不是一个正圆形了，所以这里可以创建一个标准的圆柱体，然后在前视图中参考圆柱体形状适当调整。

继续对面进行调整至如图 5.15 所示。

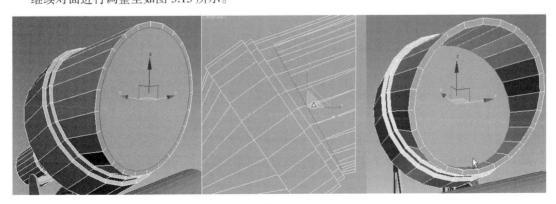

图 5.15

依次选择拐角边缘的线段，单击 Loop 按钮快速转换到环形线段的选择，然后将线段切角（注意，切角值要设置一个很小的值，值越小，光滑之后边缘棱角的效果越好），效果如图 5.16 所示。

如果觉得形状不美观，可以继续加线调整，使其面有个很好的光滑过渡效果，如图 5.17 所示。

图 5.16

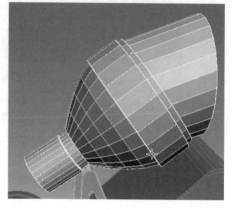

图 5.17

步骤 08 在视图中创建一个球体，半径值的大小要根据灯罩的开口大小适当调整，边数设置为 20，将该物体转换为可编辑的多边形物体，进入点级别，框选一半的点并按 Delete 键删除，然后用缩放工具沿着 Z 轴适当地压扁。选择该球体顶部的一个点，单击 Chamfer 按钮将该点切出很多点，如图 5.18 所示。

选择底部的面删除，进入边界级别，选择该开口处的边界，按住 Shift 键向内挤出调整面，然后将右侧的开口边界同样向外挤出面并调整，过程如图 5.19 所示。

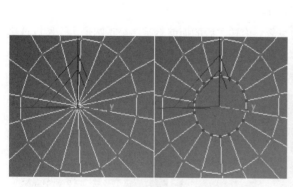

图 5.18

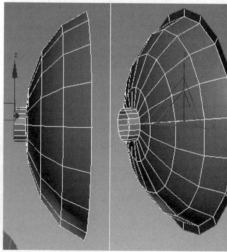

图 5.19

在修改器下拉列表中添加 Shell 修改器给当前的面添加厚度，之后的效果如图 5.20 所示。

将该物体再次塌陷为可编辑的多边形物体，然后将边缘的线段切角处理，按 Ctrl+Q 组合键细分光滑显示后的效果如图 5.21 所示。

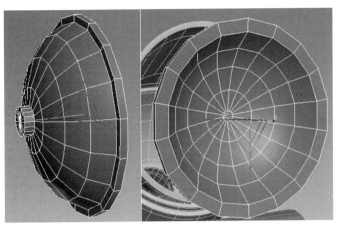

图 5.20　　　　　　　　　　　　　　　图 5.21

将该物体移动调整到灯罩的内部，在调整时，可以暂时选择灯罩物体按 Alt+X 组合键透明化显示，以便于观察调整。

步骤 09　在 〇（创建）面板下的 Extended Primitives ▼（扩展几何体）下单击 OilTank （胶囊）按钮，在视图中创建一个胶囊物体，并将该物体转换为可编辑的多边形物体，删除一半的点，然后对其形状进行修改，如图 5.22 所示。

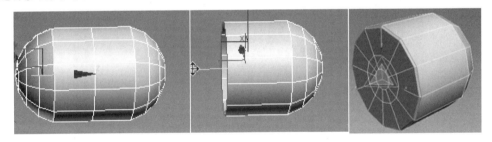

图 5.22

步骤 10　在视图中创建一条图 5.23 所示的样条线。

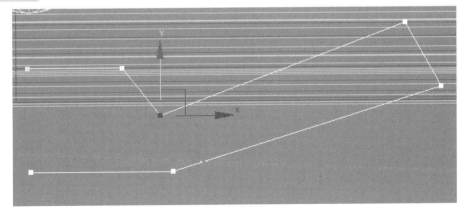

图 5.23

将点稍微处理修改，然后单击 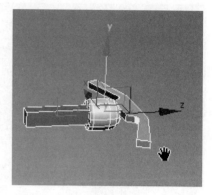 按钮镜像复制，用 Attach 工具将这两条样条线附加成一个物体，然后对中间的点进行焊接，在修改器下拉列表中添加 Extrude 修改器，制作出如图 5.24 所示的类似灯芯的物体模型。

步骤 11 将灯芯模型移动到灯罩合适的位置，然后在视图中创建样条曲线，在 Rendering 参数面板下勾选 ☑ Enable In Renderer 和 ☑ Enable In Viewport，设置半径值为 7 mm，制作出类似电线的物体，如图 5.25 所示。

图 5.24

步骤 12 最后制作出射灯的整体模型，用到的方法和前面基本一样，可以用 Box 物体或者面片物体调整好形状，然后添加壳修改器；也可以用样条线制作好轮廓再添加挤出修改器，这些模型的制作就像拼积木一样，将每一个制作好的部分最后拼接到一起，最重要的一点就是要注意它们之间的大小比例。拆分后的每一个部分模型如图 5.26 所示。

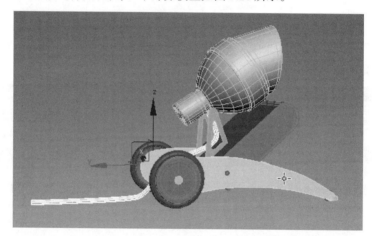

图 5.25

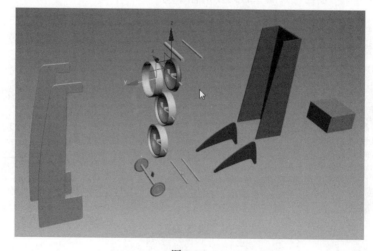

图 5.26

拼接好后的整体效果如图 5.27 所示。

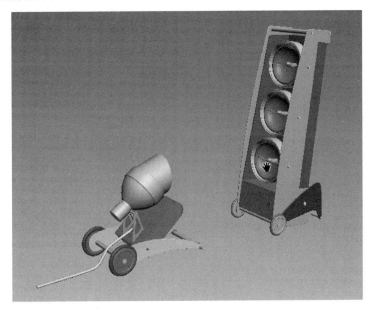

图 5.27

5.2　仿古壁灯模型的制作

壁灯是安装在室内墙壁上的辅助照明装饰灯具，一般多配用乳白色的玻璃灯罩。灯泡功率多为
15～40 W，光线淡雅和谐，可把环境点缀得优雅、富丽，尤以新婚居室特别适合。壁灯的种类和样式
较多，常见的有吸顶灯、变色壁灯、床头壁灯、镜前壁灯等。

壁灯安装高度应略超过视平线 1.8 m 左右。

壁灯的照明度不宜过大，这样更富有艺术感染力。壁灯灯罩的选择应根据墙色而定，白色或奶黄
色的墙，宜用浅绿、淡蓝的灯罩；湖绿和天蓝色的墙，宜用乳白色、淡黄色、茶色的灯罩。这样，在
大面积一色的底色墙布点缀上一只显目的壁灯，给人以幽雅清新之感。

步骤 01 在 面板下单击 Line 按钮，然后在前视图中创建一条如图 5.28 所示的样条线。

进入修改面板，进入点级别，对不满意的点逐个进行细致的调整。点的方式有 3 种：一是 Bezier Corner
（Bezier 角点）；二是 Bezier（Bezier 点）；三是 Corner（角点）。这 3 种方式在调整点时右击在快捷
菜单中可以选择切换。首先来说一下 Bezier 点，Bezier 点的两侧都有一个可控的手柄，调节任何一
侧的手柄另外一侧会随之调整；而 Bezier 角点虽然也有两个手柄，但它们都是独立调整的，在调整
一侧时，另外一侧不受影响；角点就比较简单了，直接是一个不可控的点。理解了这 3 种点的方式，
在调整时就可以灵活运用。需要光滑的地方可以用 Fillct 工具将点圆角化处理。调整之后的形状如
图 5.29 所示。

在修改器下拉列表中添加 Lathe（车削）修改器，默认以 Center 为轴心进行旋转成形，单击 Min 按
钮，效果如图 5.30（右）所示。

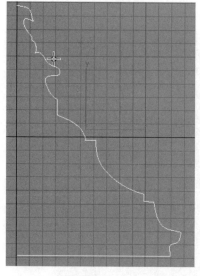

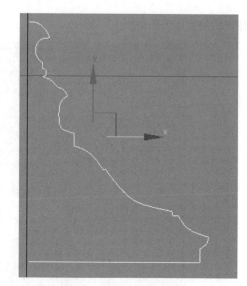

图 5.28   图 5.29

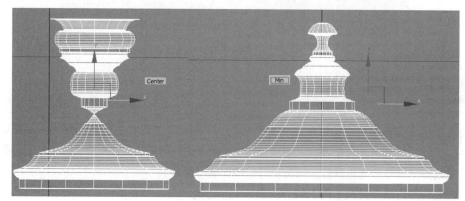

图 5.30

将 Segments（分段数）增加至 50 左右来提高模型的细节。

步骤 02 用 Line 工具在视图中创建一条图 5.31（左）所示的样条线。同样添加 Lathe 修改器，效果如图 5.31（右）所示。

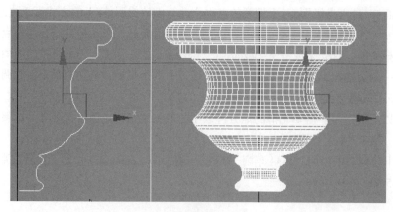

图 5.31

步骤 03 继续创建一条图 5.32 所示的样条线。

将 Interpolation 卷展栏下的 Steps 参数设置为 0，效果如图 5.33（左）所示。此时模型细节丢失，右击选择 Refine 工具进行加点处理至如图 5.33（右）所示。

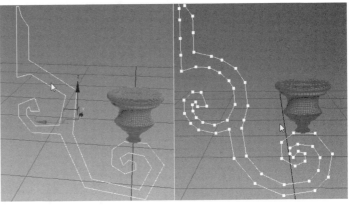

图 5.32   图 5.33

将该物体转换为可编辑的多边形物体，此时样条线会自动转换成一个面，如图 5.34 所示。

按 1 键进入点级别，依次选择上下、左右对应的点，按下 Ctrl+Shift+E 组合键将它们连接出一条线段，如图 5.35 所示。

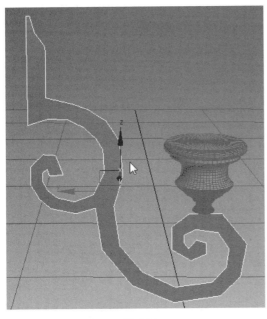

图 5.34   图 5.35

这也是手动调整布线的一种方法。调整好之后选择所有的面，单击 Extrude 按钮将面挤出 10 mm 左右的厚度，然后在修改器下拉列表中添加 Symmetry 修改器，效果如图 5.36 所示。

图 5.36

将该物体转换为可编辑的多边形物体，选择图 5.37（左）所示的面，利用 Bevel 工具先将面向内收缩然后向内挤出，调整至图 5.37（右）所示的形状，同时将边缘的线段做切角处理。

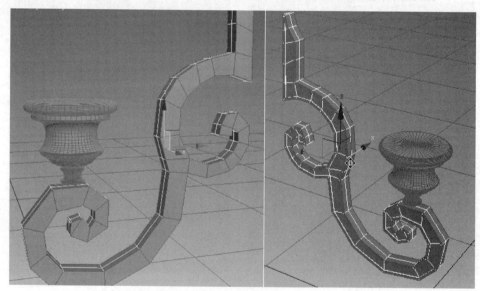

图 5.37

按 Ctrl|Q 组合键细分光滑 2 级效果如图 5.38 所示。

图 5.38

步骤 04 壁灯壁座的制作：在前视图创建一个 Box 物体，将该物体转换为可编辑的多边形物体，进入边级别，在长度和宽度上分别加线，然后调整点使模型从正面看上去类似一个椭圆形，接着选择面进一步细化调整它的形状，如图 5.39 所示。

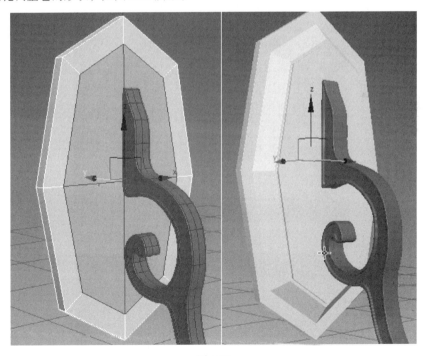

图 5.39

步骤 05 选择顶部灯罩模型，进入 Line 级别，删除一些不需要的线段，如图 5.40 所示中红色的线段。

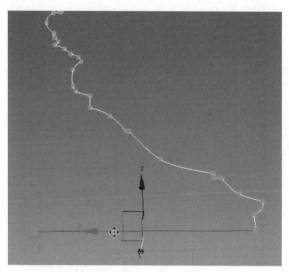

图 5.40

选择整条样条线，单击 Outline 按钮，在视图中单击样条线并拖动鼠标，这样样条线就自动向外扩展出一个轮廓，然后再回到 Lathe 级别，此时的模型被调整至开口的状态，如图 5.41 所示。

步骤 06 在灯罩的下方创建一个圆管状物体，如图 5.42 所示。

图 5.41

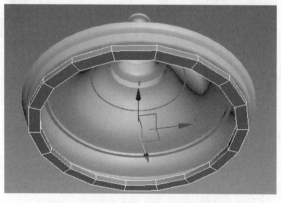

图 5.42

单击 (对齐) 工具, 然后在视图中拾取上方的灯罩模型, 此时会弹出一个对齐参数面板, 如图 5.43 所示, 中文对照如图 5.44 所示。

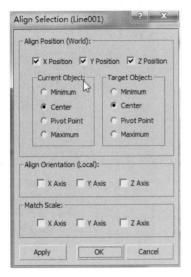

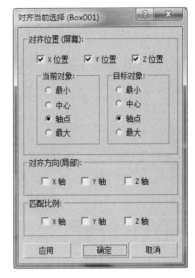

图 5.43　　　　　　　　　　　　　　　　　　图 5.44

这里的 Center (中心) 和 Pivot Point (轴点) 对齐方式不再介绍, 主要来学习一下最小和最大两种对齐方式。在前面章节中我们学习了 3ds Max 坐标轴的正方向代表着最大值, 负方向代表着最小值, 明白了这一点, 运用当前对象和目标对象的最大和最小对齐方式时就很容易理解。当前选择的物体是当前对象, 拾取的对齐物体为目标对象, 比如当前的模型中我们希望圆管物体的顶部和灯罩物体的底部对齐, 那么当前对象就要选择最大, 目标对象选择最小, 当然轴向要选择 Z 轴, 如图 5.45 所示。

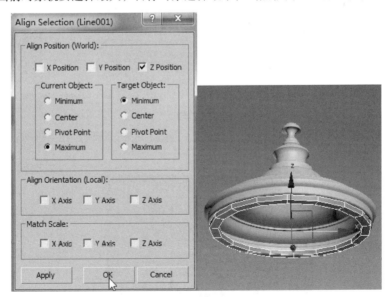

图 5.45

将圆管物体转换为可编辑的多边形物体, 在高度的上下边缘线段位置加线, 然后向下复制并调整大小和位置, 如图 5.46 所示。

步骤 07 在视图中创建一个面片，加线调整至图 5.47 所示的形状。

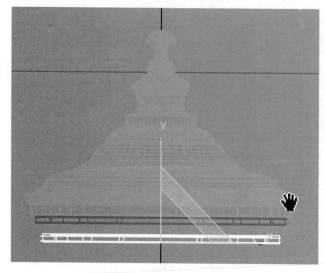

图 5.46   图 5.47

进入面级别，框选所有的面，单击 Bevel 后面的□按钮，先向内挤出面再挤出深度，然后在上下底部的边缘位置将线段切角，同时在深度的边缘位置加线，如图 5.48 所示。

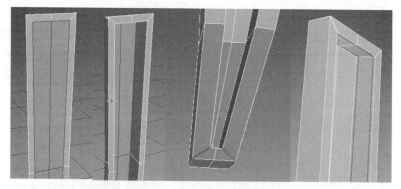

图 5.48

按 Ctrl+Q 组合键细分光滑显示，单击工具栏上的 View 下拉按钮，在下拉列表中选择 Pick，然后拾取图 5.49 所示的模型。

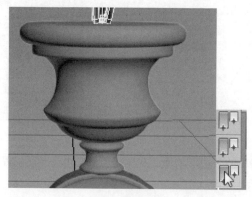

图 5.49

单击 🔲 按钮不放，在下拉工具中选择第 3 个切换一下当前选择物体的轴心，按住 Shift 键每隔 90°
旋转关联复制，如图 5.50 所示。

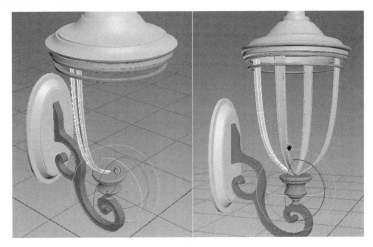

图 5.50

因为当前复制的模型是关联的，调整任何一个模型其余 3 个模型都会随之改变。

步骤 08　在视图中创建一条图 5.51 所示的样条线，顶点用 Fillet 工具圆角化处理。

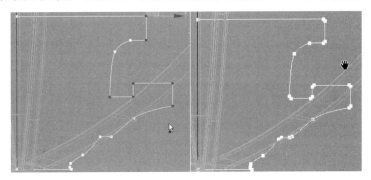

图 5.51

在修改器下拉列表中添加 Lathe 修改器，然后单击 Min 按钮以样条线的最左端为轴心旋转，效果
和参数如图 5.52 所示。

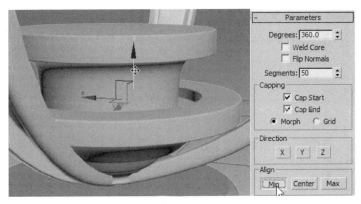

图 5.52

步骤 09 在视图中创建一条图 5.53（左）所示的样条线，同样将角点处的点处理得比较光滑一些。在修改器下拉列表中添加 Lathe 修改器，旋转之后的模型如图 5.53（右）所示。

步骤 10 在视图中创建几个线条，如图 5.54 所示。

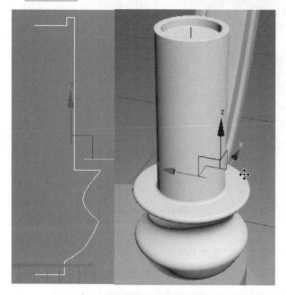

图 5.53   图 5.54

单击 Attach 按钮依次拾取样条线并将它们附加起来，在 X、Y、Z 轴方向调整点的位置。在参数面板中勾选 ☑ Enable In Viewport ，半径值不要调整得太大，效果如图 5.55 所示。

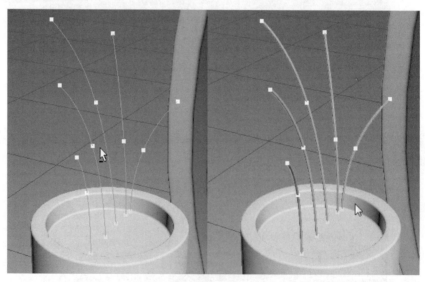

图 5.55

步骤 11 在每一条样条线的顶端位置创建一个球体，如图 5.56 所示。

步骤 12 在 ⊙ 面板下单击 Helix 按钮创建一条弹簧线，如图 5.57 所示。

该样条线可以模拟钨丝模型，但是用这种方法创建的样条线点的密度不可调，所以这里通过手动来创建样条线并细致调整，效果如图 5.58 所示。

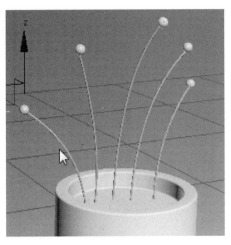

图 5.56　　　　　　　　　　　　　　　　　　　图 5.57

步骤 13　在钨丝的外侧创建一个球体，用缩放工具拉长，按 Alt+X 组合键透明化显示该物体，然后将制作好的灯泡、钨丝、支柱等模型群组再复制出 3 个并调整好位置，效果如图 5.59 所示。

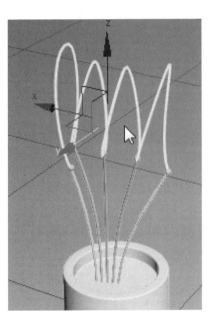

图 5.58　　　　　　　　　　　　　　　　　　　图 5.59

步骤 14　花纹纹理制作：在视图中创建一个面片物体，将该物体转换为可编辑的多边形物体，进入边级别对边进行挤出调整。注意，在边的调整过程中可以将挤出的边一步调整到需要的位置上，中间弧线的地方再通过加线调整即可，如图 5.60 所示。

用 Bevel 工具将边切角处理，然后在中间的地方继续加线调整，调整时同样需要注意各个轴向的位置关系。调整好之后，在 面板下单击 `Affect Pivot Only` ，然后将该物体的轴心移动到左侧的位置，单击 按钮镜像复制一个，如图 5.61 所示。

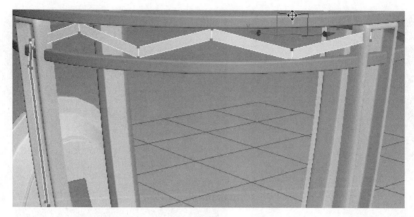

图 5.60

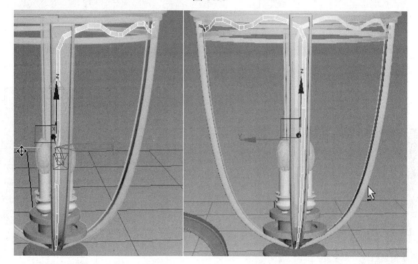

图 5.61

以底座为轴心将复制出的物体旋转 45°，单击 Attach 按钮将原模型附加成一个物体，继续进入点级别调整模型形状，调整时要注意两者之间纹理的变化和交叉，如图 5.62 所示。

图 5.62

在 面板下单击 Affect Pivot Only ，然后将该物体的轴心移动到左侧的位置，以底座模型为轴心按住 Shift 键旋转 90° 复制出 3 个模型，单击 Attach 按钮将它们全部附加起来，然后将接缝处的点焊接在一起即可，如图 5.63 所示。

在全部焊接好之后，将该模型以关联的方式向外复制一个，这样就可以直接通过调整复制出的模型来控制原有的模型。在修改器下拉列表中添加 Shell 修改器，调整 Inner Amount 参数值为 7mm，Outer Amount 参数值为 2.5mm，效果如图 5.64 所示。

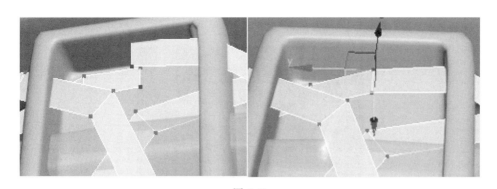

图 5.63

在模型的宽度边缘位置添加线，如图 5.65 所示。

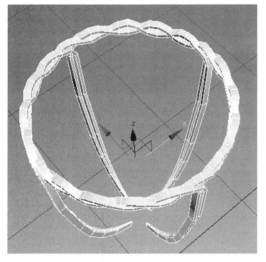

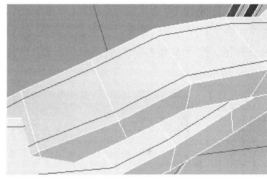

图 5.64

图 5.65

选择外侧的面，在选择面时，可以打开 Graphite Modeling Tools 下 Modify Selection 中的 Step Mode 工具，这样在选择面时可以按住 Ctrl 键快速选择相连的所有面，如图 5.66 所示。

用 Bevel 工具将这些面向内收缩再向内挤出面，如图 5.67 所示。

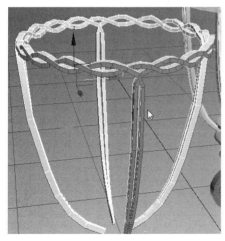

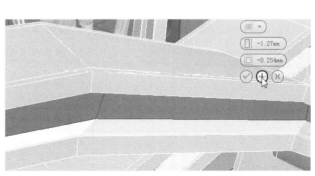

图 5.66

图 5.67

细分光滑之后的模型效果如图 5.68 所示。

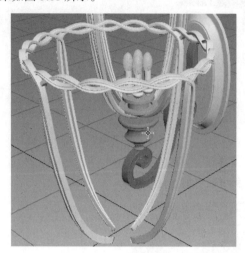

图 5.68

　　删除复制出的模型，然后在视图中创建一个球体作为灯罩模型，将该物体转换为可编辑的多边形物体，删除上方一半的模型，用缩放工具适当拉伸，底部的位置加线调整，按 Alt+X 组合键透明化显示该物体，按下 M 键打开材质编辑器，赋予当前场景中的物体一个默认的材质，最终效果对比如图 5.69 所示。

图 5.69

第 **6** 章　家居产品设计

家居指的是家庭装修、家具、电器等一系列和居室有关的，甚至包括地理位置（家居风水）都属于家居范畴。本章就以热水壶和电熨斗为例来学习一下这类模型的制作方法。

6.1　咖啡机的制作

在制作咖啡机模型时，可以先整体制作出轮廓形状，然后着重处理一些细节。

步骤 01　单击 ☀Creat（创建）│◯Geometry（几何体）│ Box （长方体）按钮，在透视图中创建一个 Box 物体，将 Box 模型转换为可编辑的多边形物体。框选高度上所有线段，按 Ctrl+Shift+E 组合键加线并调整位置，在纵向的前后、左右两侧上加线调整，然后选择图 6.1 中的面，按 Delete 键删除面，选择图 6.2 中的线段，单击 Bridge 按钮桥接出中间的面。

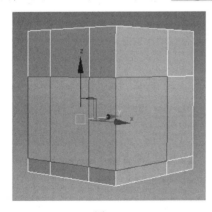

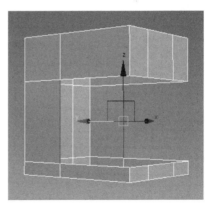

图 6.1　　　　　　　　　　　　　　　　　图 6.2

按"3"键进入边界级别，选择上下两个边界线，如图 6.3 所示，单击 Cap 按钮封口，然后加线调整布线如图 6.4 所示。

选择内部上方的面，单击 Bevel 按钮后面的□图标，设置参数将面向下倒角挤出，如图 6.5 所示。然后在中心位置加线，删除左侧一半模型，如图 6.6 所示，单击镜像按钮镜像关联复制，如图 6.7 所示。

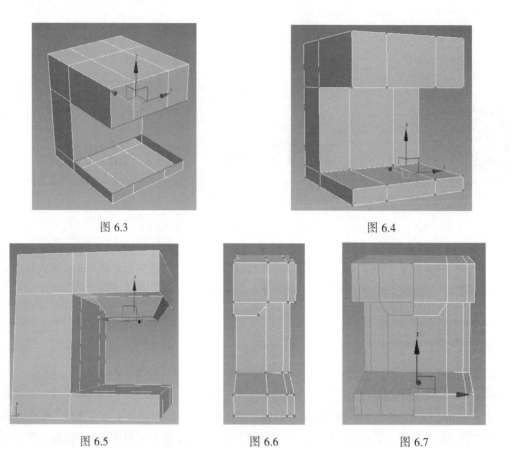

图 6.3

图 6.4

图 6.5

图 6.6

图 6.7

分别在边缘位置加线，将边缘的线段向内移动调整，使其边缘调整出斜边效果。过程如图 6.8 ～图 6.11 所示。

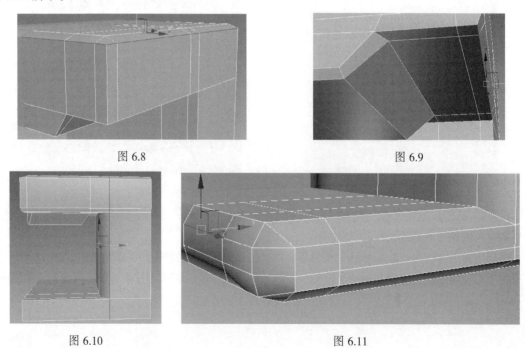

图 6.8

图 6.9

图 6.10

图 6.11

继续加线调整后选择图 6.12 中底部的面向上移动调整，然后在图 6.13 中两点之间连接出线段调整。

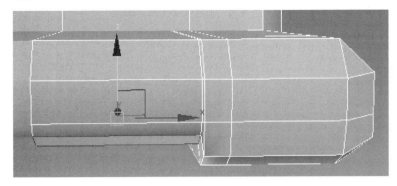
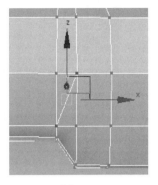

图 6.12　　　　　　　　　　　　　　　　　　图 6.13

选择图 6.14 中的线段，按 Ctrl+Backspace 组合键将线段移除。继续选择内侧顶部面用挤出或者倒角工具向下挤出面，调整至如图 6.15 所示。

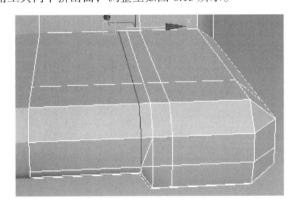
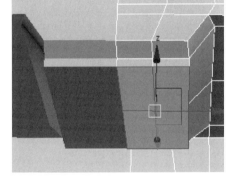

图 6.14　　　　　　　　　　　　　　　　　　图 6.15

挤出面后一定记得将对称中心位置的面（如图 6.16 所示中所选面）删除，否则在细分后会出现如图 6.17 所示的效果。

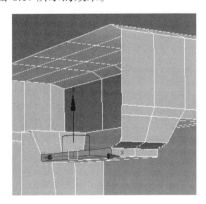

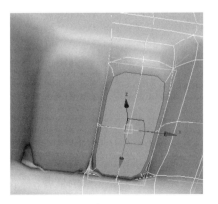

图 6.16　　　　　　　　　　　　　　　　　　图 6.17

删除面后的细分效果如图 6.18 所示。然后在该位置创建一个圆柱体作为参考物体，如图 6.19 所示。

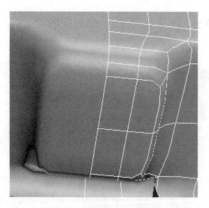

图 6.18

图 6.19

根据圆柱体形状调整咖啡机表面的点将其调成一个圆形，如图 6.20 所示。调整好后删除圆柱体并删除咖啡机另一半物体，在修改器下拉列表下添加 Symmetry 修改器，对称出另一半物体后将模型塌陷，选择圆形的面用倒角工具向下挤出面并调整，效果如图 6.21 所示。

图 6.20

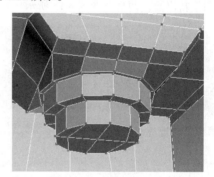

图 6.21

将图 6.22 所示中边缘线段切角设置后细分效果如图 6.23 所示。

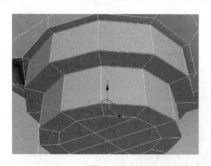

图 6.22

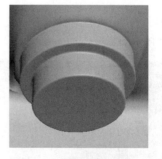

图 6.23

步骤 02 接下来制作圆形按钮，方法也很简单，但是前提是要先切线调整出所需要的圆形的面。为了更加精确地调整出圆形切线的面，可以先创建一个圆柱体参考，如图 6.24 所示，右击，选择 Cut 工具在模型表面切线处理，精确调整点、线位置后删除圆柱体参考物体，如图 6.25 所示。

通过加线调整此处布线，如图 6.26 所示。选择圆形面用倒角方法倒角挤出所需要形状，如图 6.27 所示。

图 6.24

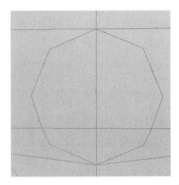

图 6.25

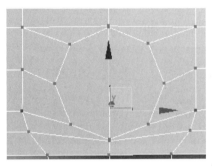

图 6.26

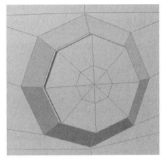

图 6.27

　　分别在拐角位置加线或者将线段切角，细分后的效果如图 6.28 所示。为了表现咖啡机边缘的棱角效果，选择边缘的线段并将线段做切角处理，如图 6.29 所示。

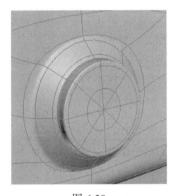

图 6.28

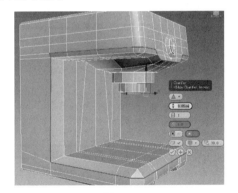

图 6.29

　　选择图 6.30 所示中多余的线段，按 Ctrl+Backspace 组合键将它们移除，效果如图 6.31 所示。

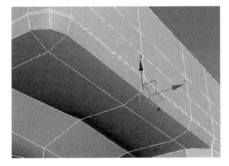

图 6.30

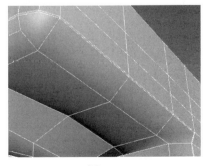

图 6.31

单击 Target Weld 按钮，分别将下方多余的点焊接到拐角位置的点上，如图 6.32 和图 6.33 所示，这也是调整布线的其中一种方法。

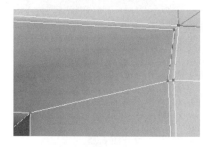
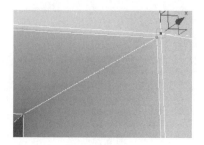

图 6.32   图 6.33

另外一边也做同样的处理，然后选择多余的线段移除即可，如图 6.34 所示。

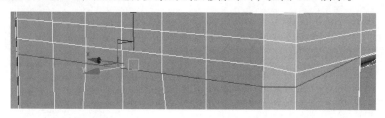

图 6.34

选择图 6.35 和图 6.36 所示中一圈的线段切角设置，目的也是为了表现光滑棱角效果。

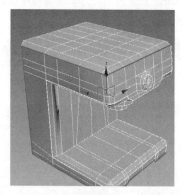
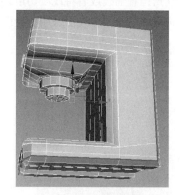

图 6.35   图 6.36

在拐角位置加线约束调整，如图 6.37 所示。然后将底部的面向下挤出调整，如图 6.38 所示。

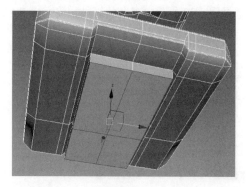

图 6.37   图 6.38

选择图 6.39 中的面并将其删除，单击 Target Weld 按钮将对应的点焊接起来，效果如图 6.40 所示。

图 6.39　　　　　　　　　　　　　　　　　　图 6.40

选择图 6.41 中的线段切角。

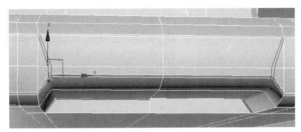

图 6.41

切角后再用目标焊接工具将多余的点焊接调整，如图 6.42 和图 6.43 所示。

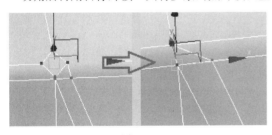

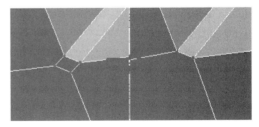

图 6.42　　　　　　　　　　　　　　　　　　图 6.43

　　选择模型右侧一半的点并将它们删除，然后在修改器下拉列表下添加 Symmetry 修改器，将修改好的一半对称出来，注意参数中的 Threshold 值一定不能设置过大，过大的值会将对称中心处的点全部焊接到一起。细分该物体的效果如图 6.44 所示，图中红色弧线的位置圆角太大，所以要将图 6.45 中的线段切角设置，再次细分后的效果如图 6.46 所示。

红色弧线 ——

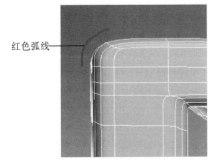

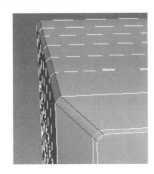

图 6.44　　　　　　　　　　图 6.45　　　　　　　　　　图 6.46

步骤 03 细节调整。接下来需要在图 6.47 所示中的红色线框的位置制作出向内凹陷的效果，所以要先加线调整好对应的位置，如图 6.48 所示。

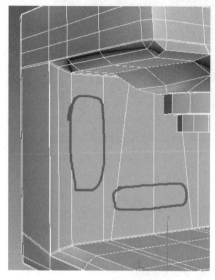

图 6.47

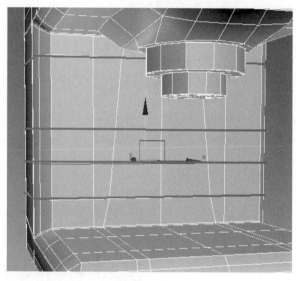

图 6.48

加线之后选择要凹陷调整的面用倒角工具向下倒角挤出面，如图 6.49 所示，然后继续加线约束拐角位置的圆角效果，如图 6.50 所示。最后针对该位置的布线重新调整，如图 6.51 所示。细分后效果如图 6.52 所示。

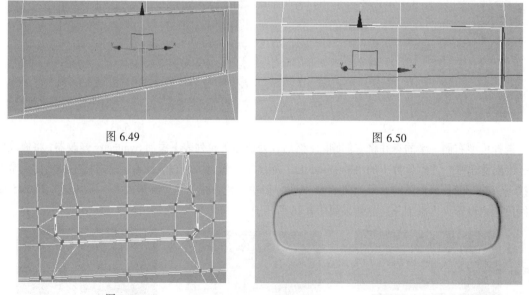

图 6.49

图 6.50

图 6.51

图 6.52

使用同样的方法将底部的面向下倒角挤出，如图 6.53 所示，单击 回 按钮和 🔍 选择按钮，框选四角线段并做切角设置，如图 6.54 所示。细分后整体效果如图 6.55 所示。

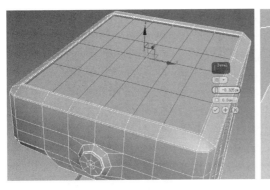

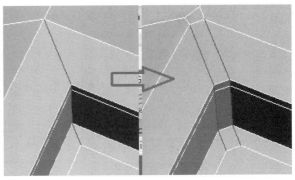

图 6.53　　　　　　　　　　　　　　图 6.54

步骤 04　选择图 6.56 中一圈的线段，单击 Extrude 按钮将线段向下挤出，如图 6.57 所示，然后选择挤出的内部环形线段，单击 Chamfer 按钮后面的 ▢ 图标，设置切角值将线段切角，如图 6.58 所示，最后选择切角位置的面（如图 6.59 所示中的面），并将其删除。

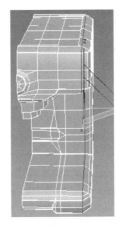

图 6.55　　　　　　　　　　　　　　图 6.56

图 6.57　　　　　　　　图 6.58　　　　　　　　图 6.59

按快捷键"5"进入元素级别，如果能单独选择图 6.60 所示中的面，说明它们是两个独立的元素级别，即分为了两个部分。移动一下距离可以更加直观的观察，如图 6.61 所示。

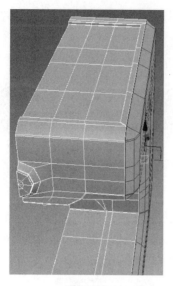

图 6.60

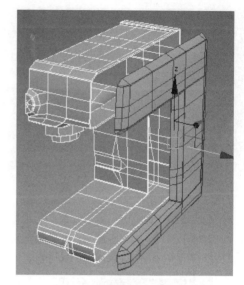

图 6.61

将右侧元素面的部分镜像复制调整到左侧位置，效果如图 6.62 所示。

步骤 05 在物体表面创建并复制圆柱体，如图 6.63 所示，参考圆柱体的形状在物体表面切线处理，如图 6.64 所示。

图 6.62

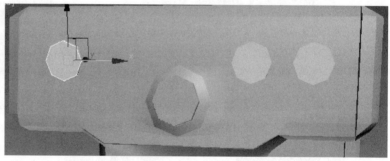

图 6.63

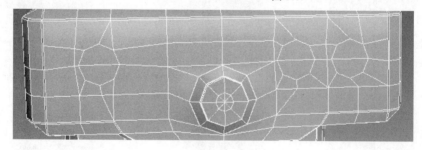

图 6.64

选择圆形的面，单击 Bevel 按钮后面的 ■ 图标，在弹出的"倒角"快捷参数面板中设置倒角参数将面倒角挤出，过程如图 6.65 和图 6.66 所示。

拐角位置线段切角设置后的细分效果如图 6.67 所示。

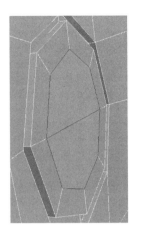

图 6.65　　　　　　　　　　　　　　图 6.66

图 6.67

选择图 6.68 中的点，单击 Chamfer 按钮后面的 ▫ 图标，在弹出的"切角"快捷参数面板中设置
切角的值将点切角，如图 6.69 所示。

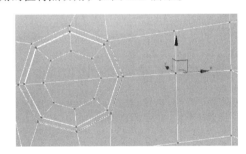
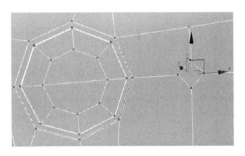

图 6.68　　　　　　　　　　　　　　图 6.69

选择四方面用倒角工具倒角挤出，如图 6.70 所示。加线后选择图 6.71 中所示的面。

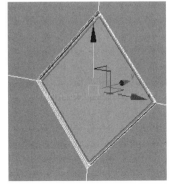
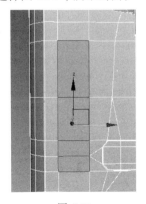

图 6.70　　　　　　　　　　　　　　图 6.71

同样倒角设置，效果如图 6.72 所示，细分后的效果如图 6.73 所示。可以发现上方两角的圆角过大，所以在下方位置加线约束调整，如图 6.74 所示。

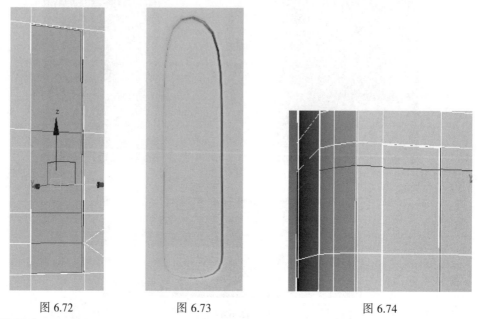

图 6.72 图 6.73 图 6.74

步骤 06 单击 Slice Plane 按钮，移动切片平面到物体的顶端位置（如图 6.75 所示中的位置），单击 Slice 按钮切线。

图 6.75

选择两侧部分的面，按 Alt+H 组合键将选择的面隐藏起来，然后将线段切角，如图 6.76 所示。

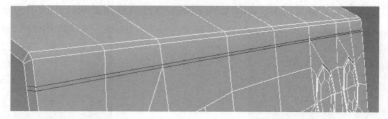

图 6.76

选择切线位置的面（如图 6.77 所示中的面）向内挤出面并调整，挤出效果如图 6.78 所示。挤出面后需要将对应的点焊接起来，需要删除图 6.79 所示中的面，才可以用目标焊接工具焊接点调整。

该位置的点焊接调整效果如图 6.80 所示，然后在边缘位置加线约束，如图 6.81 所示。

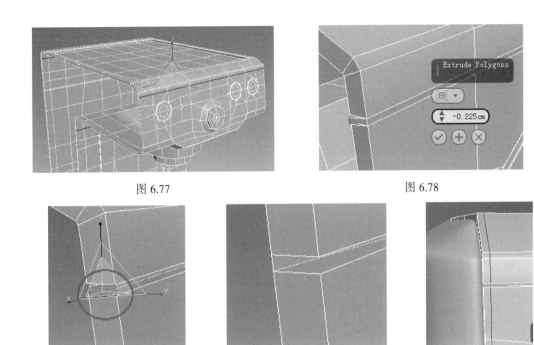

图 6.77   图 6.78

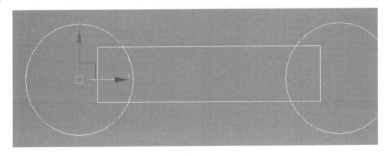

图 6.79   图 6.80   图 6.81

步骤 07　在视图中创建两个圆形和一个矩形，调整好它们之间的位置，如图 6.82 所示。

图 6.82

选择其中任意一个样条线，将模型转换为可编辑的样条线，单击 Attach 按钮拾取其他两个样条线并将其附加在一起，调整矩形形状至如图 6.83 所示。

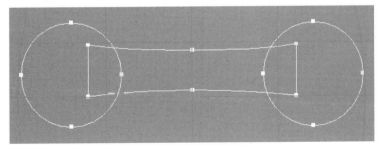

图 6.83

按 "3" 键进入样条线级别，选择矩形，选择 交集，单击 Boolean 按钮拾取两个圆完成交集的布尔运算，如图 6.84 所示。

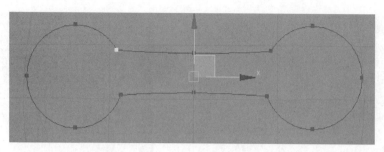

图 6.84

在内部继续创建两个圆形并附加起来，如图 6.85 所示。

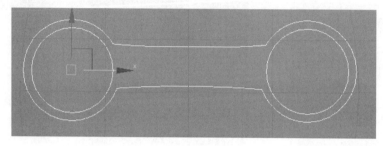

图 6.85

在参数面板中设置 Steps: 1 ，降低样条线细分级别，如图 6.86 所示。

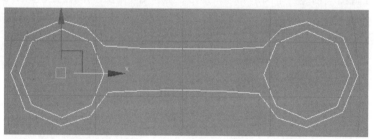

图 6.86

在修改器下拉列表中添加 Extrude（挤出）修改器，效果如图 6.87 所示，调整布线后在顶部和底部边缘位置加线，如图 6.88 所示。

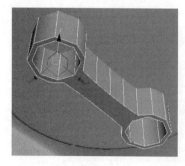

图 6.87

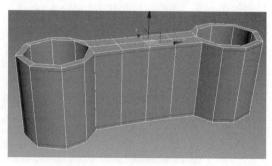

图 6.88

细分后效果如图 6.89 所示，在圆的内部创建一个管状体并将其转换为可编辑的多边形物体后，选择底部点用缩放工具缩小调整，如图 6.90 所示。

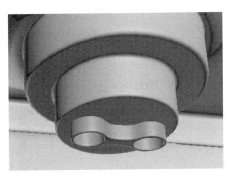

图 6.89

图 6.90

加线细分后复制调整，如图 6.91 所示，然后在右侧位置创建一个圆柱体并将其转化为可编辑的多边形物体，如图 6.92 所示。

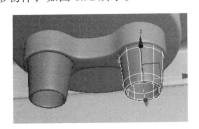

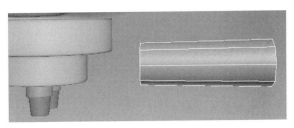

图 6.91

图 6.92

删除左侧面选择边界线，按住 Shift 键移动挤出面调整至如图 6.93 所示形状。

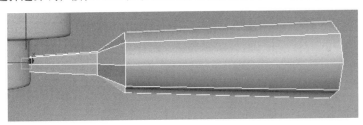

图 6.93

线段切角细分后创建一个圆环物体，如图 6.94 所示。同时调整右侧面形状至如图 6.95 所示。

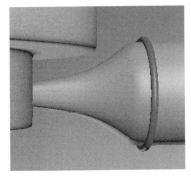

图 6.94

图 6.95

步骤 08　创建一个切角圆柱体，如图 6.96 所示，将该物体向下复制调整，然后将其转换为可编辑的多边形物体，删除顶部的面，如图 6.97 所示。

图 6.96

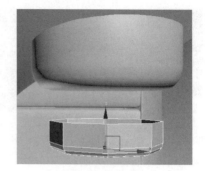

图 6.97

选择边线连续切角设置如图 6.98 所示，调整好位置后的效果如图 6.99 所示。

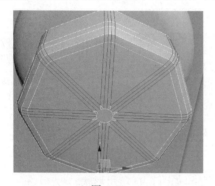

图 6.98

图 6.99

单击 Creat（创建） Shape（图形） Line 按钮在视图中创建一个如图 6.100 的样条线，勾选 Rendering 卷展栏下的 ☑ Enable In Renderer 和 ☑ Enable In Viewport，设置 Thickness: 0.6cm　Sides: 8，效果如图 6.101 所示。

图 6.100

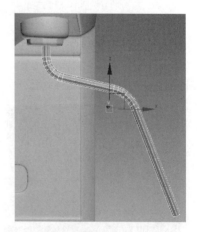

图 6.101

将该样条线塌陷为多边形物体，分别选择对应的向外挤出倒角设置如图 6.102 和图 6.103 所示。调整后的整体效果如图 6.104 所示。

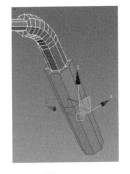

图 6.102　　　　　　　　　　图 6.103　　　　　　　　　　图 6.104

步骤 09　在底部位置创建四个等长的长方体，如图 6.105 所示。

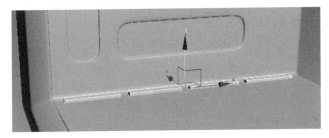

图 6.105

参考长方体模型的边缘位置，在咖啡机底座的部分加线调整，如图 6.106 所示，同样在横向方向加线调整，如图 6.107 所示。

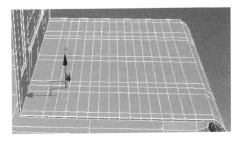

图 6.106　　　　　　　　　　　　　　　　图 6.107

图 6.107 中横向方向上的加线空间有些地方并不相等，如何快速将其设置为距离相等的效果呢？选择图 6.108 中的线段，单击 Modeling | Loops ✎工具，在打开的 Loop Tools 面板中单击 Space 按钮，如图 6.109 所示，该功能可以快速设置线段使其平均分配，效果如图 6.110 所示。

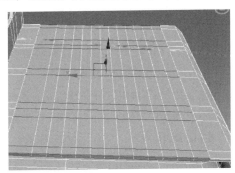

图 6.108　　　　　　　　　　　　图 6.109

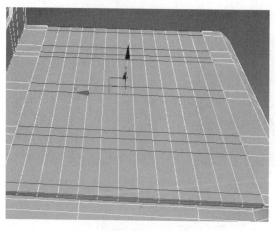

图 6.110　　　　　　　　　　　　　图 6.111

将横向上的线段切角，如图 6.111 所示，然后选择图 6.112 中的面向下倒角设置，效果如图 6.113 所示。

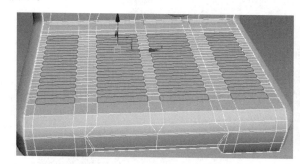
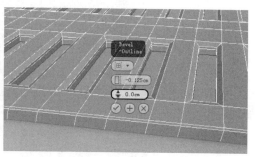

图 6.112　　　　　　　　　　　　　图 6.113

在图 6.114 所示中的位置分别加线，细分后的效果如图 6.115 所示。

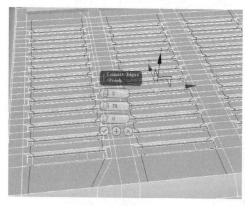
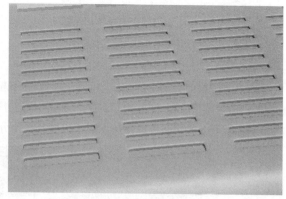

图 6.114　　　　　　　　　　　　　图 6.115

步骤 10　创建一个如图 6.116 所示中的样条线，按 "3" 键进入样条线级别，选择样条线，单击 Outline 按钮挤出轮廓，如图 6.117 所示。在修改器下拉列表中添加 Lathe（车削）修改器，单击 Min 按钮沿着样条线最小位置对齐，车削后的效果如图 6.118 所示。

图 6.116　　　　　　　　图 6.117　　　　　　　　图 6.118

如果车削后出现图 6.118 所示中黑边的情况，可以勾选焊接内核，将中心点的位置焊接，效果如图 6.119 所示，黑边效果得到改善。最后在旋钮上创建一个如图 6.120 所示中的切角长方体。

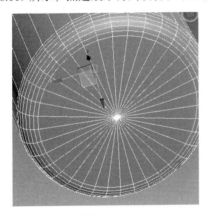

图 6.119　　　　　　　　　　　　图 6.120

单击 Shape（图形）下的 Text 按钮，在 Text 文本框中输入想要的字母或汉字，然后在视图中单击即可创建出对应的字母和汉字，如图 6.121 所示。

在修改面板中调整 Size 值调整文字大小，然后添加 Extrude（挤出）修改器，移动到合适的位置，如图 6.122 所示。最后的整体效果如图 6.123 所示。

图 6.121　　　　　　　图 6.122　　　　　　　图 6.123

到此位置，咖啡机模型全部制作完成，该模型的难点在于物体边缘形状的把握和棱角的效果表现，同时还要注意它们每一部分的衔接处的凹陷处理。

6.2 电熨斗模型的制作

步骤 **01** 在视图中创建一个 Box 物体,设置长、宽、高分别为 125 mm、260 mm、5 mm,将其转换为可编辑的多边形物体,然后在长度和宽度上加线至如图 6.124 所示。

删除对称的一半模型,单击 按钮,选择关联的方式镜像复制,如图 6.125 所示。

调整物体的形状至如图 6.126 所示。

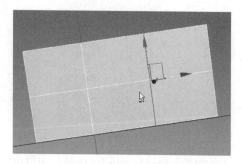

图 6.124

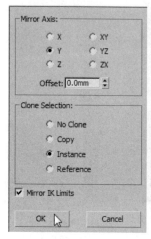

图 6.125

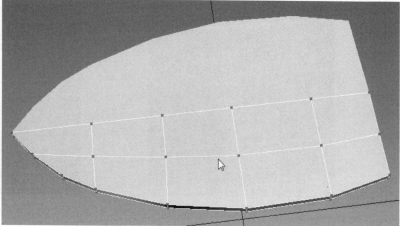

图 6.126

将该物体复制一个。选择顶部的面先向内收缩,然后再挤出高度,如图 6.127 所示。

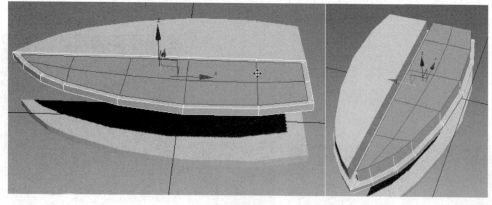

图 6.127

选择内侧的面按 Delete 键删除,然后按 3 键进入边界级别,选择中心处的边界用缩放工具将该线段缩放成水平的位置,如图 6.128 所示。

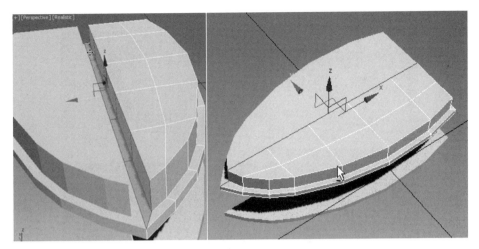

图 6.128

步骤 02 删除原物体顶部的面，然后将刚才复制的模型调整到合适的位置并给它换一种颜色显示便于区别。将底部的面和尾部的面分别挤出并调整形状至如图 6.129 所示。

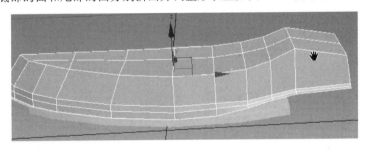

图 6.129

选择尾部上方的面继续挤出调整至如图 6.130 所示。

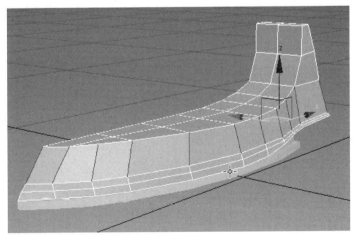

图 6.130

按照图 6.131 所示的顺序添加加线。因为有时选择所有线段一次性添加加线时，在调整偏移之后线段的偏移方向有所偏差，所以这里分两次添加，然后将中间的点连接起来并焊接。

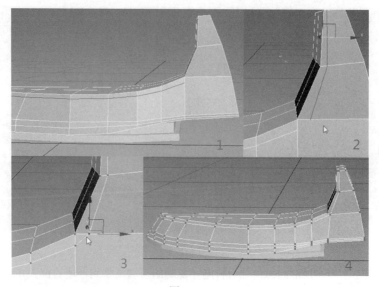

图 6.131

　　选择对称中心处所有的面并删除，继续调整点来控制整体形状，在调整的过程中随时按下 Ctrl+Q 组合键细分光滑来观察模型细节，如图 6.132 所示。

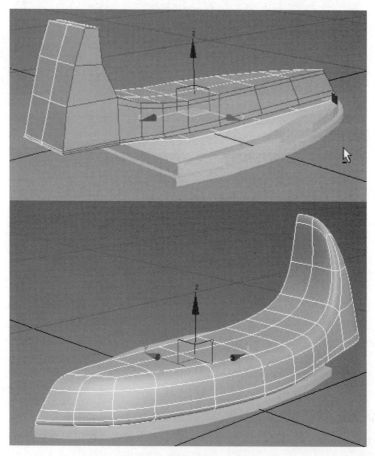

图 6.132

取消光滑，在修改器下拉列表中添加 Symmetry 修改器来镜像出另外一半的模型，注意观察对称中心的点是否焊接在了一起，有没有出现两点之间距离过大没有焊接的情况，如果发现问题要及时解决。用同样的方法将底部物体也镜像出来。

选择图 6.133（上）所示线段，单击 Chamfer 后面的 ⬜ 按钮，将该线段切出很小的角，如图 6.133（下）所示。

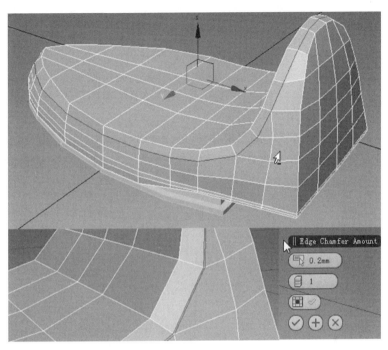

图 6.133

选择切角处的面（注意，如果此处的面不易选择，可以先选择中间的某一条线段），然后单击 Ring 按钮选择环形所有的线段，再右击在弹出的菜单中选择 Convert to Face（转换到面选择），这样可以很方便地选择所需的面。将该部分的面向内挤出，如图 6.134 所示。

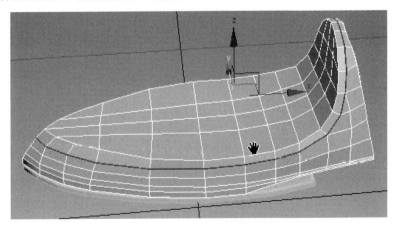

图 6.134

用同样的方法将图 6.135 所示的线段做同样的处理。

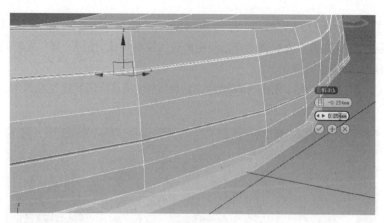

图 6.135

按 Ctrl+Q 组合键细分光滑显示之后的效果如图 6.136 所示。

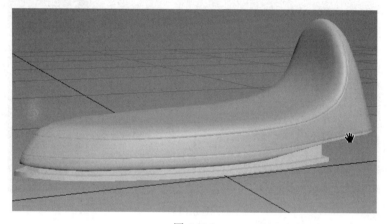

图 6.136

选择底座处拐角的线段和对称中心处的线段，用 Bevel 工具切角处理，然后在边缘位置加线，细分之后的效果如图 6.137 所示。

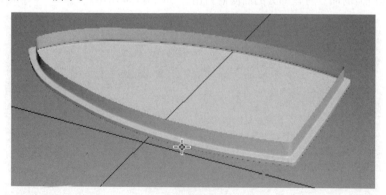

图 6.137

步骤 03 在视图中创建一个面片，将该物体转换为可编辑的多边形物体，选择右侧的边，按住 Shift 键边挤出边调整它的形状，如图 6.138 所示。

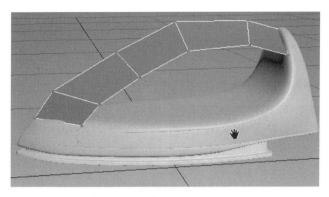

图 6.138

继续加线来增加可控的点并调整。选择下侧的线段，向下挤出一个很小的面，再次向下挤出面，然后选择中间挤出的小部分面删除，将下部分的面单击 Detach 按钮分离出来，如图 6.139 所示。然后给分离出来的面换一种颜色显示。

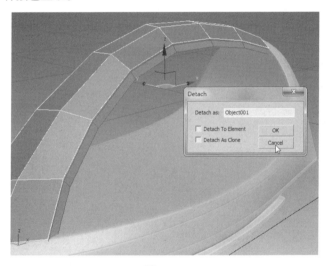

图 6.139

添加镜像修改器对称出另外一半，如图 6.140 所示。

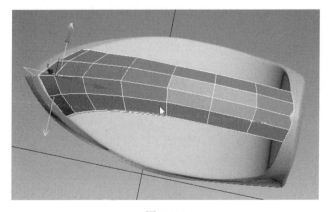

图 6.140

调整好之后再次将该物体塌陷为可编辑的多边形物体，选择边界线段，按住 Shift 键向内挤出面来模拟出该物体的厚度，物体有了厚度就需要在厚度的边缘加线，这样模型看上去棱角处的细节才更加美观，如图 6.141 所示。

步骤 04 将刚才分离出来的面物体做同样的挤出厚度修改，效果如图 6.142 所示。

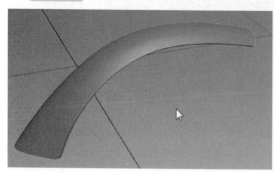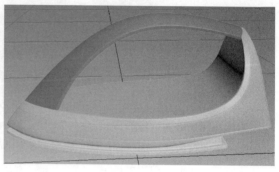

图 6.141　　　　　　　　　　　　　　　　图 6.142

步骤 05 在视图中创建一个面片物体并进行可编辑的多边形修改，过程如图 6.143 所示。

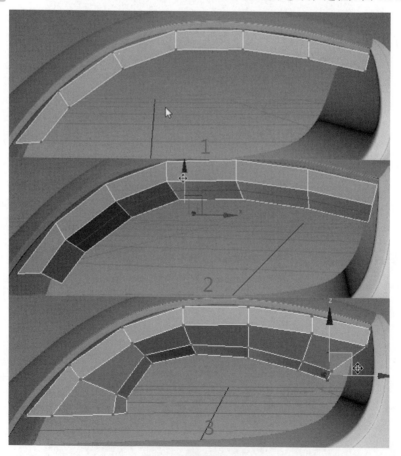

图 6.143

步骤 06 继续创建面片来创建出所需的形状物体，如图 6.144 所示。

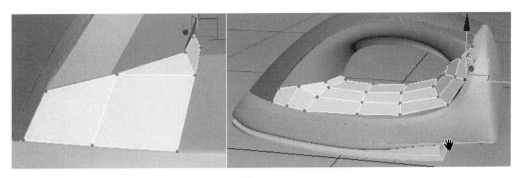

图 6.144

　　虽然这些物体的制作与修改我们一笔带过，但是观看视频的话可以发现里面要注意的地方实在太多了，移动每一个点时都要考虑到与其他物体的边缘连接，有时一个物体调整好了，突然回头发现另外一个物体没有和它过渡好，又要回头调整另外一个模型，每个点还要牵涉到 X、Y、Z 轴的同时调整，所以工作量还是很大的，而且要有非常好的耐心。这里看似简单，只有真正动手才能发现问题并学到知识。

　　形状调整好之后，选择边界处的边向内挤出面来挤出模拟物体的厚度。有时并不是想象中选择边界线同时按住 Shift 键缩放挤压出面那么简单，而是需要单独对边挤出，然后将对应的点进行焊接，这些中间环节这里就不再赘述，详细可以观看视频。效果如图 6.145 所示。

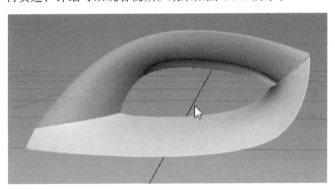

图 6.145

　　模型的一半制作好之后，在修改器下拉列表中添加 Symmetry 修改器镜像复制出另外一半即可。最后效果如图 6.146 所示。

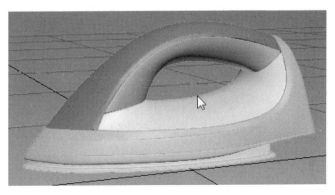

图 6.146

步骤 07 在图 6.147（左）所示的位置加线，然后选择旁边的面删除，如图 6.147（右）所示。

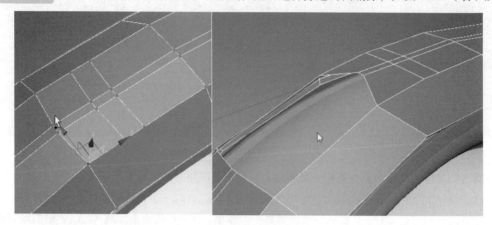

图 6.147

按 3 键进入边界级别，选择开口处的边，按住 Shift 键向下挤出面，将内侧边缘的线段切角，然后将多余的点用目标焊接工具焊接到另外的点上，如图 6.148 所示。

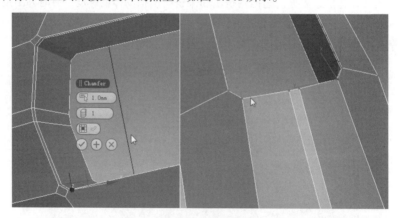

图 6.148

删除图 6.149（左）所示的面，然后挤出边界处的面，细分之后效果如图 6.149 右所示。

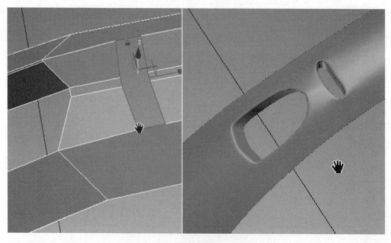

图 6.149

步骤 08　在洞口位置创建一个 Box 物体，并将其转换为可编辑的多边形物体，加线调整点、线位置，调整好之后镜像复制一个，如图 6.150 所示。

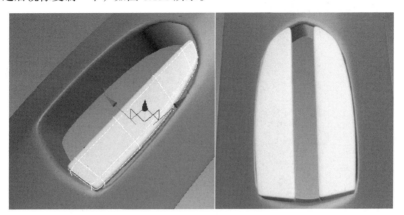

图 6.150

步骤 09　继续创建 Box 物体和圆柱体并进行可编辑的多边形修改，效果如图 6.151 所示。

图 6.151

步骤 10　创建出喷水口处的模型，如图 6.152 所示。

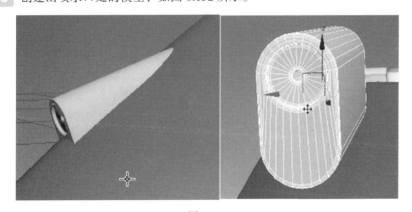

图 6.152

步骤 11　在视图中创建一个 Box 物体，设置长、宽、高分别为 60 mm、60 mm、15 mm，将其转换为可编辑的多边形物体，在长度和宽度上分别加线，将四角处的点向内收缩，效果如图 6.153 所示。

选择底部的面并删除，在高度的上部边缘加线，细分 2 级整体效果如图 6.154 所示。

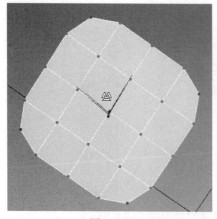

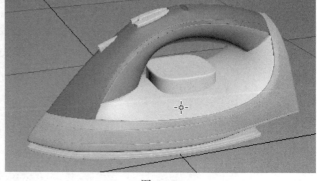

图 6.153   图 6.154

步骤 12 在物体上部创建一个圆柱体，设置 Cap Segments（分段数）为 2，边数为 18，将其转换为可编辑的多边形物体，删除底部的面，在顶部的边缘内侧加线，然后选择图 6.155（左）所示的面，将该面向上挤出，再将拐角处的线段切角，光滑之后效果如图 6.155（右）所示。

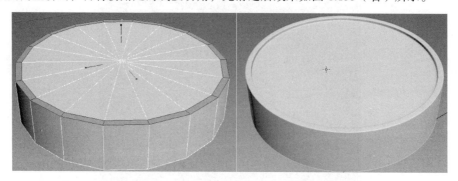

图 6.155

在高度上添加分段，如图 6.156 所示。

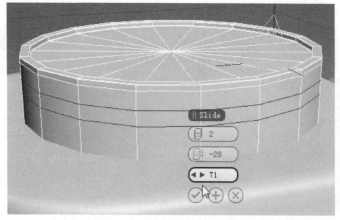

图 6.156

将该模型细分光滑 1 级，然后塌陷，选择图 6.157 所示的线段按下 Backspace 键移除。

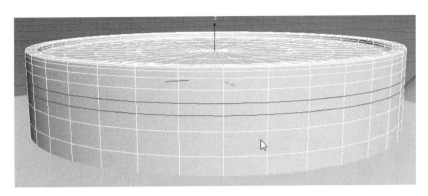

图 6.157

选择图 6.158 上所示的面，用 Bevel 工具以 Local Normal 的方式将每个面向外挤出并缩放，如图 6.158 下所示。

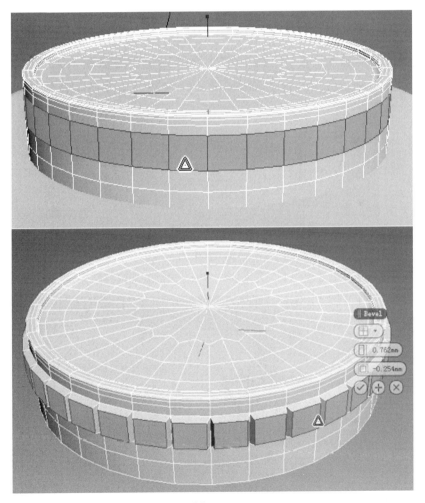

图 6.158

在边缘位置加线，如图 6.159 所示。

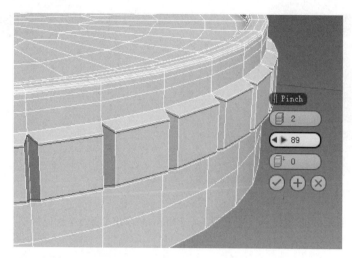

图 6.159

细分光滑之后的效果如图 6.160 所示。

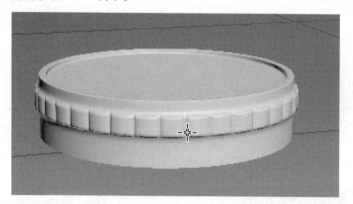

图 6.160

步骤 13 将下部物体也处理一下，先来加线，细分之后并塌陷模型，如图 6.161 所示。

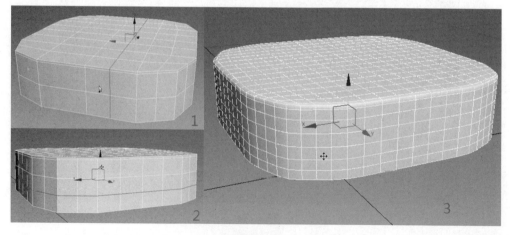

图 6.161

框选中间的点，单击 Chamfer 按钮，将这些点切角，如图 6.162 所示。

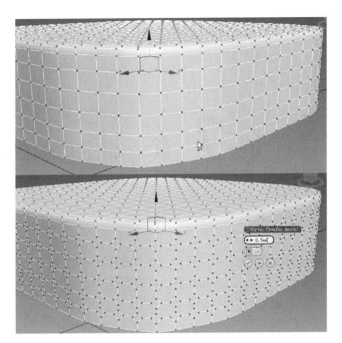

图 6.162

先选择一个图 6.163(左)所示的面,在石墨工具下单击 Graphite Modeling Tools 中 Modify Selection 里的 Similar 按钮,快速选择类似的所有面,如图 6.163(右)所示。

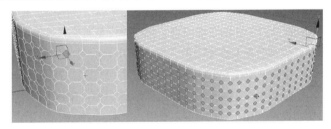

图 6.163

按 Delete 键删除这些面,进入边界级别,框选所有开口处的边,切换到缩放工具,按住 Shift 键向内缩放挤出面,然后细分光滑一下,效果如图 6.164 所示。

模型最后的整体效果如图 6.165 所示。

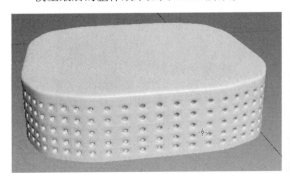

图 6.164

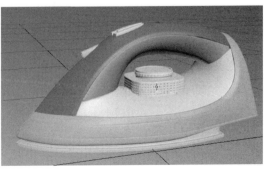

图 6.165

第 **7** 章 厨卫产品设计

本章将通过茶具和热水器模型的制作来学习厨卫产品建模的方法。随着现代生活水平的提高，人们的生活也变得越来越有品位。其中，茶具也是生活中必不可少的一部分，同时也是人们闲情逸致生活的重要体现。热水器更是生活中必不可少的家用电器。

7.1 茶具模型的制作

1. 茶壶制作

步骤 **01** 依次单击 ☀ Creat（创建）｜ ◯ Geometry（几何体）｜ Teapot 按钮，在视图中创建一个 Radius 半径为 8cm，Segments 分段为 4 的茶壶模型，将茶壶模型转换为可编辑的多边形物体。按"5"键进入元素级别，选择茶壶盖和壶把及壶嘴模型，按 Alt+H 组合键将它们隐藏起来，按"2"键进入线段级别，选择壶身顶部的环形线段按 Delete 键将它们删除，用缩放工具调整壶身中间大小，如图 7.1 所示。然后选择图 7.2 中的线段，单击 Chamfer 按钮后面的 ◻ 图标，在弹出的"切角"快捷参数面板中设置切角的值，将线段切角设置。切角后的效果如图 7.3 所示。

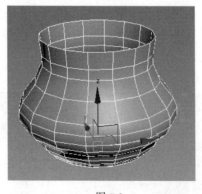

图 7.1

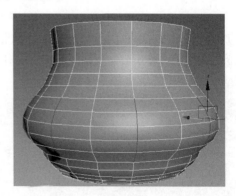

图 7.2

依次选择图中的点，用缩放工具调整距离和大小，勾选 ☑ Use Soft Selection 使用软选择，选择中间线段放大处理，如图 7.4 和图 7.5 所示。

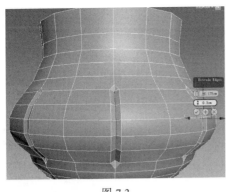

图 7.3　　　　　　　　　　　　　　图 7.4　　　　　　　　　图 7.5

选择图 7.6 中的点，单击 Weld 按钮将点焊接成一个点，如果单击 Weld 按钮后没有反应，可以单击后面的 □ 图标，调大焊接距离值即可。焊接后的效果如图 7.7 所示。

在图 7.8 中的位置加线，然后调整布线，如图 7.9 所示。

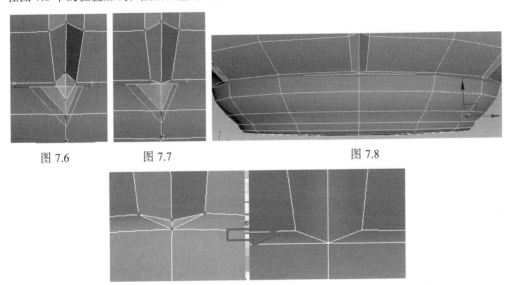

图 7.6　　　　　　图 7.7　　　　　　　　　　　　图 7.8

图 7.9

其他位置的点做同样处理后按 Ctrl+Q 组合键细分该模型，效果如图 7.10 所示。按"4"键进入面级别，按 Alt+U 组合键将隐藏的面全部显示出来，然后右击，在弹出的右键菜单中选择 Cut，在壶嘴与壶身的连接位置做切线处理，如图 7.11 所示。

单击 Target Weld 目标焊接按钮，将多余的点逐步焊接调整至图 7.12 所示的效果，然后删除壶嘴部分的面，如图 7.13 所示。

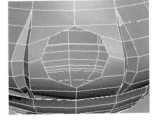

图 7.10　　　　　　　图 7.11　　　　　　图 7.12　　　　　　图 7.13

选择开口边界线，按住 Shift 键移动挤出面，如图 7.14 所示。在壶嘴上继续加线细化调整效果至如图 7.15 所示。

选择顶部边界线向下挤出面调整出壶口的形状，然后在修改器下拉列表中添加 Shell 修改器将茶壶模型设置为带有厚度的物体，将模型转换为可编辑的多边形物体。按 Ctrl+Q 组合键细分该模型，设置细分级别为 1，再次将模型塌陷，效果如图 7.16 所示。

 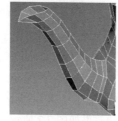 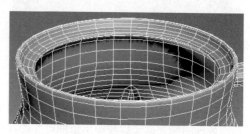

图 7.14　　　　　　　　　图 7.15　　　　　　　　　　　　图 7.16

在壶口边缘加线，如图 7.17 所示。然后将所加线段向上移动调整，如图 7.18 所示。

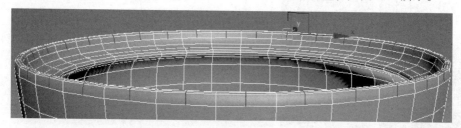

图 7.17

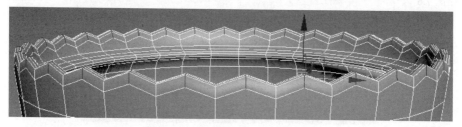

图 7.18

按 Ctrl+Q 组合键细分该模型，效果如图 7.19 所示。

图 7.19

步骤 02 在壶把的位置创建一个长方体并将其转换为可编辑的多边形物体，调整其形状至如图 7.20 所示。单击 Line 按钮在视图中创建两条（如图 7.21 中所示的形状）样条线。

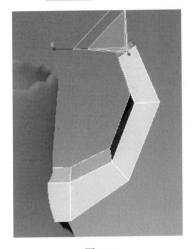

图 7.20

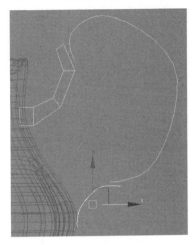

图 7.21

单击 Rectangle 按钮再创建一个矩形，如图 7.22 所示，选择样条线，单击 Compound Objects ▼ 下的 Loft 按钮，单击 Get Shape 按钮拾取矩形，完成放样操作。放样后的形状如图 7.23 和图 7.24 所示。

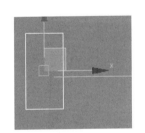

图 7.22

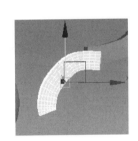

图 7.23

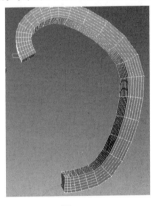

图 7.24

放样后的模型布线较密，在参数面板中 Shape Steps:5 Path Steps:5 默认值均为 5，调整 Shape Steps:0 Path Steps:1 值分别为 0 和 1，效果如图 7.25 所示。将放样后的物体转换为可编辑的多边形物体。单击 Attach 按钮拾取其他部分模型完成附加，如图 7.26 所示。

选择图 7.27 中对应的面，单击 Bridge 按钮桥接出中间的面，用同样的方法将图 7.28 中的面也桥接出来。按 Ctrl+Q 组合键细分该模型，效果如图 7.29 所示。

步骤 03 在壶盖的位置创建一个如图 7.30 所示的样条线，按 "3" 键进入样条线级别，选择样条线后单击 Outline 按钮向外挤出轮廓，如图 7.31 所示，删除最左侧的线段后在修改器下拉列表中添加 Lathe 修改器，单击 Min 按钮将旋转轴心设置在 X 轴的最小值位置，旋转车削后的效果如图 7.32 所示。

将该物体塌陷为多边形物体后，在图 7.33 中的位置加线后向上移动调整。

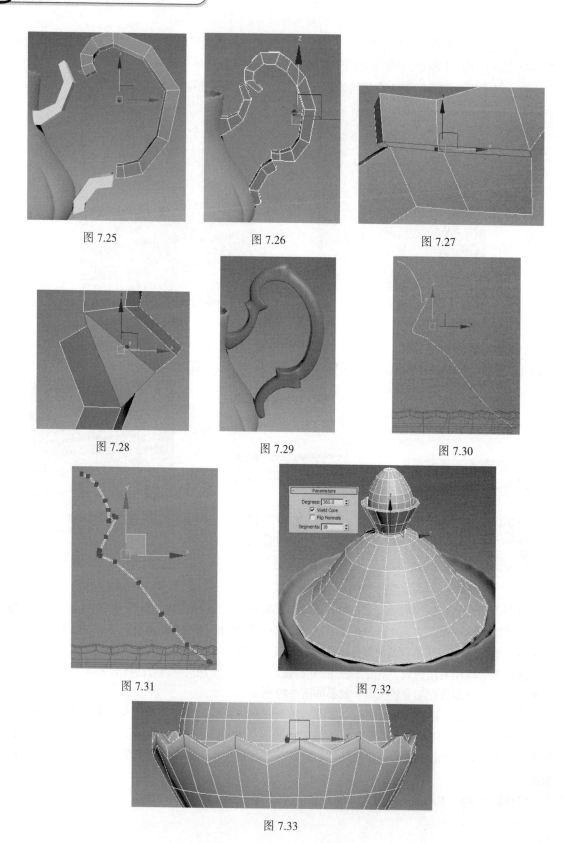

图 7.25

图 7.26

图 7.27

图 7.28

图 7.29

图 7.30

图 7.31

图 7.32

图 7.33

步骤 04　在茶壶底部位置创建一个圆柱体并将其转换为可编辑的多边形物体，删除顶部和底部面，选择图 7.34 中的点，沿着 XY 轴方向向内缩放调整，然后选择边界线挤出面，如图 7.35 所示。

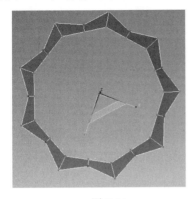

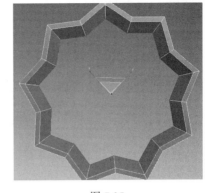

图 7.34　　　　　　　　　　　　　　　　　图 7.35

依次单击 `Modeling` `Loops` 按钮，打开 Loop Tools 工具面板，单击 Circle 按钮，将内侧的形状快速设置为一个圆形，如图 7.36 所示。

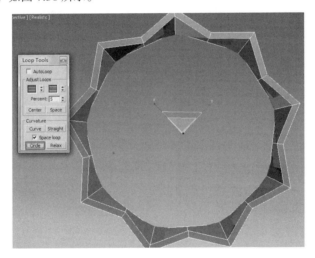

图 7.36

按住 Shift 键向内缩放挤出面，如图 7.37 所示，用同样的方法选择外圈边界线，向上挤出面，如图 7.38 所示。

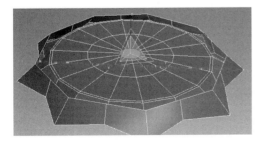

图 7.37　　　　　　　　　　　　　　　　　图 7.38

进入面级别，选择底部面，向下倒角挤出面，如图 7.39 所示，细分后的效果如图 7.40 所示。最后的茶壶整体效果如图 7.41 所示。

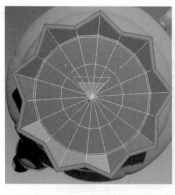

图 7.39

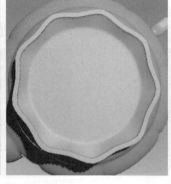

图 7.40

图 7.41

2. 瓦罐等物体制作

步骤 01 将制作好的茶壶复制一个，删除壶身一半的模型，然后在修改器下拉列表下添加 Symmetry 修改器，调整好对称中心和焊接值的大小后将模型塌陷，如图 7.42 所示。用缩放工具沿着 Z 轴压扁，如图 7.43 所示。

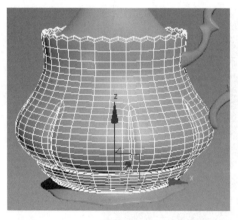

图 7.42

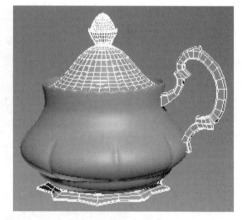

图 7.43

调整壶把和壶盖的大小和比例，细致调整壶身形状，在调整时可以勾线软选择开关，调整好衰减值后配合缩放工具调整，如图 7.44 所示，调整好后的大小和比例如图 7.45 所示。

图 7.44

图 7.45

步骤 02 复制壶身和底座模型沿着 Z 轴缩放，如图 7.46 所示。选择顶部的点配合移动和旋转工具调整出所需形状，如图 7.47 ~ 图 7.49 所示。

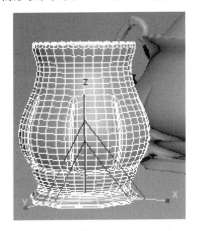

图 7.46

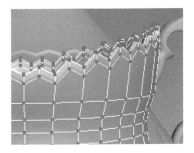

图 7.47

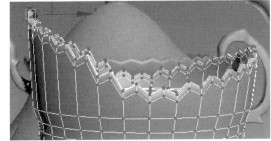

图 7.48

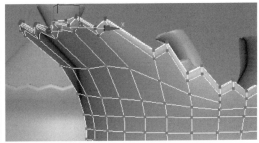

图 7.49

调整好后的壶嘴模型细分效果如图 7.50 所示。

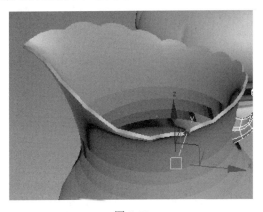

图 7.50

步骤 03 茶杯的创建。单击 Line 按钮在视图中创建一个如图 7.51 所示的样条线，单击 Outline 按钮将样条线挤出轮廓如图 7.52 所示。删除底部内侧的线段，如图 7.53 所示，然后右击，在弹出的右键菜单中选择 Refine 命令，在线段上单击加点，然后移动点的位置调整样条线形状至如图 7.54 所示。

图 7.51

图 7.52

图 7.53

图 7.54

在修改器下拉列表下添加 Lathe 修改器，效果如图 7.55 所示，单击 Min 按钮设置旋转轴心，如图 7.56 所示，如过中心位置出现黑边效果，可以勾选 ☑ Weld Core 焊接内核，最后调整效果如图 7.57 所示。将该模型塌陷为多边形物体细分后的效果如图 7.58 所示。

复制壶把模型并旋转移动到合适位置，模型细分效果如图 7.59 所示。

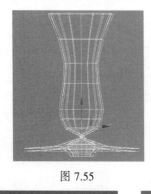
图 7.55

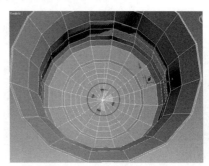
图 7.56

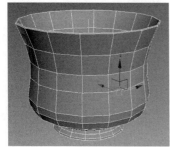
图 7.57

图 7.58

图 7.59

步骤 04 在视图中创建一个如图 7.60 所示的样条线。

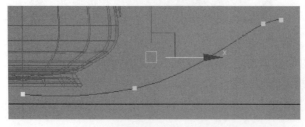
图 7.60

单击 Outline 按钮，将线段向外挤出轮廓后，加点调整形状如图 7.61 所示。

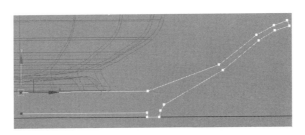

图 7.61

添加 Lathe 修改器，将曲线生成三维模型，效果如图 7.62 所示。

图 7.62

细分一级后塌陷，在边缘顶部加线并用缩放工具向外缩放，如图 7.63 所示。细分后的效果如图 7.64 所示。

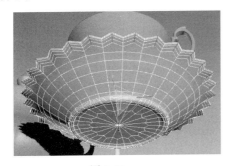 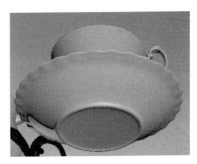

图 7.63　　　　　　　　　　　　　　　　　图 7.64

步骤 05　将托盘模型复制两个，缩放调整大小，然后选择两边顶部的点移动调整至如图 7.65 所示，调整好后的形状如图 7.66 所示。

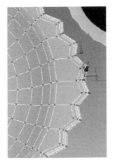 

图 7.65　　　　　　　　　　　　　　　　　图 7.66

步骤 06 单击◯图形面板下的 [Star] 按钮，在视图中创建星形线，效果和参数如图 7.67 和图 7.68 所示。

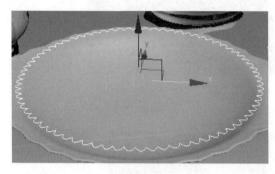

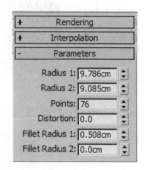

图 7.67   图 7.68

在修改器下拉列表下添加 Extrude（挤出）修改器设置挤出高度值，然后将模型塌陷，选择底部所有点向内缩放调整大小，如图 7.69 所示。此时细分模型效果如图 7.70 所示。

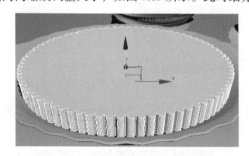

图 7.69   图 7.70

出现这样的问题是因为顶部面是一个由很多点组成的面，所以如果想达到所需效果需要将顶部面设置为 4 边面或者 3 角面。如果通过手动加线一点一点调整就显得太过于麻烦了。有没有什么好的快捷的方法呢？肯定有。在修改器下拉列表下添加 [Quadify Mesh] 修改器，此时系统会自动将当前模型转换为三角面或者四边面，如图 7.71 所示。其中 [Quad Size %:] 值是用来控制布线的疏密程度，值越小，布线越密。然后单击 [Modeling] | [Geometry (All)] | [Quadrify All] 按钮，快速将三角面处理为四边面，如图 7.72 所示。

图 7.71   图 7.72

细分后的效果如图 7.73 所示。效果得到了很明显的改善。为了表现更加真实的披萨效果，选择图 7.74 中的面。

图 7.73

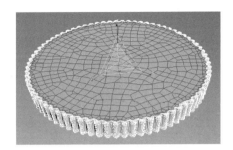
图 7.74

在修改器下拉列表中添加 Noise 修改器，调整 Strength 参数下的 Z 轴强度值和噪波大小值，如图 7.75 所示，细分后的效果如图 7.76 所示。

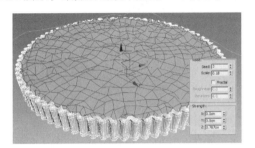
图 7.75

图 7.76

为了使表面凹凸效果更加明显，可以单击 Paint Deformation Push/Pull 按钮，调整 Brush Size（笔刷大小）和 Brush Strength（笔刷强度）在模型边面雕刻处理，其中按住 Alt 键是向下凹陷处理，雕刻效果如图 7.77 所示。然后创建复制一些球体模型，如图 7.78 所示。

图 7.77

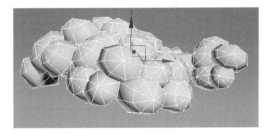
图 7.78

将该部分模型复制调整，复制时注意随机删除一些球体，效果会更加逼真，如图 7.79 所示。最后导入刀叉模型，如图 7.80 所示。

图 7.79

图 7.80

步骤 07　按 M 键打开材质编辑器，在左侧材质类型中单击 Standard（标准）材质并拖拉到右侧材质视图区域，选择场景中所有物体，单击 按钮将标准材质赋予所选择物体，效果如图 7.81 所示。

图 7.81

7.2　热水器模型制作

步骤 01　单击 Creat（创建） Shape（图形）| Rectangle （矩形）按钮，在视图中创建一个长、宽分别为 4 400 mm、2 500 mm 的矩形，修改 Corner Radius 圆角半径值为 1 000 mm，如图 7.82 所示。在修改器下拉列表中添加 Extrude（挤出）修改器，设置挤出数量值为 8 400 mm，效果如图 7.83 所示。

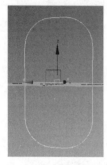
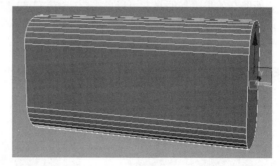

图 7.82　　　　　　　　　　　　　　　图 7.83

调整 Interpolation 卷展栏下的 Steps 值设置为 2，降低样条线的分段数，效果如图 7.84 所示。将模型转换为可编辑的多边形物体。加线，调整模型布线，如图 7.85 所示。

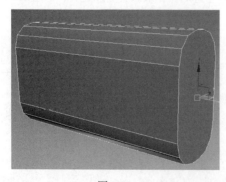

图 7.84　　　　　　　　　　　　　　　图 7.85

选择一侧的面，按住 Shift 键轻轻移动复制出面，为了便于区分换一种颜色显示，选择复制出来的面，倒角挤出调整至如图 7.86 所示。分别在左、右、上、下的中心位置加线，如图 7.87 所示。

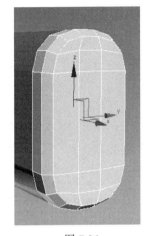

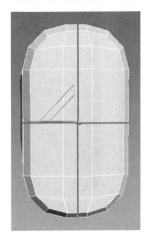

图 7.86

图 7.87

 步骤 02　创建两个圆柱体作为切线加线参考物体，如图 7.88 所示。右击，在弹出的右键菜单中选择 Cut 命令，在物体表面切线调整至如图 7.89 所示。

继续切线调整至如图 7.90 所示，然后利用点的目标焊接、切线等工具调整布线，如图 7.91 所示。

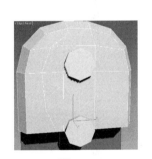

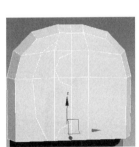

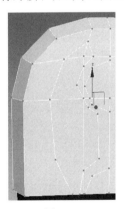

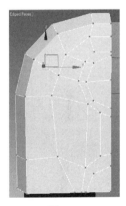

图 7.88

图 7.89

图 7.90

图 7.91

在修改器下拉列表中添加 Symmetry 对称修改器，对称出底部一半模型，选择图 7.92 中的面，单击 Bevel 按钮后面的 □ 图标，在弹出的"倒角"快捷参数面板中设置倒角参数将面向内倒角挤出，如图 7.93 所示。细分效果如图 7.94 所示。

将图 7.95 中红色线框中的线段切角，再次细分后效果如图 7.96 所示。

步骤 03　再次添加 Symmetry 对称修改器，对称出右侧一半模型并将其塌陷为多边形物体，选择图 7.97 和图 7.99 中的线段，按 Ctrl+Backspace 组合键将线段移除，然后用 Cut 工具加线分别调整至如图 7.98 和图 7.100 所示。

用同样的方法将影响细分后圆形效果的线段都移除重新调整布线，然后选择图 7.101 中的面用倒角工具倒角挤出面，如图 7.102 所示。

按 Ctrl+Q 组合键细分该模型，效果如图 7.103 所示，细分后内部圆虽然比较圆，但是外轮廓不是很规整，重新调整点的位置使其圆形效果更加规范，调整好后的细分效果如图 7.104 所示。

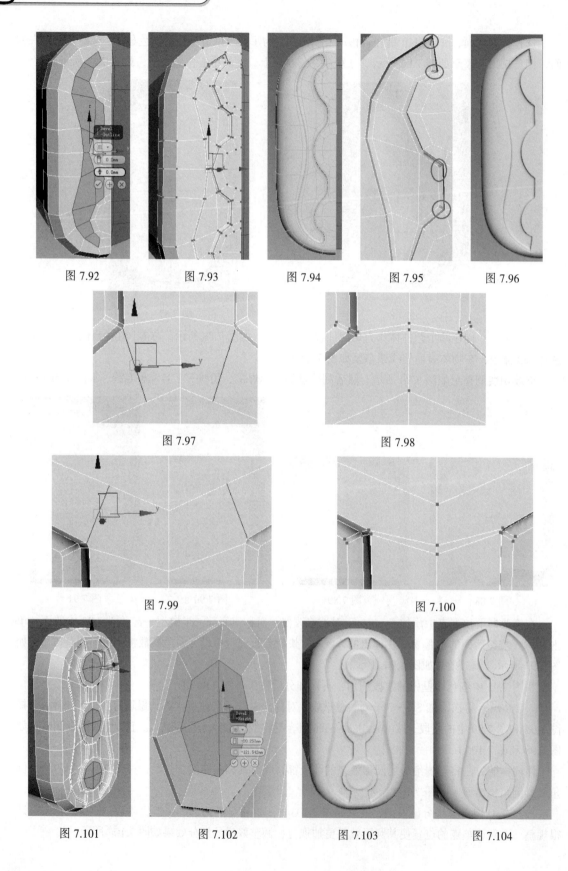

图 7.92　　　　　图 7.93　　　　　图 7.94　　　　　图 7.95　　　　　图 7.96

图 7.97　　　　　　　　　　　图 7.98

图 7.99　　　　　　　　　　　图 7.100

图 7.101　　　　　图 7.102　　　　　图 7.103　　　　　图 7.104

将制作好的模型复制调整到左侧，整体效果如图 7.105 所示。

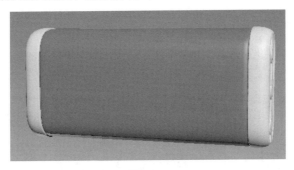

图 7.105

步骤 04 选择紫色物体中间的一个点，单击 Chamfer 按钮后面的 ▢ 图标，在弹出的"切角"快捷参数面板中设置切角的值并将点切角设置如图 7.106 所示。右击，在弹出的右键菜单中选择 Cut 命令加线调整，如图 7.107 所示。

调整点使其调整成一个圆形，如图 7.108 所示，然后选择面用倒角工具向外挤出倒角面，效果如图 7.109 所示。

用 Cut 命令剪切线段至如图 7.110 所示，然后删除剪切位置的面，选择开口边界，按住 Shift 键移动挤出面，如图 7.111 所示。

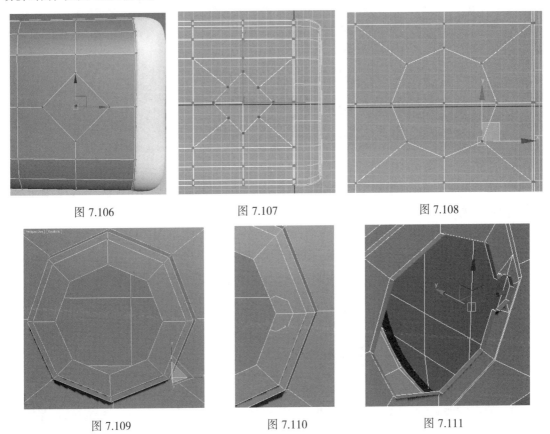

图 7.106   图 7.107   图 7.108

图 7.109   图 7.110   图 7.111

继续将开口边界线向内缩放挤出面，如图 7.112 所示，删除部分面后，用桥接工具连接出面后调整布线，如图 7.113 所示。

　　选择内部的边界线挤出面调整至如图 7.114 所示形状，然后将右侧小的开口封口处理并调整布线，如图 7.115 所示。

　　继续加线，选择点切角设置如图 7.116 所示，然后选择切角位置的面向外倒角挤出面调整至如图 7.117 所示形状。

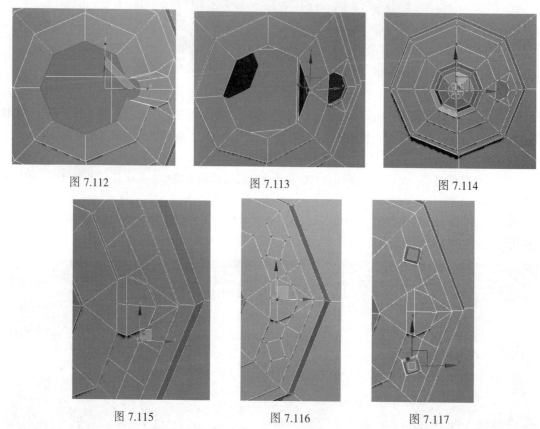

图 7.112　　　　　　　　　　　图 7.113　　　　　　　　　　　图 7.114

图 7.115　　　　　　　　　　　图 7.116　　　　　　　　　　　图 7.117

　　按 Ctrl+Q 组合键细分该模型，效果如图 7.118 所示。细分后圆形效果很不规整。所以要将影响圆形效果的线段移除，比如图 7.119 中的线段。

　　继续调整布线至如图 7.120 所示，然后将圆形面向外挤出倒角，如图 7.121 所示。

　　最后在物体拐角位置加线、切角设置，如图 7.122 和图 7.123 所示。

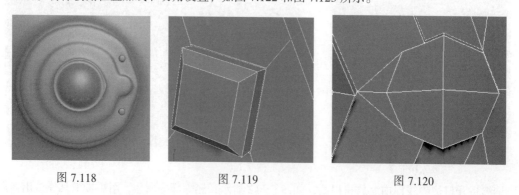

图 7.118　　　　　　　　　　　图 7.119　　　　　　　　　　　图 7.120

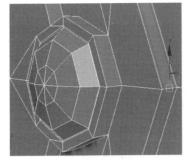

图 7.121　　　　　　　　　　图 7.122　　　　　　　　　　图 7.123

再次细分后的效果如图 7.124 所示。调整后的效果得到了很好的改善。

选择底部的点将其切角，如图 7.125 所示，然后选择切角位置面向下挤出，细分效果如图 7.126 所示，在挤出面的位置创建圆环物体并复制调整，如图 7.127 所示。

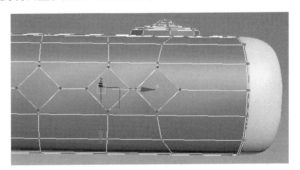

图 7.124　　　　　　　　　　　　　　　图 7.125

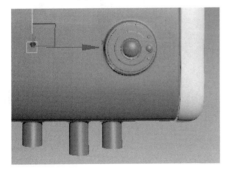
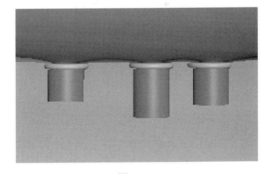

图 7.126　　　　　　　　　　　　　　　图 7.127

步骤 05　创建一个面片物体并将其转换为可编辑的多边形物体，选择底部面，单击 Bevel 按钮后面的 □ 图标，在弹出的"倒角"快捷参数面板中设置倒角参数，将面挤出倒角如图 7.128 所示。然后选择挤出后下方的面并将其删除，如图 7.129 所示。加线调整，选择边缘的线段，按住 Shift 键挤出面，如图 7.130 所示。

将上方的面向内挤出并将中间的面调整成方形形状后删除面，如图 7.131 所示。最后在修改器下拉列表下添加 Symmetry 修改器对称出底部一半物体，再添加 Shell 修改器，将面片物体处理为带有厚度的物体，如图 7.132 所示。

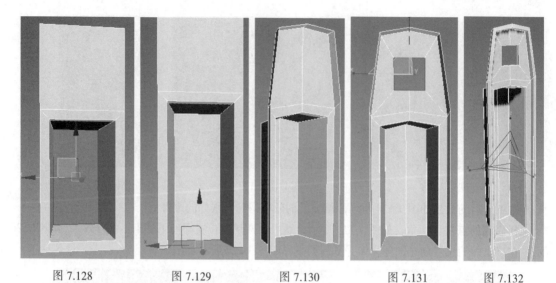

图 7.128　　　　　图 7.129　　　　　图 7.130　　　　　图 7.131　　　　　图 7.132

步骤 06 创建一个圆柱体和两个长方体模型，如图 7.133 所示，在 Compound Objects ▼面板下单击 ProBoolean 按钮，然后单击 Start Picking 按钮拾取长方体模型完成布尔运算，效果如图 7.134 所示。

用这种方法创建模拟螺丝帽模型，将该模型向下复制，如图 7.135 所示，然后整体将背部的挂件模型向右复制调整，如图 7.136 所示。

最终的热水器模型效果如图 7.137 所示。

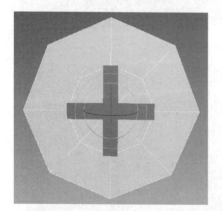 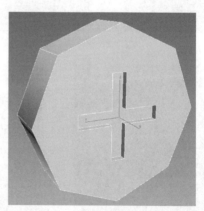 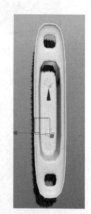

图 7.133　　　　　　　　　　图 7.134　　　　　　　　　　图 7.135

 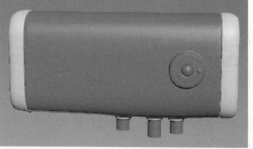

图 7.136　　　　　　　　　　　　　　图 7.137

第 **8** 章　玩具类产品设计

儿童玩具是指专供儿童游戏使用的物品。玩具是儿童把想象、思维等心理过程转向行为的支柱。儿童玩具能发展运动能力，训练知觉，激发想象，唤起好奇心，为儿童身心发展提供了物质条件。作为儿童玩具，它拥有一个关键性的因素，那就是必须能吸引儿童的注意力。这就要求玩具具有鲜艳的色彩、丰富的声音、易于操作等特性。就其材质来说，常见的儿童玩具有木制玩具、金属玩具、布绒玩具等。

8.1　卡通兔子模型的制作

步骤 01　背景视图的设置：按下 Alt+B 组合键打开背景视图配置面板，选择 Use Files（从文件）单选按钮，然后单击 Files 按钮选择一张卡通兔子的前视图文件，选择 Match Bitmap（匹配位图）单选按钮，勾选 Lock Zoom/Pan（锁定缩放/平移）复选框，如图 8.1 所示。

图 8.1

用同样的方法将左视图的背景图片也设置出来，如图 8.2 所示。

图 8.2

步骤 02 设置了参考图之后，我们在制作模型时就方便、快捷得多：一是有了多边形调整的一个依据；二是它们每个部分之间的比例有了保证。首先来从头部做起。在视图中创建一个 Box 物体，将该物体转换为可编辑的多边形物体，框选水平上的线段，按 Ctrl+Shift+E 组合键加线，然后框选竖直方向的线段，按 Ctrl+Shift+E 组合键加线，之后根据图片的位置来调整点，如图 8.3 所示。

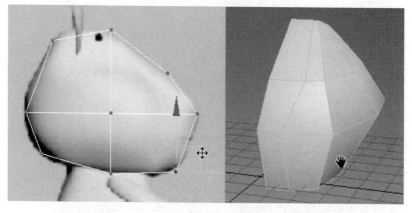

图 8.3

选择图 8.4（左）所示的面，单击 Extrude 后面的 ▢ 按钮，将该面向上挤出，如图 8.4（右）所示。

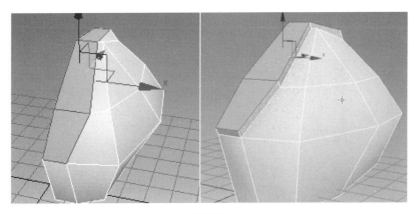

图 8.4

右击选择 Cut 工具，手动切割出图 8.5（左）所示的线段，然后选择上方的线段按 Backspace 键移除，如图 8.5（右）所示。这也是手动调整模型布线的一种方法。

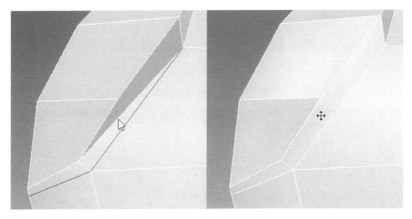

图 8.5

步骤 03 单击 🔛 按钮将模型另外一半镜像复制出来，在图 8.6 所示的位置添加分段。

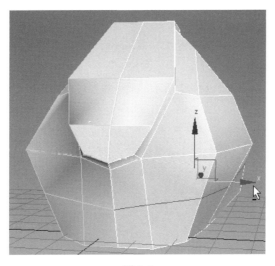

图 8.6

选择 Cut 工具继续手动切线，移除一些不必要的三角面线段，然后调整点的位置。布线调整可以参考图 8.7 所示的步骤。

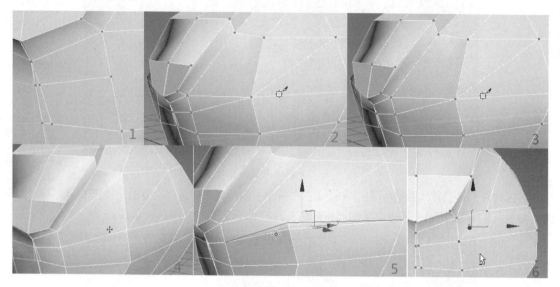

图 8.7

在侧面的位置加线，然后移除三角面的线段，如图 8.8 所示。

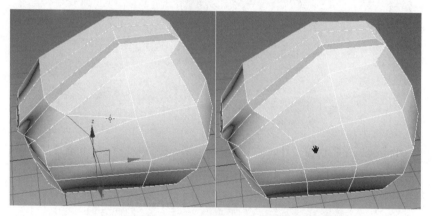

图 8.8

在嘴巴位置切线，然后删除图 8.9 中 2 所示的面，将线段向内挤出细分之后的效果，如图 8.9 中的 3 所示。

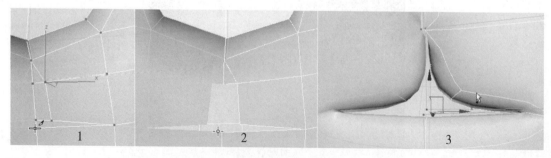

图 8.9

将嘴巴拐角处的线段切角，光滑之后效果得到明显改善，如图 8.10 所示。

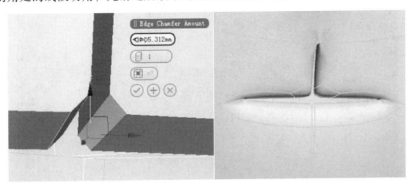

图 8.10

选择底部的面，单击 Inset 后面的 ■ 按钮，向内收缩面，然后选择图 8.11 中的面删除，并将中心处的线段调整好。

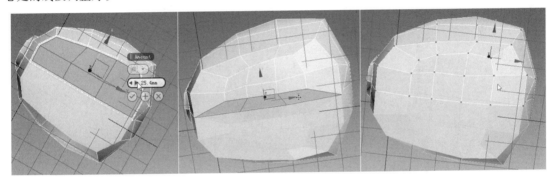

图 8.11

步骤 04　选择底部的面，单击 Extrude 按钮向下挤出面，中间部位加线调整形状，如图 8.12 所示。

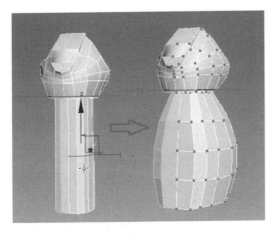

图 8.12

光滑之后会发现中间向内凹陷，如图 8.13（左）所示，这是因为对称中心处的面没有删除。选择对称中心处的面按 Delete 键删除，再次光滑之后问题得以解决，如图 8.13（右）所示。

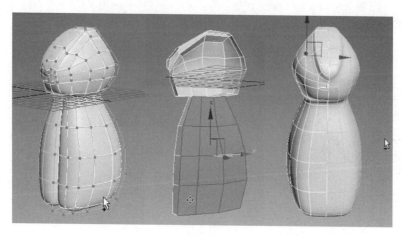

图 8.13

继续细化调整点、线来控制模型的形状，然后选择肚脐处的一个点，用 Chamfer 工具将该点切点，将面向内倒角挤压，然后删除内侧的面，并将线段调整好，如图 8.14 所示。

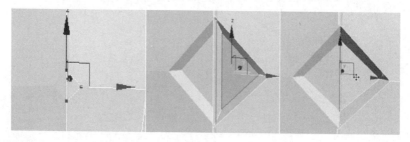

图 8.14

步骤 05 在视图中创建一个 Box 物体并将其转换为可编辑的多边形物体，调整它的形状，调整过程可参考图 8.15 所示。

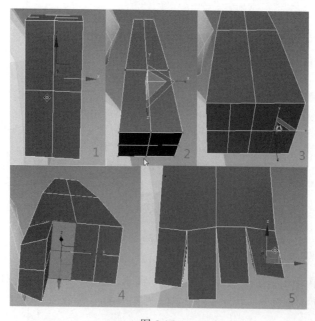

图 8.15

在宽度和长度上继续加线调整，然后将手臂旋转移动到身体上，如图 8.16 所示。

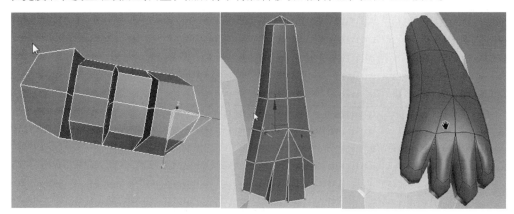

图 8.16

步骤 06　单击 ▦▦ 按钮对称复制出另外一只手臂，如图 8.17 所示。

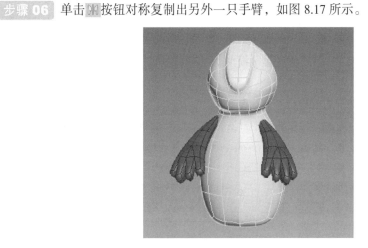

图 8.17

步骤 07　脚的制作：创建一个 Box 物体并将其转换为可编辑的多边形物体，然后调整它的形状，调整好之后对称复制出另外一个，如图 8.18 所示。

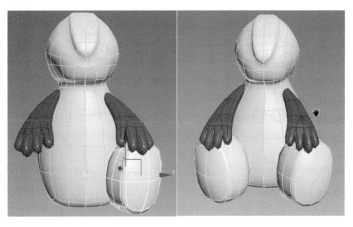

图 8.18

步骤 08 耳朵的制作：同样创建一个 Box 物体并将其进行可编辑的多边形物体修改，如图 8.19 所示。

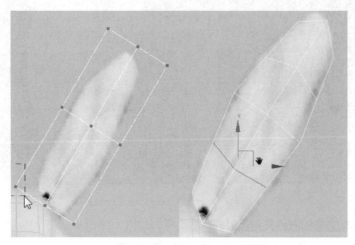

图 8.19

按 Ctrl+Q 组合键细分光滑 2 级，然后再次塌陷模型，用雕刻笔刷工具雕刻出上面的一些细节纹理，如图 8.20 所示。

调整好之后对称复制出另外一边的模型。

步骤 09 创建一个球体作为兔子的眼睛，然后复制出另一只眼睛。将身体部分一半的模型删除，选择另外一半的模型，在修改器下拉列表中添加 Symmetry 修改器，镜像出另外一半，最后的光滑效果如图 8.21 所示。

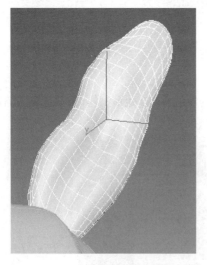

图 8.20

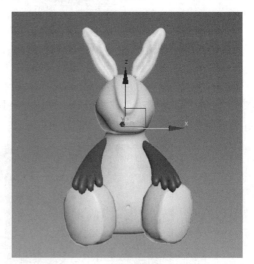

图 8.21

8.2 小海龟模型的制作

这一节的小海龟模型要比上一节的卡通兔子模型复杂一些，细节更多，同时它的表面纹理的表现也是这节重点学习的知识点。

　按下 Alt+B 组合键打开背景视图设置面板，选择 Use Files（从文件）单选按钮，然后单击 Files 按钮选择一张小海龟的前视图文件，选择 Match Bitmap（匹配位图）单选按钮，勾选 Lock Zoom/Pan（锁定缩放/平移）复选框，用同样的方法把顶视图也设置好。

设置好之后按下 G 键取消网格显示，效果如图 8.22 所示。

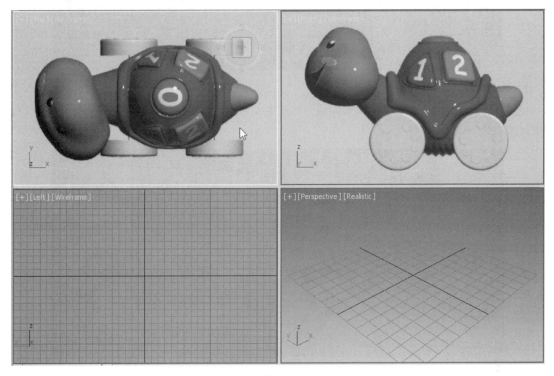

图 8.22

步骤 02　在"创建"面板的基本几何体下单击 Plane 按钮创建一个面片，将它的分段数全部设置为 1，将该物体转换为可编辑的多边形物体，按照海龟身体比例，选择边挤出面并调整位置。在刚创建面片调整时，如果只调整前视图，顶视图就会出现图 8.23 所示位置不对位的效果。所以除了调整前视图，还要参考顶视图或者左视图对点进行精确的调整。

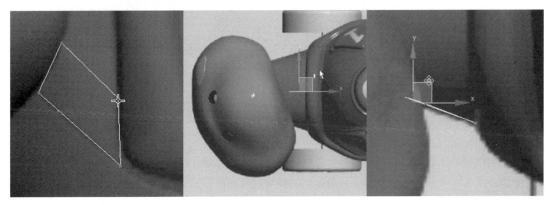

图 8.23

选择边，按住 Shift 键继续进行基础面调整，如图 8.24 所示。

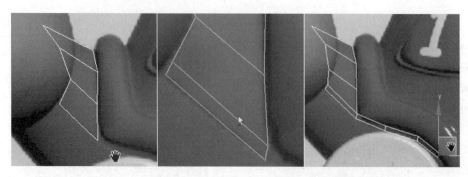

图 8.24

选择图 8.25（左）所示的边向上挤出面，然后进入点级别，单击 Target Weld 按钮将图 8.25（右）中的点焊接在一起。

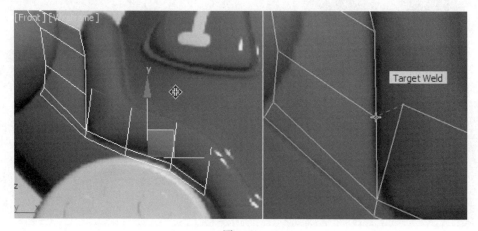

图 8.25

按照图 8.26 所示的步骤继续挤出面调整。

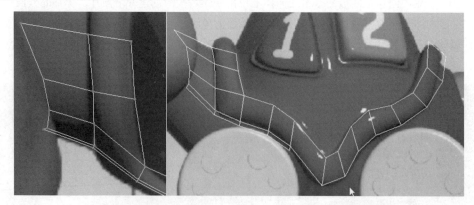

图 8.26

这里制作的顺序就是按照小海龟身上的纹理先把纹理的面制作出来，然后制作身上的面，最后将需要添加厚度的面向外挤出厚度即可。身体面的调整过程如图 8.27 和图 8.28 所示。

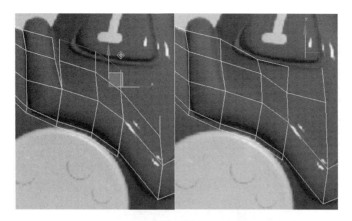

图 8.27

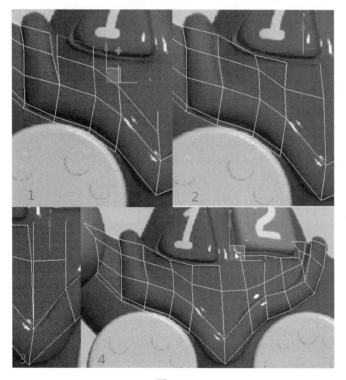

图 8.28

选择中间的线段向上挤出调整，然后将海龟脖子处的线段也向上挤出调整，如图 8.29 所示。

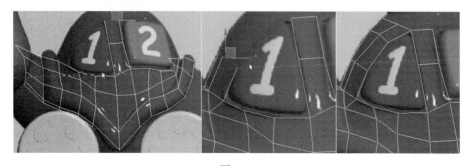

图 8.29

将乌龟壳后部的线段挤出调整，注意配合各个视图调整点、线的位置，如图 8.30 所示。

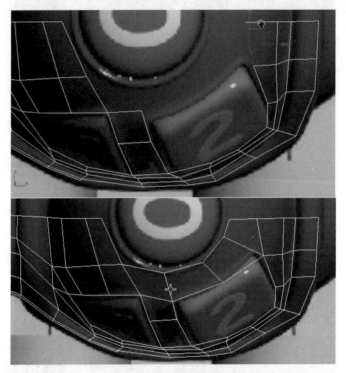

图 8.30

注意，尾部的线段如果出现问题，就要随时手动来调整布线，如图 8.31 所示中红色线框部分。

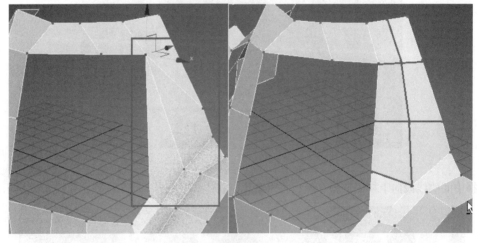

图 8.31

选择底部的线段向下挤出，将这些线段向内调整，但一定要注意中间线段的过渡效果，如图 8.32 所示。

步骤 03 一半模型制作好之后，单击 ⊞ 按钮将另外一半对称复制，如图 8.33 所示。

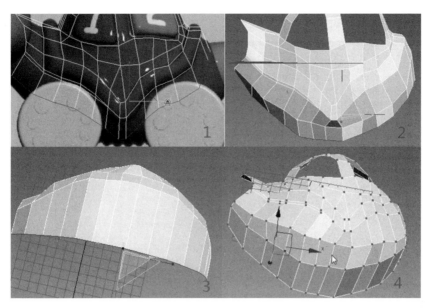

图 8.32

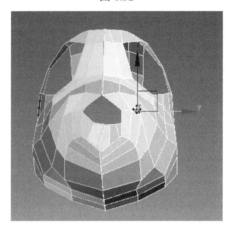

图 8.33

步骤 04　选择图 8.34（左）所示的面，单击 Bevel 后面的□按钮，将该面向外倒角挤出，如图 8.34（右）所示。

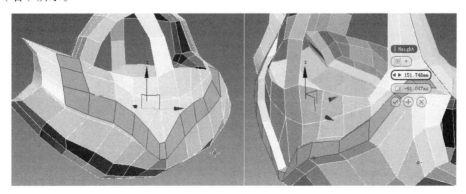

图 8.34

细分光滑之后的效果如图 8.35 所示。

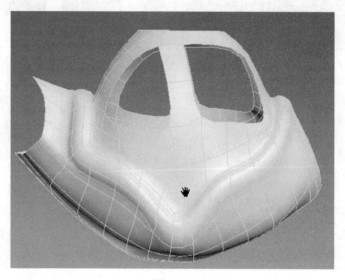

图 8.35

步骤 05 底部纹理的制作：将底部的线段通过加线的方法加大密度，如图 8.36 所示。

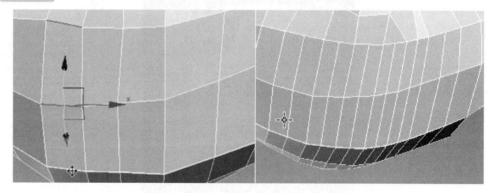

图 8.36

将这些线段调整得尽量均匀一些，然后选择图 8.37 所示的线段向下移动调整。

图 8.37

在底部横向上加线，然后将边缘的线段向外再向上稍微移动调整，尽量使模型布线均匀，如图 8.38 所示。

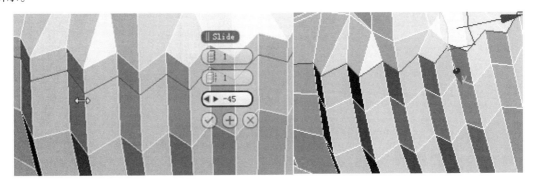

图 8.38

光滑之后需要表现棱角的地方选择对应的线段切角处理即可，如图 8.39 所示。

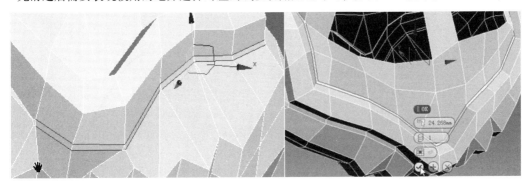

图 8.39

步骤 06　选择模型中的三角形边界线段和四方形边界线段，分别挤出凹陷的细节部分，如图 8.40 所示。

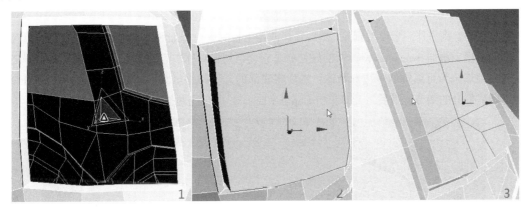

图 8.40

在边缘位置加线，如图 8.41（左）所示，细分光滑之后的效果如图 8.41（右）所示。

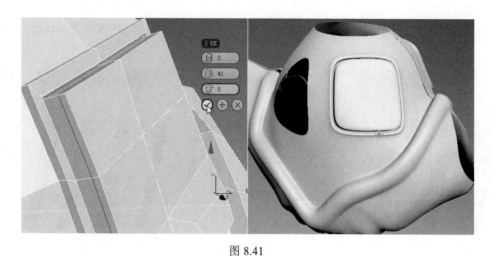

图 8.41

用同样的方法将三角形区域的面也制作出来，如图 8.42 所示。

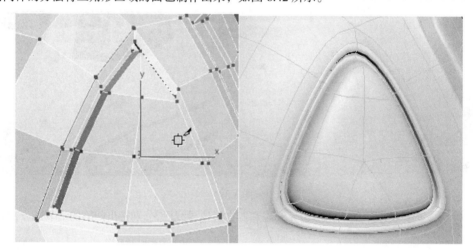

图 8.42

步骤 07 将另外一半模型删除，然后在修改器下拉列表中添加 Symmetry 修改器，镜像对称出另外一半的模型。添加 Symmetry 修改器的好处就是它会自动将对称中心处的点焊接起来。调整好之后，再次将模型塌陷为可编辑的多边形物体，然后将底部的开口调整至圆形。选择圆形边界，按住 Shift 键挤出凹陷部分的细节，最后将开口单击 Cap 按钮封闭并把布线调整一下，如图 8.43 所示。

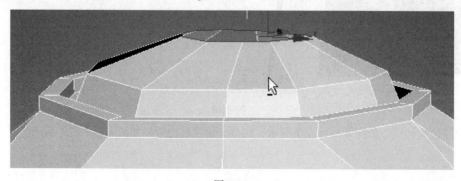

图 8.43

细分之后的效果如图 8.44 所示。

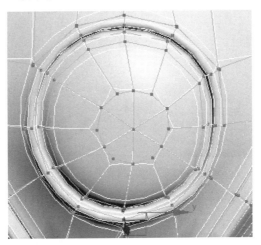

图 8.44

步骤 08　选择尾部的开口边界线段，用同样的方法挤出该部位的形状，如图 8.45 所示。

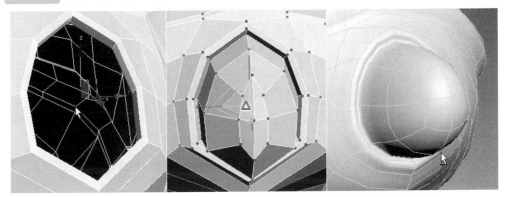

图 8.45

步骤 09　模型表面上的凹陷或者突出纹理的制作：一般都是先选择该位置的线段，通过切角的方法将线段切成两条线段，然后选择中间的面，用 Extrude 或者 Bevel 工具向内或者向外挤出即可，如图 8.46 所示。

图 8.46

步骤 10　在视图中创建一个 Box 物体，将该物体转换为可编辑的多边形物体，添加分段并调整它的形状，如图 8.47 所示。

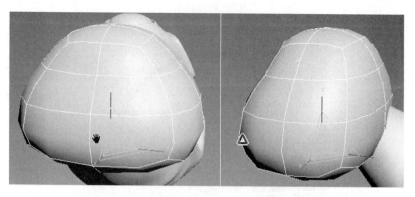

图 8.47

选择图 8.48（左）所示的线段将其切角处理，然后选择中间的面向内倒角挤压，如图 8.48（右）所示。

图 8.48

步骤 11 在视图中创建一个圆柱体并将其转换为可编辑的多边形物体，删除内侧的面，然后在外部边缘处加线，如图 8.49 所示。

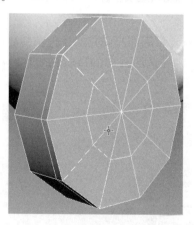

图 8.49

在视图中创建一个切角的圆柱体，边数可以适当增大一些，将该物体转换为可编辑的多边形物体，删除对称的另外一半，然后移动到合适的位置。复制并调整出其他的物体，注意它们之间大小的变化。调整好之后的效果如图 8.50 所示。

步骤 12 在视图中创建 Box 物体并将其转换为可编辑的多边形物体，然后调整成图 8.51 所示的形状。

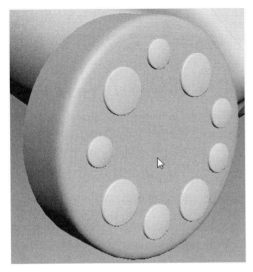

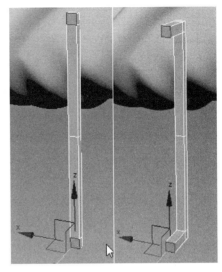

图 8.50   图 8.51

步骤 13 将该物体以轮子为轴心进行旋转复制，然后将整个轮子群组再复制出剩余的 3 个轮子模型，最后的整体效果如图 8.52 所示。

图 8.52

第 **9** 章 电子通信类产品设计

随着时代的发展，电子产品更新换代的速度也越来越快，电子通信产品是每个人必备的电子器材，特别是像手机等更是人们必不可少的信息沟通工具。本章将介绍怀旧电话和手机两种产品来学习一下这类模型的制作方法。

9.1 怀旧电话的制作

1. 电话机身和拨号盘的制作

步骤 01 单击 Plane 按钮，在视图中创建一个长宽为 64 cm、48 cm 的面片物体，按 M 键打开材质编辑器，拖动 Standard（标准）材质到右侧空白区域，然后单击 Diffuse Color 左侧的圆圈并拖动，在弹出的贴图类型中选择 Bitmap，然后找到配套资源中的顶视图参考图片并双击，这样就设置了漫反射的贴图文件。单击 按钮将标准材质赋予面片物体，单击 按钮将赋予的贴图在面片物体上显示，如图 9.1 所示。将该面片物体旋转 90°复制，用同样的方法赋予一张前视图的参考图片，如图 9.2 所示。

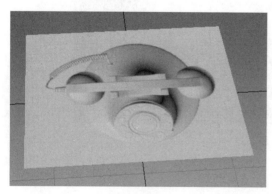

图 9.1

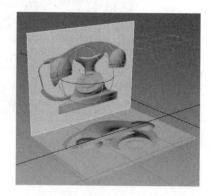

图 9.2

在前视图中按 F3 键以实体方式显示模型，这样就可以根据参考图的大小和形状来创建相对应的模型了，如图 9.3 所示。但是也有一个很棘手的问题，那就是创建的物体会遮挡参考图的显示效果，该如何来解决呢？可以按下 Alt+X 组合键将物体透明化显示，如图 9.4 所示。

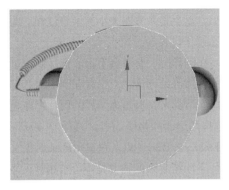 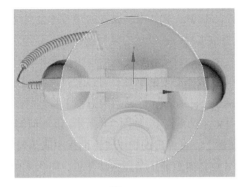

图 9.3　　　　　　　　　　　　　　图 9.4

接下来检验一下顶视图和前视图中的图片和模型的大小是否相吻合。检验的方法也很简单，比如说在顶视图将创建的圆柱体调整到和参考图大小一致，切换到前视图中对应的位置看看模型和参考图大小是否一致，如果一致，说明两张参考图大小均等，如果不一致，这说明有一张参考图片大小不合适。本实例通过创建一个长方体的方法，在顶视图中将长方体调整或与参考图左右长度相等，如图 9.5 所示。而切换到前视图中时可以发现，长方体和图片的整体长度不一致，模型偏小，说明图片稍微偏大，如图 9.6 所示。

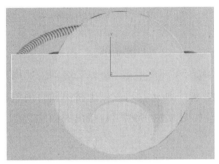 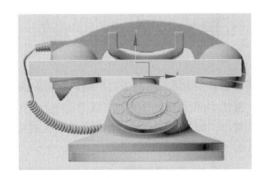

图 9.5　　　　　　　　　　　　　　图 9.6

打开 Photoshop 软件，将顶视图和左视图图片打开，按 Ctrl+R 组合键打开标尺，在标尺上单击并拖拉出参考线如图 9.7 所示，复制前视图图片粘贴进来，按 Ctrl+T 组合键等比例缩放使图片左右整体宽度和标尺距离相等，如图 9.8 所示。然后将调整大小后的图片再次覆盖保存。

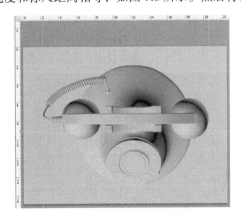 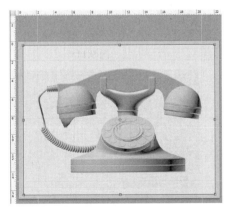

图 9.7　　　　　　　　　　　　　　图 9.8

回到 3ds Max 软件中，设置的参考图会自动更新大小。以上是参考图大小的调整过程。此处参考图的调整很重要，在以后的模型制作中，会经常要求自己制作设置参考图。

步骤 02 设置好参考图后就可以开始制作模型了。在制作时，有时会不小心选择到赋予贴图的面片物体造成不必要的麻烦，可以通过冻结的方式将面片物体冻结起来，右击，在弹出的右键菜单中选择 Freeze Selection（冻结当前选择）将选择的面片物体冻结起来，但是冻结后的面片物体显示为灰色，贴图文件看不到了，如图 9.9 所示。该如何解决呢？选择两个面片物体，右击，选择 Object Properties（物体属性），在弹出的物体属性面板中取消勾线 Show Frozen in Gray（以灰色显示冻结对象），再次冻结面片物体时就能正常显示贴图了，如图 9.10 所示。而且冻结起来的物体是不会被选择、移动等操作的。

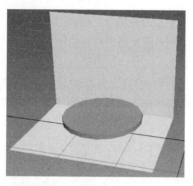

图 9.9

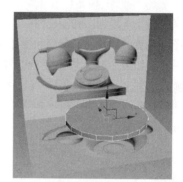

图 9.10

将模型转换为可编辑的多边形物体。删除顶部的面，按"3"键进入"边界"级别，选择开口边界线，按住 Shift 键配合移动和缩放工具向上挤出面，如图 9.11 所示。再次向上挤出面时用缩放工具等比例缩小，如图 9.12 所示。然后用旋转工具旋转调整至如图 9.13 所示，在挤出的面的高度上加线处理，如图 9.14 所示。

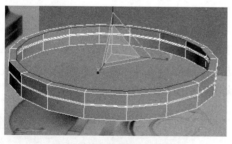

图 9.11

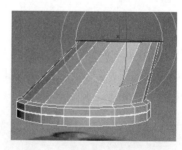

图 9.12

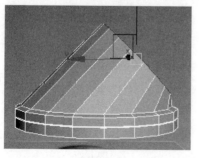

图 9.13

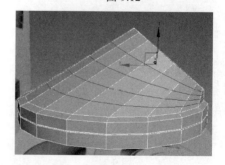

图 9.14

选择图 9.15 中的面向上挤出调整，然后创建一个圆柱体设置边数为 8，根据圆柱体边线的位置移动调整顶部点位置，如图 9.16 所示。

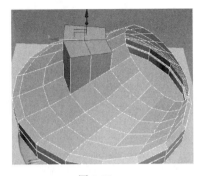

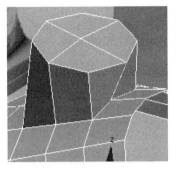

图 9.15　　　　　　　　　　　　　　　　　图 9.16

继续加线后选择一圈的面向外倒角挤出，如图 9.17 所示。

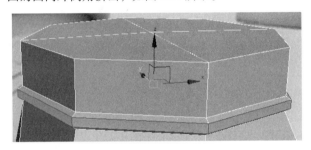

图 9.17

选择顶部面并删除，选择边界线向上挤出面后调整开口形状至长方形，如图 9.18 所示，然后单击 Cap 按钮封口处理，选择右侧的面用挤出工具向右挤出面调整形状至如图 9.19 所示。

在透视图中整体观察模型形状，注意物体表面的曲线要调整得过渡自然，综合调整点、线位置等。调整好后删除左侧一半模型，如图 9.20 所示。然后单击 按钮进入修改面板，单击"修改器列表"右侧的小三角按钮，在修改器下拉列表中添加 Symmetry（对称）修改器，将右侧调整好的物体对称出来，如图 9.21 所示。

在图 9.22 中的位置加线，单击 Chamfer 按钮后面的 图标，在弹出的"切角"快捷参数面板中设置切角的值将线段切角，如图 9.23 所示。

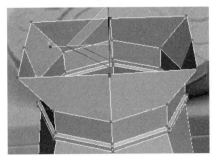

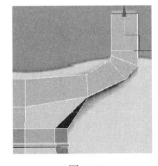

图 9.18　　　　　　　　　　　图 9.19　　　　　　　　　图 9.20

删除顶部面，用 Bridge 命令桥接出中间的面，如图 9.24 所示，然后选择四个边界线向上移动挤出面，如图 9.25 所示。

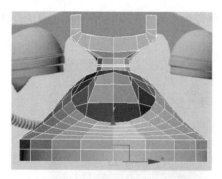
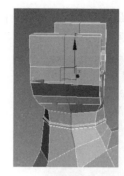

图 9.21　　　　　　　　　　　图 9.22　　　　　　　　　　　图 9.23

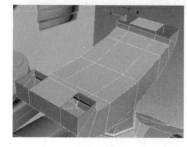

图 9.24　　　　　　　　　　　　　　　　　图 9.25

　　注意，图 9.26 中红色线段区域中环形线段的位置，在细分后希望表现为一个圆形，由于在图中线段切角的原因，此处多了两条线段，这就造成了物体细分后中间位置圆形出现了变形效果，不可能是一个正圆形了，所以要将该区域的线段合并，依次选择两个点，单击 Weld 按钮焊接，效果如图 9.27 所示。

　　在边界级别下，选择拨号盘位置的边界线，按住 Shift 键移动，缩放挤出面调整至如图 9.28 所示。分别将边缘位置线段切角细分后的效果如图 9.29 所示。

　　在图 9.30 中的位置加线，然后整体调整模型布线效果如图 9.31 所示。

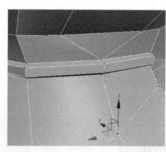
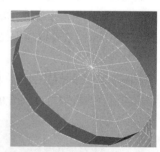

图 9.26　　　　　　　　　　　图 9.27　　　　　　　　　　　图 9.28

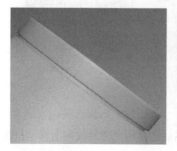

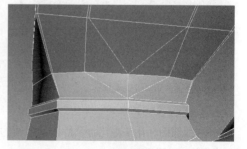

图 9.29　　　　　　　　　　　图 9.30　　　　　　　　　　　图 9.31

继续完善调整布线效果，在图 9.32 中的边缘位置加线处理，细分后的效果如图 9.33 所示。

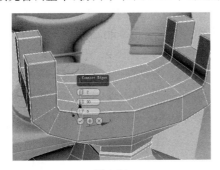
图 9.32

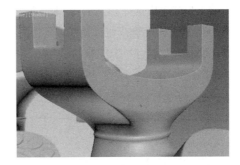
图 9.33

选择拨号盘位置的面配合 Chamfer 工具选择面倒角挤出，如图 9.34 所示，细分后的效果如图 9.35 所示。

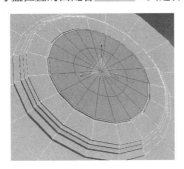
图 9.34

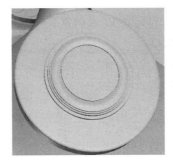
图 9.35

步骤 03　选择拨号盘顶部的面，按住 Shift 键移动复制，如图 9.36 所示，单击面板下的 Affect Pivot Only 按钮，然后单击 Center to Object 按钮将坐标轴心设置到自身的轴心位置，如图 9.37 所示。

图 9.36

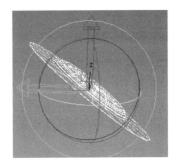
图 9.37

旋转调整至水平位置，如图 9.38 所示，这点很重要，因为后面要根据该物体进行物体的轴心拾取旋转复制等操作，如果物体表面是一个倾斜的面，则不便于后期操作。

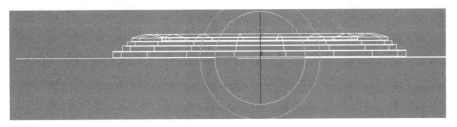
图 9.38

创建一个圆柱体并将其转换为可编辑的多边形物体，调整至如图 9.39 所示的形状，长按 <u>View ▼</u> 按钮在弹出的下拉列表中选择 Pick ，拾取拨号盘物体，当然也可以根据拨号盘的大小创建一个圆柱体，如图 9.40 所示，长按 按钮选择 ，切换一下物体的坐标，如图 9.40 所示。

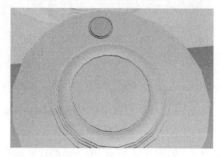
图 9.39

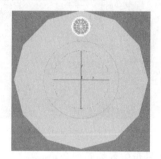
图 9.40

按住 Shift 键每隔 30° 旋转复制，复制数量为 11，如图 9.41 所示，最后将复制的模型全部附加在一起，如图 9.42 所示。

将按键按钮模型整体移动旋转调整到拨号盘上，如图 9.43 所示。

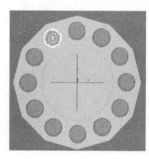
图 9.41

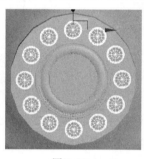
图 9.42

图 9.43

2. 话筒听筒模型制作

步骤 01 在 Extended Primitives ▼ 面板下单击 OilTank 按钮，在顶视图中创建一个和参考图听筒粗细均等的胶囊物体，如图 9.44 所示，将模型转换为可编辑的多边形物体，选择底部点并删除，如图 9.45 所示。

选择底部边界线，按住 Shift 键配合移动缩放工具挤出面调整至如图 9.46 所示形状，然后在物体表面加线切角，如图 9.47 所示。

选择切角位置的环形面，单击 Bevel 按钮后面的 图标，在弹出的"倒角"快捷参数面板中设置倒角参数将面向内倒角挤出，如图 9.48 所示。细分后的效果如图 9.49 所示。

图 9.44

图 9.45

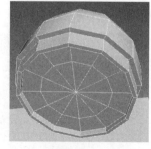
图 9.46

236

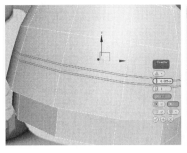
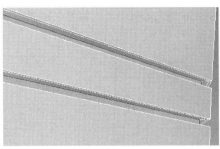

图 9.47　　　　　　　　　　　图 9.48　　　　　　　　　　　图 9.49

步骤 02　右击，选择 Cut 命令在顶部加线，然后选择图 9.50 中的面单击 Chamfer 按钮后面的 ▫ 图标，在弹出的"切角"快捷参数面板中设置切角的值将面向上倒角挤出，如图 9.51 所示。

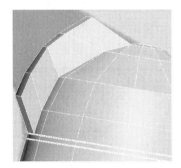

图 9.50　　　　　　　　　　　　　　　　图 9.51

倒角挤出调整至如图 9.52 所示。单击 镜像按钮沿着 X 轴方向镜像复制，如图 9.53 所示。

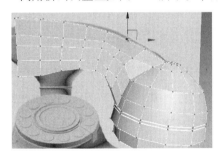
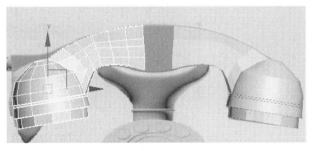

图 9.52　　　　　　　　　　　　　　　　图 9.53

步骤 03　删除复制物体顶端部分面，如图 9.54 所示，调整开口形状为长方形，如图 9.55 所示。

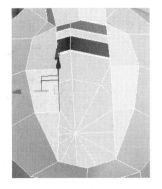

图 9.54　　　　　　　　　　　　图 9.55

选择开口边界线，按住 Shift 键向上挤出面，如图 9.56 所示。然后利用 Target Weld 、Cut 等工具切线、调整布线至如图 9.57 所示。

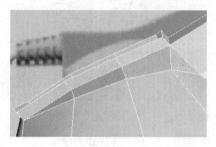
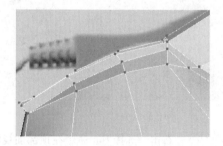

图 9.56　　　　　　　　　　　　　　图 9.57

调整好布线后选择顶端的边界线，单击 Cap 按钮将开口封闭，选择对应的点按 Ctrl+Shift+E 组合键加线调整，调整布线和形状至如图 9.58 所示。将听筒和话筒模型附加在一起后，选择两个边界线，如图 9.59 所示，然后按 "2" 键进入边级别，单击 Bridge 按钮生成中间的面，效果如图 9.60 所示。

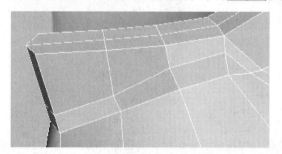
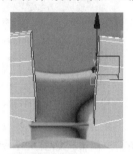

图 9.58　　　　　　　　　　　　　　图 9.59

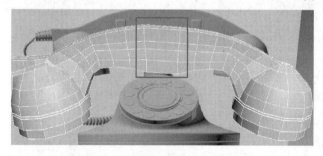

图 9.60

步骤 04 分别在顶端和话筒的弧形交界位置加线，如图 9.61 和图 9.62 中红色线条位置所示。加线后注意调整三角面的布线，如图 9.63 和图 9.64 所示。

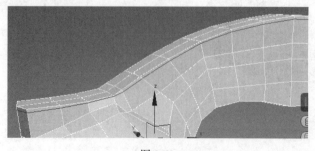

图 9.61

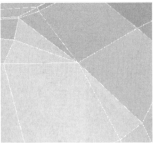

图 9.62　　　　　　　　　　图 9.63　　　　　　　　　　图 9.64

接下来，分别在底部边缘侧边边缘位置加线并调整布线，细分后效果如图 9.65 所示。然后选择对称中心位置线段用缩放工具缩放笔直，如图 9.66 所示。

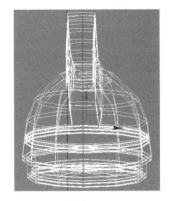

图 9.65　　　　　　　　　　　　　　　　图 9.66

删除一半模型如图 9.67 所示，单击 ☑ 按钮进入修改面板，单击"修改器列表"右侧的小三角按钮，在修改器下拉列表中添加 Symmetry（对称）修改器，单击 ⚙ ⊞ Symmetry 前面的+号然后单击 Mirror 进入镜像子级别，在视图中移动对称中心的位置，如果模型出现空白的情况，可以勾选"翻转"参数。镜像后细分效果如图 9.68 所示。

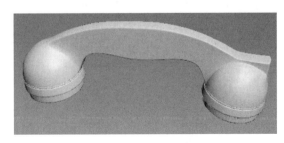

图 9.67　　　　　　　　　　　　图 9.68

3．电话线模型制作

步骤 01　单击 ⊙ 图形面板下的 Helix 按钮创建一个螺旋线，调整半径、高度、圈数（Turns）值如图 9.69 所示，在修改器下拉列表中添加 Bend 修改器，效果和参数如图 9.70 所示。

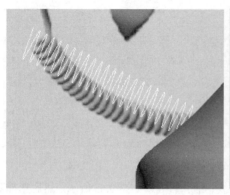

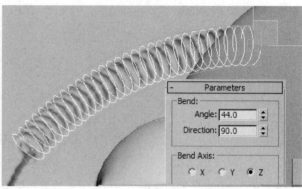

图 9.69   图 9.70

再次添加 Bend 修改器，设置参数如图 9.71 所示。将模型转换为可编辑的样条线，右击，选择 Refine 命令在线段的顶端位置加点，然后选择顶端的点移动调整至如图 9.72 所示。

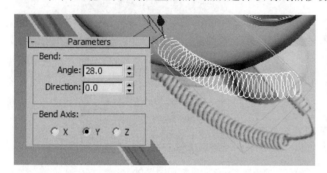

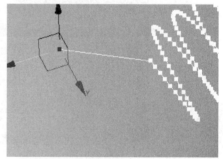

图 9.71   图 9.72

继续加点，将点设置为 Smooth 方式，调整位置如图 9.73 和图 9.74 所示。

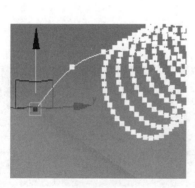

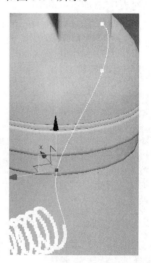

图 9.73   图 9.74

步骤 **02**   在听筒的底端位置创建一个圆柱体并将其转换为可编辑的多边形物体，删除顶端和底部的面，然后选择图 9.75 中的面向下倒角挤出设置，效果如图 9.76 所示。

选择开口边界线，按住 Shift 键向内缩放挤出面，如图 9.77 所示。

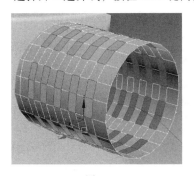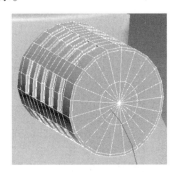

图 9.75　　　　　　　图 9.76　　　　　　　图 9.77

选择弹簧线，勾选 ☑ Enable In Renderer ☑ Enable In Viewport，设置 Thickness 为 0.5 cm，Sides 设置为 10，效果如图 9.78 所示。最后在电话和电话线交界位置创建一个如图 9.79 所示的物体。

至此，复古电话模型全部制作完成，整体效果如图 9.80 所示。

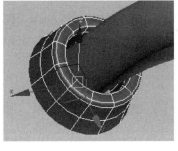

图 9.78　　　　　　　图 9.79　　　　　　　图 9.80

9.2　手机模型制作

1．前盖部分制作

步骤 01　单击 Customize 菜单选择 Units Setup...，在单位设置面板中设置单位为 mm，如图 9.81 所示。

图 9.81

在透视图中创建一个长、宽、高分别为 120.4 mm、61 mm、15.1 mm 的长方体，将模型转换为可编辑的多边形物体。由于该手机分为上下盖两部分，上盖部分大约占据 2/5，所以在高度上加线将其平均分为 5 部分，如图 9.82 所示，然后移除其他不需要的线段，如图 9.83 所示。

 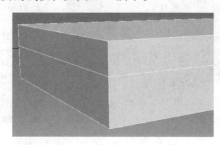

图 9.82   图 9.83

将该长方体复制，移除中间的线段，参考原物体的加线位置，调整高度，复制调整出上下两个物体。为了便于区分，单击修改面板右侧的颜色框，在弹出的颜色选择面板中选择另一种颜色，单击"确定"按钮，如图 9.84 所示。

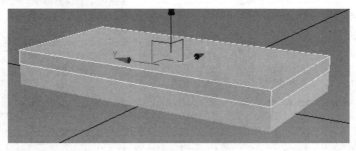

图 9.84

步骤 02 创建一个圆柱体，设置边数为 8，如图 9.85 所示。参考圆柱体点的位置，在手机模型上加线调整，如图 9.86 所示。然后用 Cut（剪切）工具在边缘位置加线，如图 9.87 所示。

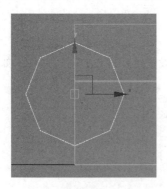 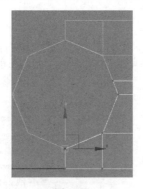 

图 9.85   图 9.86   图 9.87

调整手机边缘的线段向内移动，使其边缘调整出倾斜的圆角效果，如图 9.88 所示。

在透视图中按 Alt+B 组合键，打开背景视图设置面板，选择 Use Files，单击 Files... 按钮，打开一张手机参考图片，单击 OK 按钮。缩放视图使其模型和图片大小相匹配，如图 9.89 所示。单击左上角 "+" 在弹出的列表中选择 2D Pan Zoom Mode ，这样在缩放调整视图时图片也会一起调整大小（2D Pan Zoom Mode 只针对透视图有效，其他视图中无法使用该功能）。

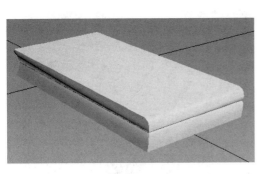

图 9.88　　　　　　　　　　　　图 9.89

　　按 Alt+X 组合键透明化显示模型，可以根据图片参考进行加线位置的移动调整等，如图 9.90 所示。按 Alt+B 组合键打开背景视图设置面板，单击 Remove 按钮将图片移除。

　　除此方法外，还可以创建一个面片物体，通过贴图的方法设置参考图片，如图 9.91 所示。

图 9.90　　　　　　　　　　　　图 9.91

　　步骤 03　调整底部其中一角的点，如图 9.92 所示，使拐角调整出圆滑的自然过渡效果，然后调整底部上下两端的点，调整出坡度效果，如图 9.93 所示。

　　选择图 9.94 中的面，单击 Chamfer 按钮后面的 ◻ 图标，在弹出的"切角"快捷参数面板中设置切角的值，先向下挤出倒角面，再向上挤出面，如图 9.95 所示。

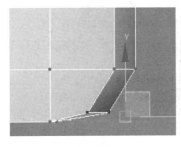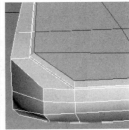

图 9.92　　　　　图 9.93　　　　　图 9.94　　　　　图 9.95

　　注意：当制作的模型太小时，放大某个区域进行观察调整时容易出现面的穿插镂空现象，调整观察起来造成视觉的困惑，比如当前场景中的模型大小，如图 9.96 所示。在通常情况下，制作模型时要至少占据栅格网格的三分之一大小以上才不容易出现问题，所以可以用缩放工具将场景模型整体等比例放大调整，如图 9.97 所示。

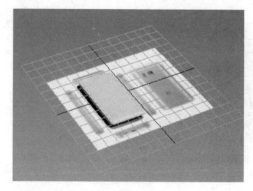

图 9.96   图 9.97

同样用倒角工具选择屏幕位置的面分别倒角，效果如图 9.98 所示。

 在手机顶端位置创建一个圆柱体并将其转换为可编辑的多边形物体，如图 9.99 所示。删除两端的面，然后选择边界线，按住 Shift 键向内挤出面调整至如图 9.100 所示。将拐角位置线段切角处理，细分后的效果如图 9.101 所示。

图 9.98   图 9.99

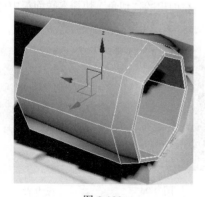

图 9.100   图 9.101

复制该物体到另一端，位置如图 9.102 所示，然后再创建一个圆柱体模型将顶端外轮廓线段切角处理，如图 9.103 所示。

图 9.102　　　　　　　　　　　　　　　　　图 9.103

单击 按钮进入修改面板，单击"修改器列表"右侧的小三角按钮，在修改器下拉列表中添加 Symmetry（对称）修改器，对称出另一半模型后塌陷，细分效果如图 9.104 所示。

图 9.104

步骤 05　单击 Line 按钮，创建一个如图 9.105 所示的样条线，设置 Steps: 1 值为 1，降低样条线分段数，然后单击 Outline 按钮向外挤出轮廓，如图 9.106 所示。

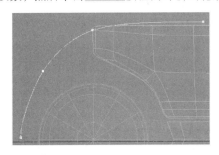

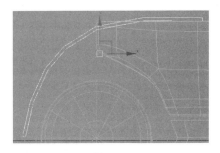

图 9.105　　　　　　　　　　　　　　　　　图 9.106

选择手机模型删除前端部分面，选择线段向下挤出面，如图 9.107 所示，单击 Target Weld 按钮将相邻的点与点焊接调整。

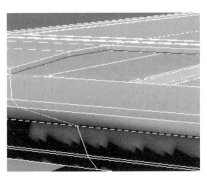

图 9.107

单击 Cap 按钮将边界封闭，在对应的点之间加线连接，如图 9.108 所示，选择拐角位置线段切线处理，如图 9.109 所示，然后用 Target Weld 工具将点焊接到下方的点上，如图 9.110 所示。

选择图 9.111 中的面向内倒角挤出，细分后的效果如图 9.112 所示。

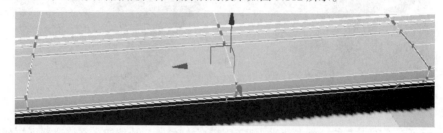

图 9.108

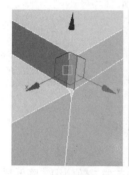  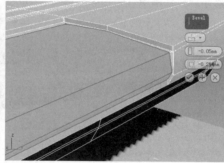 

图 9.109　　　　　　图 9.110　　　　　　　　　图 9.111　　　　　　　　　图 9.112

为创建的样条线添加 Extrude 修改器，设置挤出高度后的效果如图 9.113 所示。

利用这种方法制作的模型和连接杆的内部链接效果不美观，中间出现了镂空效果，所以暂时将该模型删除。选择旋转轴物体，按 Alt+Q 组合键孤立化显示，删除另一半，如图 9.114 所示。选择图 9.115 中的面，单击 Bevel 按钮后面的 □ 图标，在弹出的"倒角"快捷参数面板中设置倒角参数将面向外倒角挤出，效果如图 9.115 所示。然后单击 Target Weld，将挤出的面底部的点焊接起来，如图 9.116 所示。

  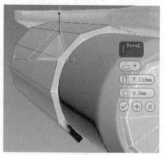 

图 9.113　　　　　　　图 9.114　　　　　　　　图 9.115　　　　　　　　图 9.116

选择图 9.117 顶部的点用缩放工具沿着 Z 轴缩放调整后加线，选择图 9.118 的面并将其删除。

删除面后，选择左右两侧相对应的线段，如图 9.119 中的面，单击 Bridge 按钮桥接出中间的面，依此类推，桥接后的效果如图 9.120 所示。

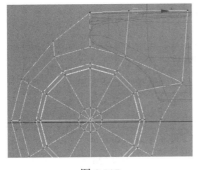

图 9.117

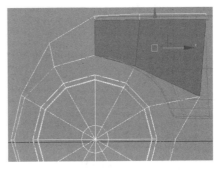

图 9.118

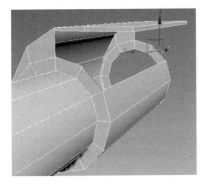

图 9.119

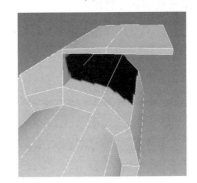

图 9.120

　　继续加线调整，注意将拐角位置的点（如图 9.121 中的点）向内移动调整出圆角效果。然后选择内侧拐角位置线段切线，如图 9.122 和图 9.123 所示。

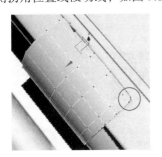

图 9.121

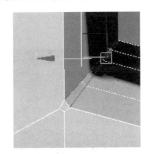

图 9.122

图 9.123

　　在厚度上下边缘位置加线，如图 9.124 所示。

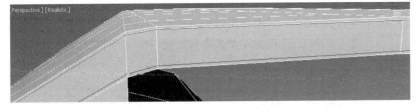

图 9.124

　　删除对称中心位置所有的面，按 Ctrl+Q 组合键细分该模型，效果如图 9.125 所示。单击 按钮进入修改面板，单击"修改器列表"右侧的小三角按钮，在修改器下拉列表中添加 Symmetry（对称）修改器，对称出另一半模型。细分后的整体效果如图 9.126 所示。

图 9.125

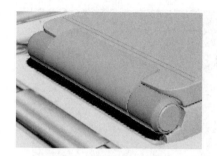

图 9.126

2. 手机底部部分制作

步骤 01 选择图 9.127 和图 9.128 中的线段，单击 Chamfer 按钮后面的 ▫ 图标，设置切角值。

图 9.127

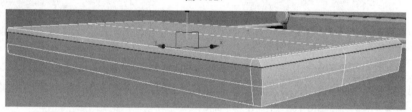

图 9.128

将图 9.129 中底部一圈的线段也做切角处理。

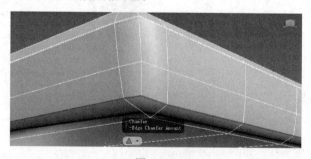

图 9.129

删除模型另一半，细分效果如图 9.130 所示。

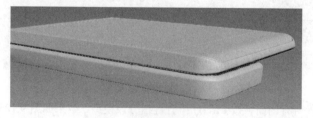

图 9.130

加线后选择背部（见图 9.131 中）的面，单击 Bevel 按钮后面的 ▫ 图标，在弹出的"倒角"快捷参数面板中设置倒角参数，先将面向内再向上倒角挤出，按 Ctrl+Q 组合键细分该模型，效果如图 9.132 所示。细分后顶端两角圆角过大，所以在图 9.133 中的位置加线后将线段切角设置。

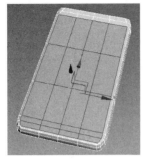

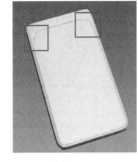

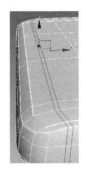

图 9.131　　　　　　　　　　图 9.132　　　　　　　　　　图 9.133

步骤 02　摄像头的制作。在图 9.134 和图 9.135 中的位置加线和切线设置。

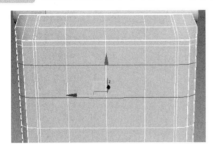

图 9.134　　　　　　　　　　　　　　　图 9.135

选择图 9.136 中红色线框内的面倒角设置，效果如图 9.137 所示。

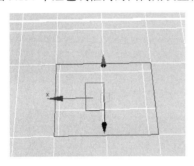

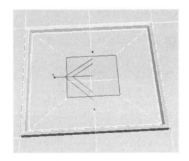

图 9.136　　　　　　　　　　　　　　　图 9.137

单击 Modeling |Loops| 🛠，打开 Loop Tools 面板，单击 Relax 按钮，将图 9.138 中的方形线段处理为类似圆形线段。

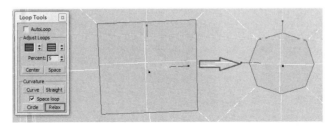

图 9.138

选择中间的圆形面倒角挤出，效果如图 9.139 所示，细分后摄像头整体效果如图 9.140 所示。

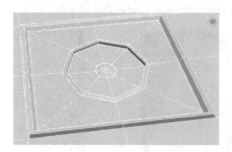

图 9.139　　　　　　　　　　　　　　图 9.140

步骤 03 用同样的方法选择图 9.141 闪光灯位置的面做倒角设置，效果如图 9.142 所示。

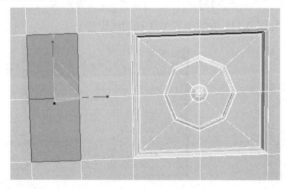

图 9.141　　　　　　　　　　　　　　图 9.142

选择图 9.143 中的线段，单击 Chamfer 按钮后面的 ■ 图标，在弹出的"切角"快捷参数面板中设置切角的值将线段切角，如图 9.144 所示。

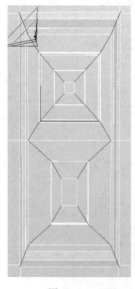

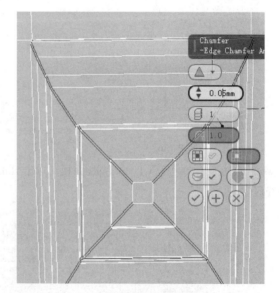

图 9.143　　　　　　　　　　　　　　图 9.144

用同样的方法将摄像头拐角位置线段也切角，如图 9.145 所示。用 Target Weld 目标焊接工具和 Cut 工具调整布线，如图 9.146 所示。

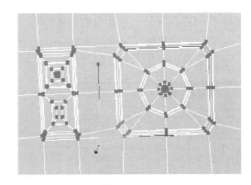

图 9.145　　　　　　　　　　　　　　　　　　　图 9.146

步骤 04 旋转轴与手机部位连接部分制作。将图 9.147 中的面向外倒角挤出，然后用 Bridge 工具桥接出对应的面，如图 9.148 所示。

将旋转轴向右移动，如图 9.149 所示，细分后的效果如图 9.150 所示。

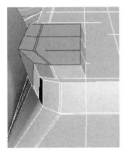 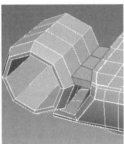 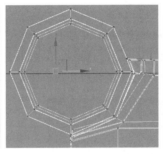 

图 9.147　　　　　　　图 9.148　　　　　　　图 9.149　　　　　　　图 9.150

同时注意将图 9.151 红色线框内的面向下挤出调整，用目标焊接工具与旁边的点焊接调整布线。

图 9.151

步骤 05 侧边按钮的制作。首先在按钮的位置加线调整，确定好位置后选择对应的面并删除，如图 9.152 所示，选择边界线先向内再向外挤出面，如图 9.153 所示。

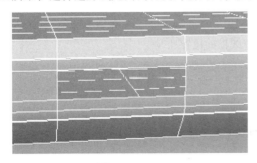 

图 9.152　　　　　　　　　　　　　　　　　图 9.153

单击 Cap 按钮将其封口，并在内侧位置加线，如图 9.154 所示。用同样的方法在另一侧也做同样的处理制作出音量增减按键，如果在环形线段上加线影响到了背部的摄像头位置，可以选择四角线段切角设置，如图 9.155 所示。

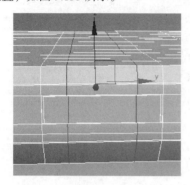

图 9.154

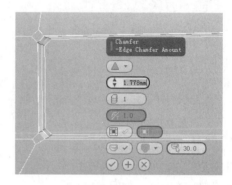

图 9.155

按键的细分效果如图 9.156 所示。

步骤 06 数据线结构和扬声器口的制作。选择底部数据线位置的面删除，然后选择两侧的点用缩放工具向内缩放，如图 9.157 所示。选择边界线，按住 Shift 键向内挤出面后单击 Cap 按钮封口处理，如图 9.158 所示。最后将拐角位置的线段切角，如图 9.159 所示。

图 9.156

图 9.157

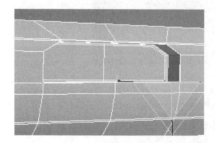

图 9.158

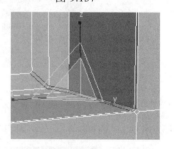

图 9.159

扬声器开口圆孔的制作。在图 9.160 中红色线框的位置加线。

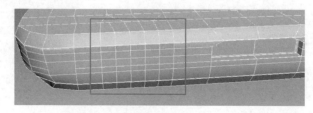

图 9.160

选择中间的点，单击 Chamfer 按钮后面的 ▢ 图标，设置切角大小，效果如图 9.161 所示。

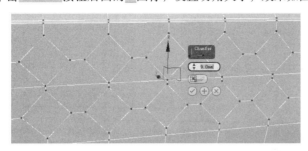

图 9.161

选择切角位置的面，单击 Extrude 按钮后面的 ▢ 图标，在弹出的 Extrude 快捷参数面板中设置挤出值将面向内连续挤出，如图 9.162 所示。按 Ctrl+Q 组合键细分该模型，效果如图 9.163 所示。

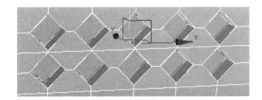

图 9.162

图 9.163

用同样的方法将图 9.164 中的 mac 圆孔制作出来。

图 9.164

3. 按键的制作

步骤 01 由于底部手机表面布线较密，可以将多余的点焊接，如图 9.165 所示。然后选择图 9.166 中的面做连续倒角设置，边缘线段切角后细分效果如图 9.167 所示。

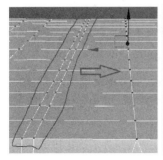

图 9.165

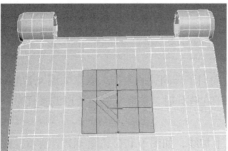

图 9.166

图 9.167

将图 9.168 和图 9.169 中的线段切角。

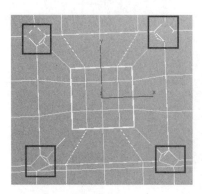

图 9.168

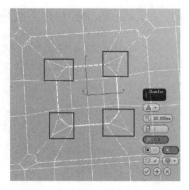

图 9.169

用点的目标焊接、剪切等工具加线并调整布线，如图 9.170 所示，细分后的效果如图 9.171 所示。

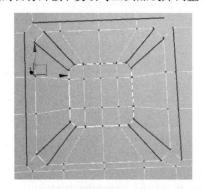

图 9.170

图 9.171

步骤 02 在图 9.172 中的位置创建一个长方体模型，单击 Tools | Array... 阵列工具，沿着 X 轴方向向右阵列复制，效果和参数如图 9.173 所示。

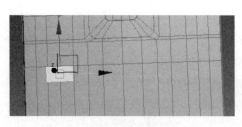

图 9.172

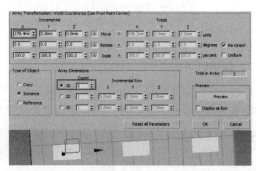

图 9.173

用同样的方法沿着 Y 轴方向向下阵列关联复制，效果如图 9.174 所示，此时长方体大小不合适，调整长方体的长、宽参数，由于在阵列时是关联复制，所以调整任意一个参数，其他物体也会随之跟随变化，如图 9.175 所示。

根据长方体的位置在手机上加线，如图 9.176 和图 9.177 所示。此处加线是为了确定按键方格大小和位置。

选择图 9.178 中的面先向下再向上倒角挤出面，细分后的效果如图 9.179 所示。

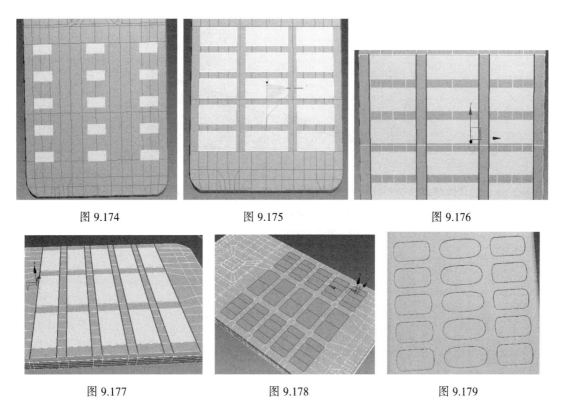

图 9.174	图 9.175	图 9.176

图 9.177　　　　　　图 9.178　　　　　　图 9.179

　　细分后的按钮有的方有的圆，在图 9.180 和图 9.181 中的位置分别加线约束调整。此处加线是为了约束按键细分后四角的圆角大小。

　　按 Ctrl+Q 组合键细分该模型，效果如图 9.182 所示。

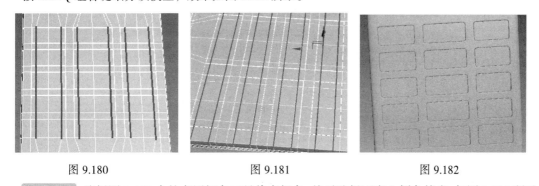

图 9.180　　　　　　图 9.181　　　　　　图 9.182

步骤 03 选择图 9.183 中的点用切角工具将点切角，然后选择面向上倒角挤出，如图 9.184 所示。

图 9.183　　　　　　　　　　　　图 9.184

细分后的效果如图 9.185 所示。

图 9.185

步骤 04 选择翻盖模型和旋转轴物体，选择 Tools | Groups 命令设置一个组，单击 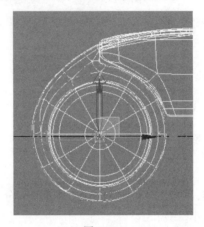 Affect Pivot Only 按钮，将设置的组的轴心移动到旋转轴心上，如图 9.186 所示。

图 9.186

将手机翻盖部分旋转 180° 调整，如图 9.187 所示。这样调整是为了制作内屏上的一些细节。

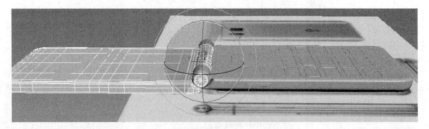

图 9.187

选择图 9.188 中的面向内倒角挤出，如图 9.189 所示。

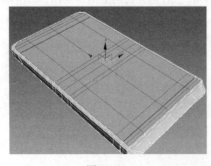

图 9.188

图 9.189

步骤 05 制作出前置摄像头和听筒细节。在制作时，首先要确定好它们的位置，然后在相应的位置加线，选择对应的面用倒角工具挤出面调整所需形状即可，如图 9.190 和图 9.191 所示。

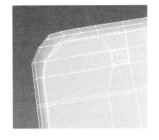

图 9.190

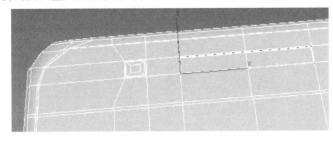

图 9.191

将拐角位置线段切角，然后在内侧位置加线约束，如图 9.192 所示。调整好后的细分效果如图 9.193 所示。

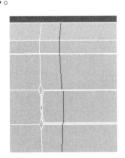

图 9.192

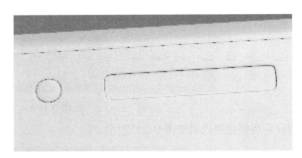

图 9.193

选择图 9.194 中的面，按住 Shift 键向上移动复制面，在弹出的 Clone Part of Mesh 面板中选择 Clone To Object，选择复制处的面向上倒角挤出，然后加线调整，如图 9.195 所示。

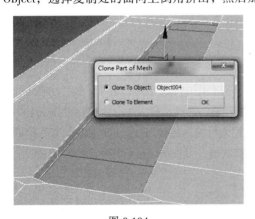

图 9.194

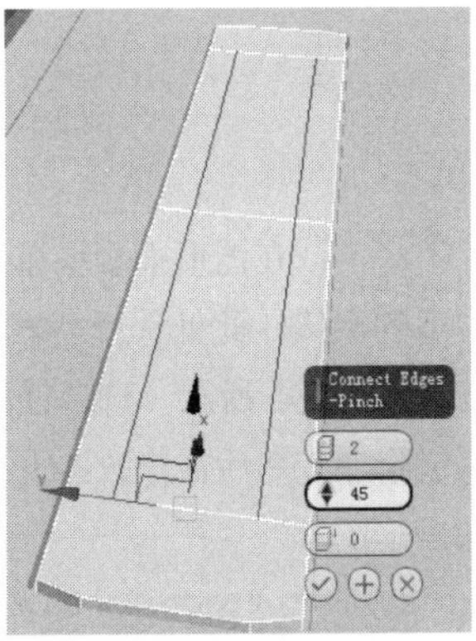

图 9.195

在该物体上加线调整，如图 9.196 所示。

图 9.196

选择中间的点（见图 9.197），单击 Chamfer 按钮后面的 □ 图标，在弹出的"切角"快捷参数面板中设置切角的值将点切角设置，如图 9.198 所示。

图 9.197   图 9.198

此处点的切角不是一个正方向形状，可以用缩放工具缩放调整，如图 9.199 所示。

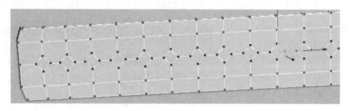

图 9.199

细分后调整比例效果如图 9.200 所示。

图 9.200

步骤 06 在图形面板中单击 Text 按钮，输入数字，在视图中单击创建出数字，然后在修改面板中选择合适的字体，此处选择 IrisUPC ▼ 字体较为合适，通过这种方法分别在每个按键上创建出数字，如图 9.201 所示。选择任意一个数字，将模型转换为可编辑的样条线，单击 Attach 按钮拾取其他数字完成附加，然后在修改器下拉列表中添加 Extrude 修改器，设置高度值后移动到按键的表面上，如图 9.202 所示。

图 9.201   图 9.202

用同样的方法创建出按键上的符号和字母等。由于一些符号输入法无法直接输入，需要手动创建样条线调整出形状然后再挤出，最后的挤出效果如图 9.203 所示。

图 9.204 所示中的创建方法也一样，都是手动创建样条线细致调整出来的。

图 9.203

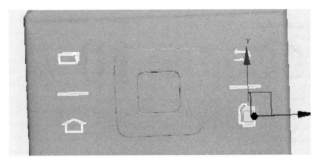

图 9.204

至此为止手机模型全部制作完成，最后将翻盖模型适当旋转一定角度，整体效果如图 9.205 所示。

图 9.205

第 10 章　家电类产品设计

家用电器主要是指在家庭及类似场所中使用的各种电器和电子器具。家用电器使人们从繁重、琐碎、费时的家务劳动中解放出来，为人类创造了更为舒适优美、更有利于身心健康的生活和工作环境，提供了丰富多彩的文化娱乐条件，已成为现代家庭生活的必需品。常见的家电有冰箱、空调、电视机、洗衣机等。

10.1　家庭音响的模型制作

步骤 01　在 ✳ 面板下的 ↻ 中单击 Rectangle 按钮，在视图中绘制一个矩形，将矩形转换为可编辑的样条曲线，进入点级别，在参数中单击 Fillet 按钮，将图中的点做圆角处理，如图 10.1 所示。

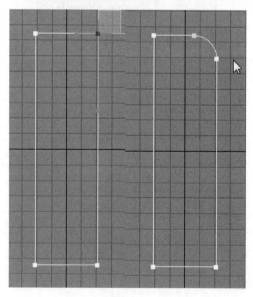

图 10.1

在修改器下拉列表中添加 Extrude（挤出）修改器，设置挤出的厚度值为 –203.2 mm，如图 10.2 所示。

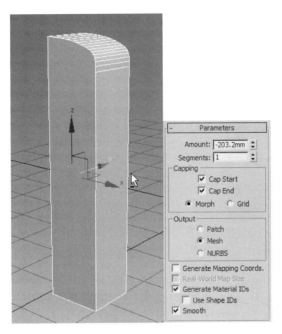

图 10.2

　　将该物体转换为可编辑的多边形物体，选择左、右侧面的边线，单击 Chamfer 后面的 按钮，先将倒角值设置为 4.0 mm，单击 按钮，然后再将切角值设置为 1.27 mm，这样就实现了边线的连续切角设置，如图 10.3 所示。

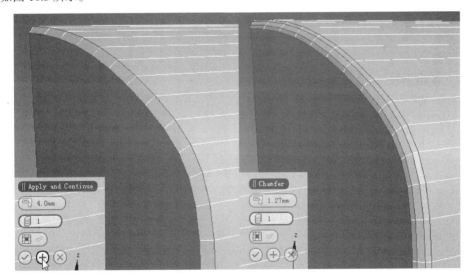

图 10.3

　　这里边缘的弧度是通过切角的方式实现的，前面我们也介绍到了其他的方法，比如可以通过放样的方法和超级倒角的方法来实现。通过倒角的方法制作边缘弧度后可以发现模型的面会出现不光滑的现象，所以这里要选择所有的面，在参数面板中单击 Auto Smooth（自动光滑）按钮，效果就会得到明显改善，如图 10.4 所示。

　　步骤 02 在"创建"面板下的 面板下创建一个圆柱体，然后在 面板下单击 Rectangle 按钮，在视图中创建一个矩形框，将参数中的 Corner Radius（角度半径）值设置在 44 mm 左右，如图 10.5 所示。

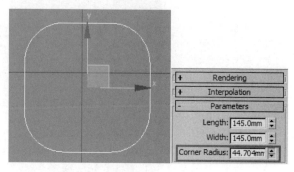

图 10.4　　　　　　　　　　　　　图 10.5

将该物体转换为可编辑的样条曲线，选择上方的点适当地向上移动调整；选择圆柱体和该样条线，单击 按钮沿着 Y 轴对称复制，将圆柱体的半径值调小一些；然后选择样条线，在修改器下拉列表中添加 Extrude 修改器；最后将这 4 个模型移动嵌入到音响的模型当中；在 ◎ 面板下的 Compound Objects ▼ 下单击 ProBoolean（超级布尔运算），再单击 Start Picking 按钮依次拾取这 4 个模型来完成模型之间的布尔运算，如图 10.6 所示。

将该物体转换为可编辑的多边形物体，进入面级别，选择图 10.7 所示的面依次删除。

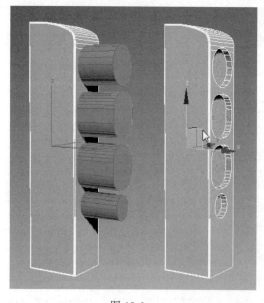

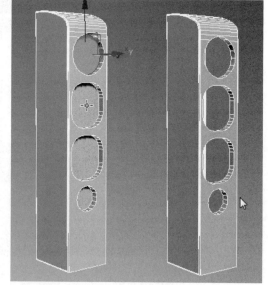

图 10.6　　　　　　　　　　　　　图 10.7

步骤 03 单击 Tube （圆管）按钮在洞口的位置创建圆管物体，如图 10.8 所示。

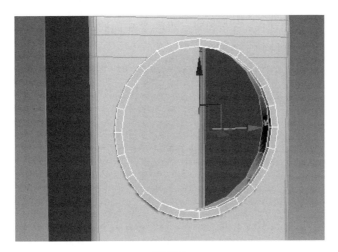

图 10.8

以圆管物体内环大小为依据，再创建一个圆柱体，单击 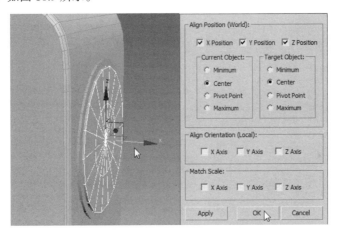（对齐）按钮，将圆柱体和圆管物体以中心位置进行对齐，如图 10.9 所示。

图 10.9

将圆柱体转换为可编辑的多边形物体，调整点至图 10.10 所示的形状。

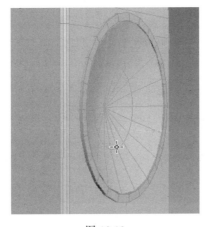

图 10.10

框选中心处的两个点,单击 Chamfer 按钮将点切角,将中间的面删除,然后再选择边界线段用 Bridge (桥) 工具连接出面,如图 10.11 所示。

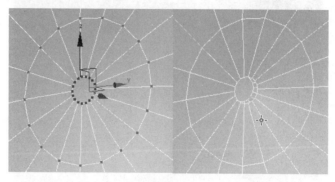

图 10.11

步骤 04 在 ◯ (创建) 面板下的 Extended Primitives (扩展几何体) 中单击 OilTank 按钮,在视图中创建一个胶囊,将该物体转换为可编辑的多边形物体,删除一半的点并选择边界线段,按住 Shift 键移动挤出面并调整,如图 10.12 所示。

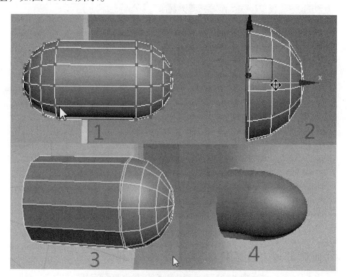

图 10.12

步骤 05 在视图中创建矩形,调整角度半径值至如图 10.13 (中) 所示,然后再创建一个圆形,如图 10.13 (右) 所示。

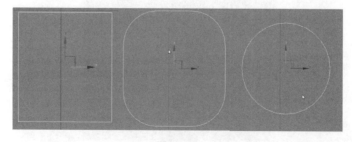

图 10.13

选择两者之中的任意一条样条线转换为可编辑的样条曲线，单击 `Attach` 按钮，拾取另外一条完成它们之间的附加，然后在修改器下拉列表中添加 Extrude 修改器，挤出高度设置为 12.7 mm，效果如图 10.14 所示。

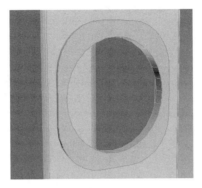

图 10.14

步骤 06　创建一个圆柱体，将该物体转换为可编辑的多边形物体，删除正面和底部的面，只保留侧面，然后选择边界线段挤出所需的形状，如图 10.15 所示。

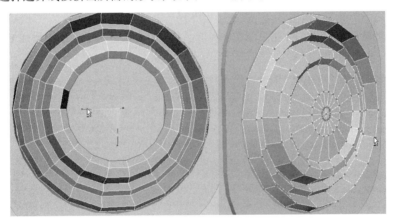

图 10.15

选择环形线段，将它们做切角处理，细分之后的效果如图 10.16 所示。

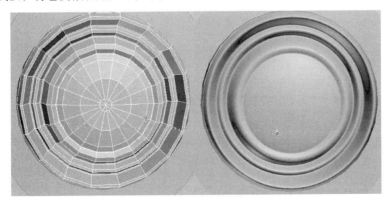

图 10.16

步骤 07 在视图中创建圆形线，然后复制出剩余的圆，如图 10.17 所示。

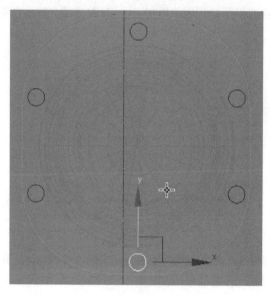

图 10.17

将圆和外部的轮廓线用 Attach 工具附加在一起，然后在修改器下拉列表中添加 Extrude 修改器，如图 10.18 所示。

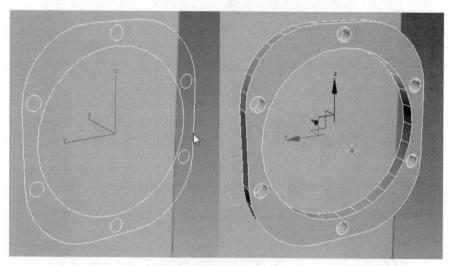

图 10.18

在圆孔的位置创建球体，为了节省面数，将球体转换为可编辑的多边形物体，然后删除一半的点，移动到圆孔内部并将剩余的也复制出来。

步骤 08 调整好之后将这些物体群组，整体向下再复制一个，然后在底部的洞口处再创建一个圆环物体，同样转换为可编辑的多边形物体之后删掉一半的点，选择内部的边界向内挤出面，效果如图 10.19 所示。

图 10.19

步骤 09　在视图中创建一个圆柱体，将半径设置为 4.6 mm，边数设置为 10，并转换为可编辑的多边形物体，按照图 10.20 所示的步骤进行形状的调整。

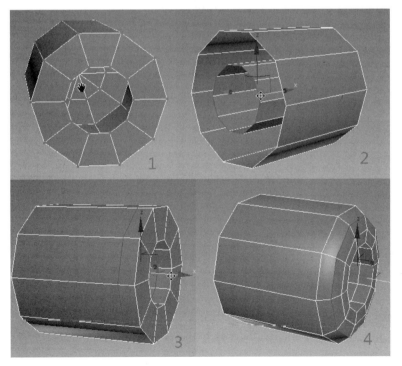

图 10.20

将该模型复制调整到音箱的顶部及两侧，如图 10.21 所示。

图 10.21

步骤 **10** 在音箱的顶部创建 Box 物体,然后进行可编辑的多边形修改,如图 10.22 所示。

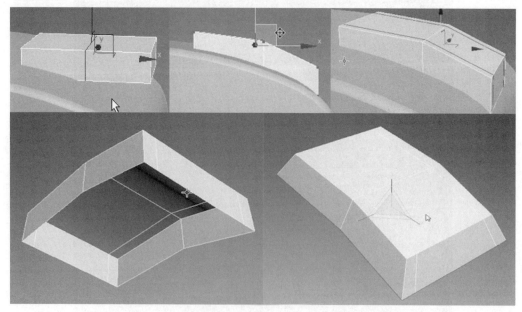

图 10.22

选择顶部的两个面,向上挤出,然后调整点至图 10.23(左)所示的形状,然后在前端的部位加线调整至图 10.23(右)所示。

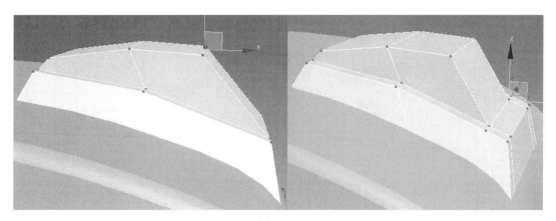

图 10.23

此处的调整比较复杂一些，这就要求我们对模型的轮廓一定要清晰，要知道这些形状如果通过模型的布线调整来表达，方法多种多样，布线的调整也是千变万化。学习模型的制作并不能完全按照书中的步骤来制作，如果你达到了脱离书本、脱离视频就能自己制作出所需的模型，那么恭喜你，你已经离成功不远了。

刚才说了一些题外话，言归正传，注意这个地方的调整先将右上方的面删除，然后选择边界向内挤出，加线如图 10.24 所示。

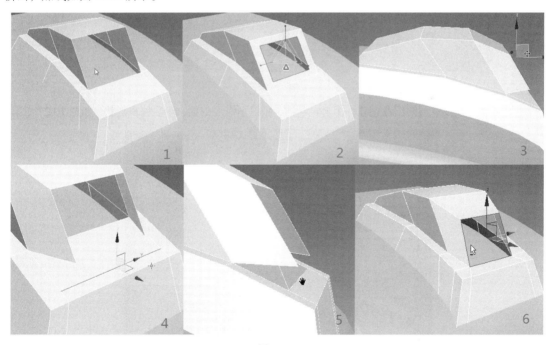

图 10.24

将该部分调整至如图 10.25（左）所示的形状，细分之后的效果如图 10.25（右）所示。

将开口处封闭起来，内侧需要的话要通过加线来处理，最后再细致调整整体的形状，将细分级别设置为 2 级，效果如图 10.26 所示。

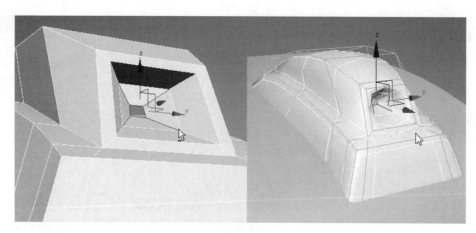

图 10.25

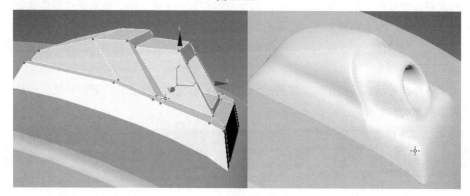

图 10.26

步骤 11 在该模型的位置创建一个 Box 物体，删除不需要的面，然后编辑形状，如图 10.27 所示。

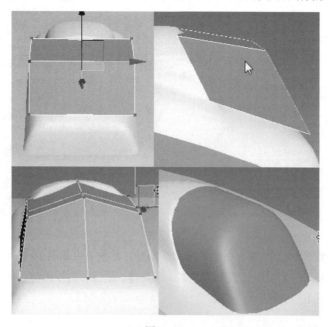

图 10.27

　　按下 M 键打开材质编辑器，选择一个默认的材质球赋予该模型，将 Opacity（不透明度）值设置为 50，此时模型会变成半透明的效果，如图 10.28 所示。

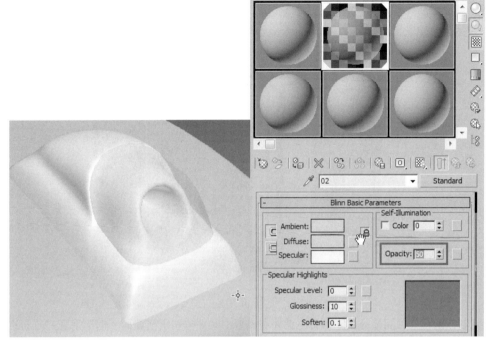

图 10.28

步骤 12　创建一个球体并转换为可编辑的多边形物体，删除一半的点，用缩放工具将剩余的部分适当缩放，然后调整到透明罩的内部，如图 10.29 所示。

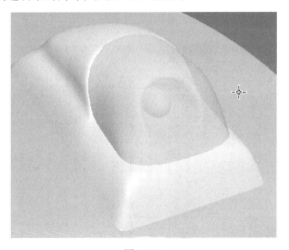

图 10.29

步骤 13　将音箱的主体部分复制一个，接下来的工作就直接在原有模型的基础上来调整。首先来看一下图片，经过观察发现，右侧的小音箱和左侧的音箱基本上很相似，删除中间的部分即可，如图 10.30 所示。

图 10.30

　　要将制作的模型中间部分删除，首先就要在模型中间部位切出横截面，框选垂直方向上的线段，按 Ctrl+Shift+E 组合键加线，用缩放工具将横截面线段调整到一个平面内。另外还有一个更加快捷的方法：在石墨工具下单击▉按钮，然后在前视图中在所需要的地方单击即可完成切线操作。除了这两种方法外，还有一种方法，那就是切片平面工具。单击 Slice Plane 按钮，视图中就会出现一个剖面平面，将该平面旋转调整一下，移动到需要切面的地方单击 Slice 按钮即可完成切线处理，如图 10.31 所示。

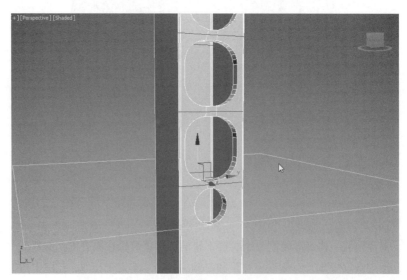

图 10.31

　　切线完成之后，选择不需要的面并删除，然后将它们之间的距离移动调整一下，如图 10.32 所示。

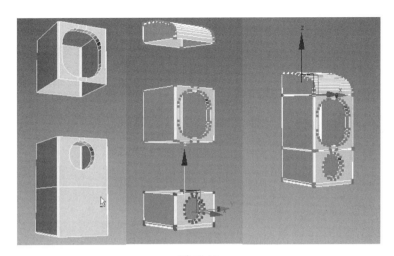

图 10.32

中间断开的部分如何处理呢？第一种方法是在点级别下用目标焊接工具逐步将点焊接在一起；第二种较为简便快捷的方法就是选择上下两条边界线段，单击 Bridge（桥）按钮，中间就会自动连接出新的面，但是这种方法不能保证它们之间的线段正常连接，如图 10.33 所示。

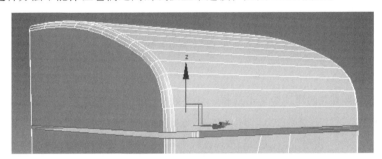

图 10.33

用同样的方法将下面开口处也连接起来，最后再将模型的布线细致地调整一下，最后的效果如图 10.34 所示。

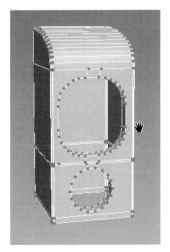
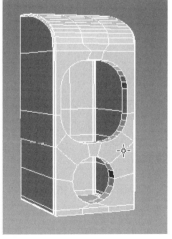

图 10.34

最后将开始制作的音箱上的部件复制一份调整到右侧的音箱上，效果如图 10.35 所示。

步骤 14 在视图中创建一个矩形线框，将该物体转换为可编辑的样条曲线，进入点级别，单击 Fillet 按钮将左侧的两个点圆角化处理，然后添加 Extrude 修改器挤出高度，再对称复制一个，效果如图 10.36 所示。

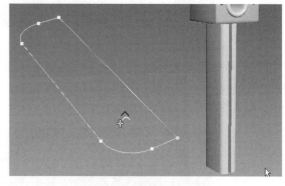

图 10.35   图 10.36

步骤 15 在顶视图中创建 3 个矩形线框，调整好大小后旋转调整位置，如图 10.37 所示。

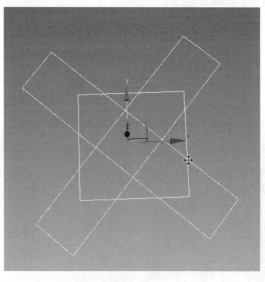

图 10.37

选择其中的任意一个矩形，将该物体转换为可编辑的样条曲线，单击 Attach 按钮拾取另外两个矩形完成附加。按 3 键进入 Spline 级别，选择一个矩形，单击 Boolean 按钮，布尔运算方式选择 ⊘，然后依次拾取其他两个矩形来完成布尔运算，如图 10.38 所示。

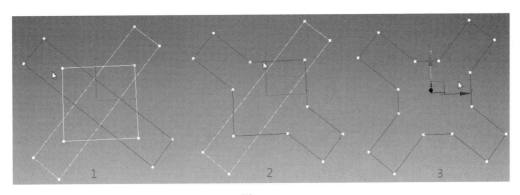

图 10.38

单击 Fillet 按钮将图 10.39 所示的点圆角化处理。

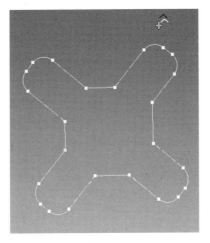

图 10.39

在四角的位置继续创建几个圆形，然后单击 Attach 按钮将它们进行焊接，如图 10.40 所示。

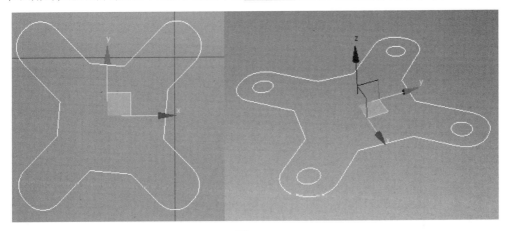

图 10.40

在修改器下拉列表中添加 Extrude 修改器，设置挤出的高度值为 15 mm，并将其移动到音箱的支撑架底部，如图 10.41 所示。

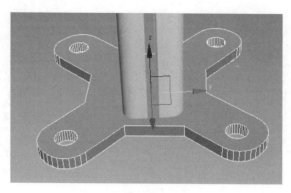

图 10.41

步骤 16 在视图中创建一个倒角的 Box 物体，设置长、宽、高均为 350 mm，将音箱上的部件直接复制调整，如图 10.42 所示。

图 10.42

步骤 17 将之前复制调整的音箱主体部分再复制一个，和之前的方法一样删除中间的部分面调整至如图 10.43 所示。

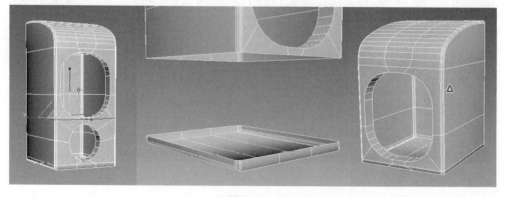

图 10.43

删除两侧的面，选择边界线段进行挤出面操作，然后将开口封闭并将边缘的线段倒角，如图 10.44 所示。

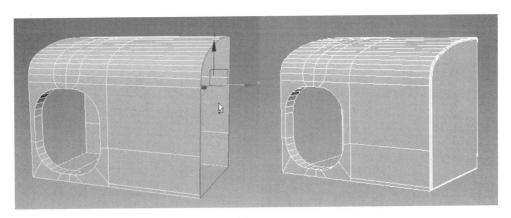

图 10.44

将洞口处对称的一半模型删除,然后在修改器下拉列表中添加 Symmetry 修改器对称出另外一半模型, 如图 10.45 所示。

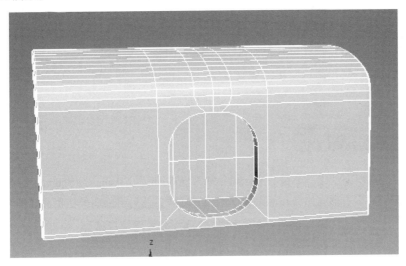

图 10.45

将之前制作好的其他部件复制调整到合适的位置, 如图 10.46 所示。

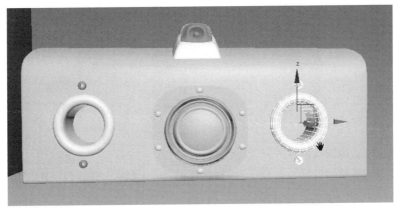

图 10.46

到此为止，模型就全部制作完成了，按下 M 键打开材质编辑器，赋予场景中所有模型一个默认的材质球，最终的效果如图 10.47 所示。

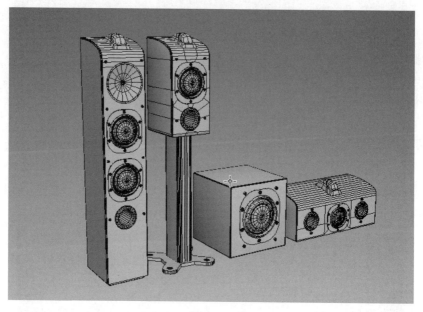

图 10.47

10.2　冰箱模型的制作

步骤 01　在视图中创建一个长、宽、高分别为 565 mm、600 mm、1 750 mm 的 Box 物体，将该物体转换为可编辑的多边形物体，在靠近顶部的位置加线，然后将面向外挤出，如图 10.48 所示。

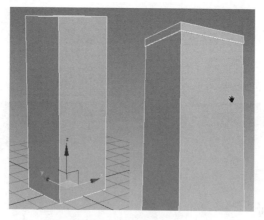

图 10.48

分别在棱角面的边缘加线，如图 10.49 所示。

在冰箱长度的边缘位置继续加线调整，然后选择正面的面删除，并将开口处的边界线段向后移动挤出面，如图 10.50 所示。

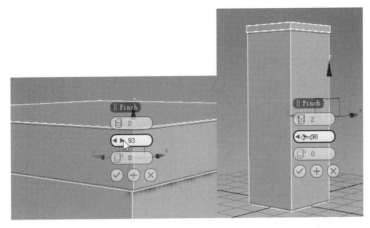

图 10.49

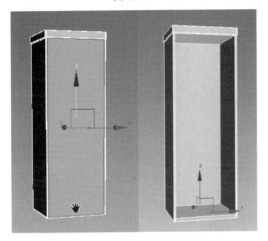

图 10.50

步骤 02　在冰箱门的顶部位置创建一个面片，加线，然后选择两端的线段向下挤出面，配合 Bridge 工具制作出它的框架，然后将该面片向内挤出厚度，如图 10.51 所示。

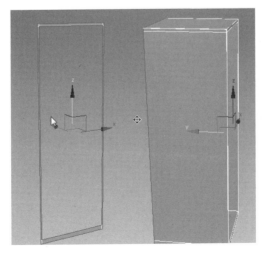

图 10.51

在棱角处加线调整，这里不再赘述。

然后在中间位置添加两个分段，选择相对应的面，单击 Bridge 按钮"桥接"出面，如图 10.52 所示。

图 10.52

步骤 03 制作出内部的隔层：隔层的制作更简单，只需创建一些倒角的 Box 物体复制调整即可，如图 10.53 所示。

创建 Box 物体并将其转换为可编辑的多边形物体，删除上部的面，将底面适当缩放，这样就制作出了储物仓，如图 10.54 所示。

图 10.53

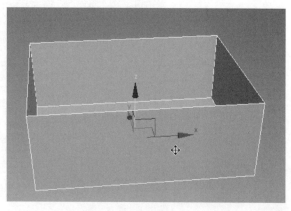

图 10.54

　　我们知道任何物体都是有厚度的，所以这里也需要将模型调整出厚度。在修改器下拉列表中添加 Shell（壳）修改器，设置厚度值为 20 mm，将物体塌陷，然后创建修改出图 10.55（上）所示红色物体的 Box 模型，用前面介绍的超级布尔运算方法布尔运算出图 10.55（下）所示的模型。

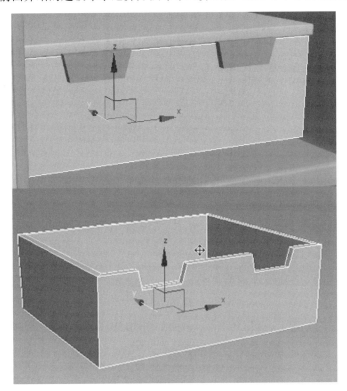

图 10.55

　　手动调整模型布线。这里虽然一笔带过了，但是要注意的细节还是非常多的，比如线段该如何加、面该如何切割、点与点之间的连接问题，以及边缘棱角的光滑处理等，这些问题只有在练习中才能摸索出解决方法。最后细分之后的效果如图 10.56 所示，可以看出效果美观了很多。

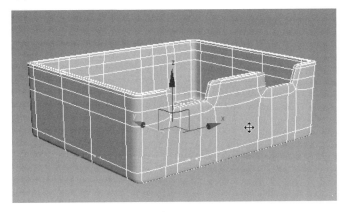

图 10.56

步骤 04 将上部的隔断挡板和储物仓模型复制修改并调整出下部的模型，如图 10.57 所示。

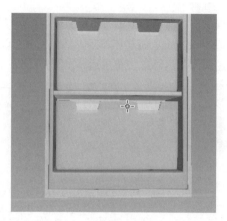

图 10.57

步骤 05 在 面板下单击 Rectangle 按钮创建一个矩形，将其转换为可编辑的样条曲线，然后调整样条线的形状至如图 10.58 所示。

图 10.58

在修改器下拉列表中添加 Extrude 修改器，效果如图 10.59 所示。

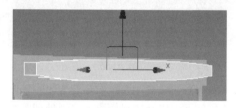

图 10.59

步骤 06 冰箱门的制作：在视图中创建一个 Box 物体，将该物体转换为可编辑的多边形物体，在宽度和高度上加线调整，如图 10.60 所示。

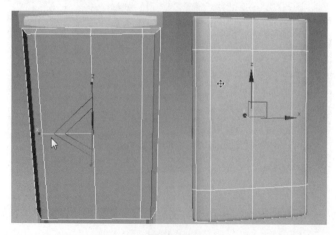

图 10.60

在该物体的内侧创建一个 Box 物体并将其转换为可编辑的多边形物体，然后将面向内挤出调整，同时在边缘位置加线，如图 10.61 所示。

在 ⊞ 面板下单击 Affect Pivot Only，将冰箱门的轴心移动到门的右侧，如图 10.62 所示，这样在旋转该模型时就会以右边缘的轴心位置进行旋转。

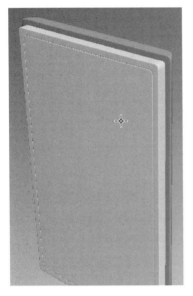

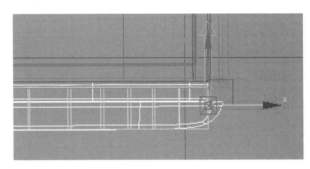

图 10.61　　　　　　　　　　　　　　　　图 10.62

在冰箱门的内侧继续创建 Box 物体并对其进行可编辑多边形物体的编辑操作，如图 10.63 所示。

图 10.63

步骤 07 创建门内侧的储物栏：方法很简单，首先创建一个 Box 物体，然后按照图 10.64 所示的步骤调整出形状即可。

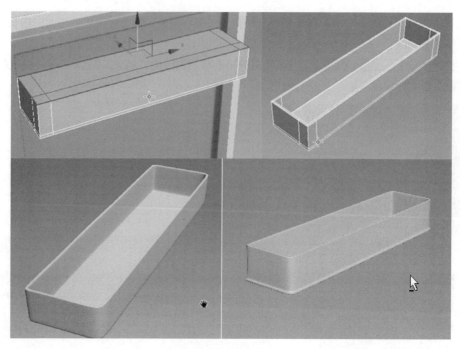

图 10.64

步骤 08 将剩余的储物栏和下部的门模型复制调整出来，如图 10.65 所示。

步骤 09 主要部件制作好之后，接下来制作出内部的一些小物品。先在冰箱内的储物栏中创建一个如图 10.66 所示的模型。

图 10.65

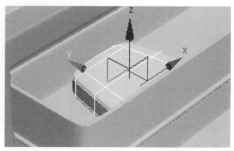

图 10.66

在 面板下单击 Egg 按钮，在视图中创建一条鸡蛋形状的样条线，将其转换为可编辑的样条曲线，删除内侧的线段，然后在修改器下拉列表中添加 Lathe 修改器，此时二维曲线会生成三维模型。如果对模型的形状不满意，还可以通过调整样条线来控制修改模型的效果。鸡蛋制作好之后，复制调整出其他物体，用超级布尔运算工具将鸡蛋和下面的模型进行布尔运算。注意在拾取模型进行超级布尔运算之前，将参数设置为 Copy 的方式，这样在完成布尔运算的同时又保留了鸡蛋模型，如图 10.67 所示。

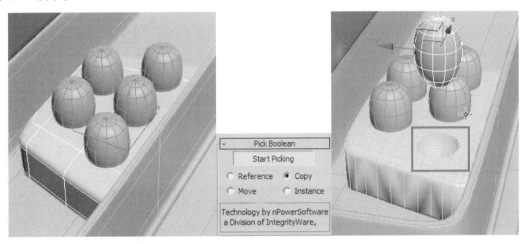

图 10.67

将模型向右复制两个，如图 10.68 所示。

步骤 10 在视图中创建一个 Box 物体并将其转换为可编辑的多边形物体，对其进行形状调整至如图 10.69 所示。

图 10.68

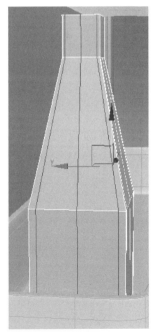

图 10.69

注意这个模型，我们希望瓶口处是圆形而下方是方形，所以要对瓶口处的线段进行调整。删除顶部的面，然后选择图 10.70 所示的面，在石墨工具下单击 Loops，然后单击 Loop Tools 工具。

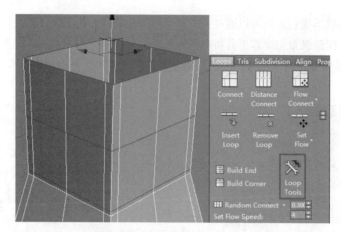

图 10.70

在 Loop Tools 工具里单击 Circle 按钮，此时选择的线段会变成圆形，如图 10.71 所示。

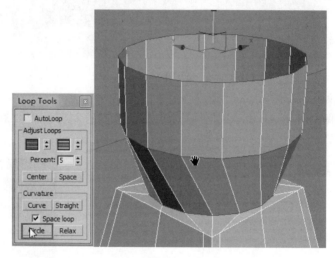

图 10.71

但是我们发现线段发生了扭曲，需要手动旋转调整，然后将顶部的面处理一下，效果如图 10.72 所示。

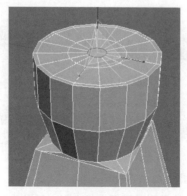

图 10.72

用同样的方法将图 10.73（左）所示的线段也处理成圆形，选择图 10.73（右）所示的面向外挤出。

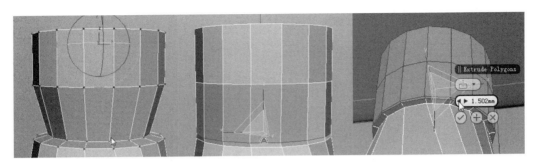

图 10.73

细分之后的模型效果如图 10.74 所示。

步骤 11　依次创建出牛奶盒子、蛋糕、水果、水壶等模型，如图 10.75 所示。这些模型的制作方法都很简单，用到的方法也大同小异，这里不再赘述。

图 10.74

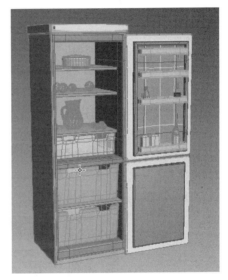

图 10.75

简单来看一下香蕉的制作过程：可以将模型形状先调整出来，颜色可以通过贴图的方法来表现，如图 10.76 所示。

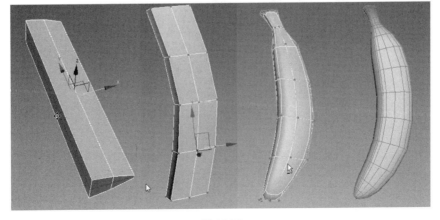

图 10.76

最后复制调整出剩余的香蕉物体即可，如图 10.77 所示。

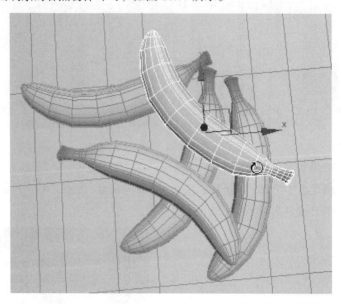

图 10.77

步骤 12 在视图中创建圆柱体，调整出拉手位置的模型。在调整旋转门时，要考虑到里面的物体是随之一起旋转的，所以要先选择这些物体，用前面介绍的调整坐标轴的方法将它们的整体坐标调整到冰箱门的右侧位置。为了选取方便，可以将冰箱门上部的所有物体群组，再将下面的物体群组，这样在旋转时比较容易选择。

最后适当旋转门的角度，赋予所有模型物体一个默认的材质，整体效果如图 10.78 所示。

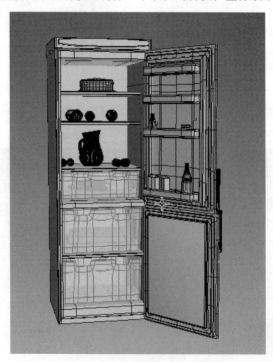

图 10.78

第 **11** 章　数码和电脑产品设计

随着人们生活水平的提高，数码和电脑产品更是人们必不可少的生活用品。外出旅游时数码相机是必备的旅行工具，数码相机市场上最常见的就是携带方便的卡片机和比较专业的单反相机，接下来就来学习一下单反相机的模型制作。

11.1　单反相机模型的制作

步骤 01　在制作模型之前，首先来看一下单反相机各部位的名称，以佳能 450D 为例，正面名称如图 11.1 所示。

 正面

内置闪光灯　在昏暗场景中，可根据需要使用闪光灯来拍摄。在部分拍摄模式下会自动闪光。

快门按钮　按下该按钮将释放快门拍下照片。按按钮的过程分为两阶段，半按时自动对焦功能启动，完全按下时快门将被释放。

手柄　相机的握持部分。当安装镜头后，相机整体重量会略有增加。应牢固握持手柄，保持稳定的姿势。

反光镜　用于将从镜头入射的光线反射至取景器。反光镜上下可动，在拍摄前一瞬间将升起。

镜头安装标志　在装卸镜头时，将镜头一侧的标记对准此位置。红色标志为EF镜头的标志（详见后文）。

镜头释放按钮　在拆卸镜头时按下此按钮。按下按钮后镜头固定销将下降，可旋转镜头将其卸下。

镜头卡口　镜头与机身的接合部分。通过将镜头贴合此口进行旋转，安装镜头。

图 11.1

背面的名称如图 11.2 所示。

背面

眼罩 在通过取景器进行观察时可防止外界光线带来的影响。为了降低对眼睛和额头造成的负荷，采用柔软材料制成。

屈光度调节旋钮 使取景器内图像与使用者的视力相适应，保证更容易观察。应在旋转旋钮进行调节的同时观察取景器选择最清晰的位置。

取景器目镜 用于确认被摄体状态的装置。在确认图像的同时，取景器内还将显示相机的各种设置信息。

自动对焦点选择按钮 用于选择当采用自动对焦模式进行拍摄时所使用的对焦位置（自动对焦点），可选择任意位置。

<MENU>菜单按钮 可显示调节相机各种功能时所使用的菜单。选定各项目后可进一步进行详细设置。

<SET>设置按钮、十字键用于移动选择菜单项目或在回放图像时移动放大显示位置等操作。在进行拍摄时，可实现按钮旁图标所代表的功能。

液晶监视器 可观察所拍摄的图像以及菜单等文字信息。可将所拍摄图像放大后对细节部分进行仔细确认。

删除按钮 用于删除所拍摄的图像。可删除不需要的图像。

回放按钮 用于回放所拍摄图像的按钮。按下按钮后，液晶监视器内将显示最后一张拍摄的图像或者之前所回放的图像。

图 11.2

上面的名称如图 11.3 所示。

 上面

变焦环 进行旋转来改变焦距。可观察下方的数字和标记的位置来掌握所选择的焦距。

对焦环 采用手动对焦（MF）模式时，旋转该环进行对焦。对焦环的位置因镜头而异。

对焦模式开关 用于切换对焦方式，也就是切换自动对焦（AF）与手动对焦（MF）的开关。

主拨盘 用于在拍摄时变更各种设置或在回放图像时进行多张跳转等操作的多功能拨盘。

背带环 将背带两端穿过该孔，牢固安装背带。安装时应注意保持左右平衡。

ISO感光度设置按钮 按下该按钮可以改变相机对亮度的敏感度。ISO感光度是根据胶片的感光度特性制定的国际标准。

热靴 用于外接大型闪光灯等的端子。相机与闪光灯通过触点传输信号。

电源开关 打开相机电源用的开关。当长时间保持打开状态时，相机将自动切换至待机模式以降低电力消耗。

模式转盘 可旋转转盘以选择与所拍摄场景或拍摄意图相匹配的拍摄模式。主要可分为两大类。

创意拍摄区 可根据使用者的拍摄意图选择采用各种相机功能。

基本拍摄区 相机可根据所选择的场景模式自动进行恰当的设置。

图 11.3

底面名称如图 11.4 所示。

 底面

电池仓　可装入附带的电池。安装时应确保采用正确方向插入，使电池的端子部分朝向相机内部。

三脚架接孔　用于安装市售各种三脚架的接孔。螺钉的规格基于通用标准，所以可以使用任何厂家的三脚架。

图 11.4

侧面名称如图 11.5 所示。

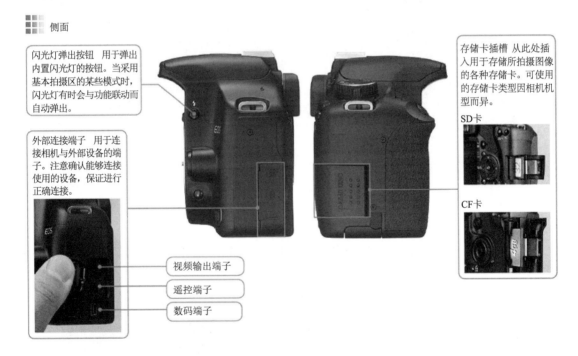 侧面

闪光灯弹出按钮　用于弹出内置闪光灯的按钮。当采用基本拍摄区的某些模式时，闪光灯有时会与功能联动而自动弹出。

外部连接端子　用于连接相机与外部设备的端子。注意确认能够连接使用的设备，保证进行正确连接。

视频输出端子

遥控端子

数码端子

存储卡插槽　从此处插入用于存储所拍摄图像的各种存储卡。可使用的存储卡类型因相机机型而异。

SD卡

CF卡

图 11.5

步骤 02　首先分别在顶视图、左视图和前视图中设置背景参考图片，设置方法在前几章中已经介绍过，这里不再详细介绍。通过观察参考图可以发现，单反相机上的细节太多，所以制作起来也相对困难一些，所以在制作过程中要有足够的耐心。在《变形金刚中》，电影场景中机器人的模型也是最为经典的实例，它的模型在制作起来要比这本书里面的任何一个模型都难上百倍甚至千倍，这么复

杂的模型不也是通过人们的一点点积累才完成的吗？所以，遇到复杂的模型不要害怕，将其分成若干部分，对每一个部分单独制作，最后再拼接在一起就可以了。

言归正传，来看一下这个单反相机的制作。制作方法有两种：一是通过创建一个面片，然后对面片进行挤出调整，这种方法一般适用于不太规整的模型，一开始笔者也是使用的这种方法，但是在制作的时候也遇到了瓶颈，调整起来较费时费力；第二种方法是创建一个 Box 物体，通过对 Box 物体的编辑调整来完成最终的模型效果。这种方法适用于规则的模型调整，便于把握整体的形状，所以这一节我们就通过 Box 物体的创建编辑来学习一下单反相机的模型制作。

参考图设置好之后，首先要检查一下 3 个视图中的图片大小和位置是否一致。最简单的检查方法就是创建一个 Box 物体，在一个视图中调整好长、宽、高，然后观察一下该 Box 物体在其他视图中图片大小是否一致，如图 11.6 所示。如果一致，可以直接进行制作；如果不一致，要在 Photoshop 中对其进行图片大小和位置的调整，这里不再详述。

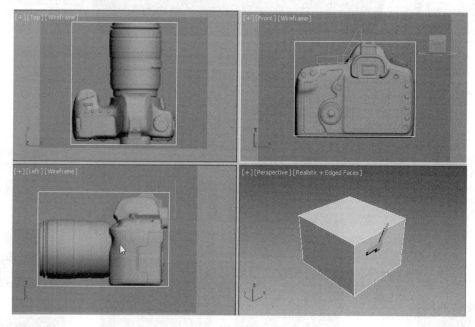

图 11.6

在视图中创建一个 Box 物体，将该物体转换为可编辑的多边形物体，分别在长度和宽度上加线调整，如图 11.7 所示。

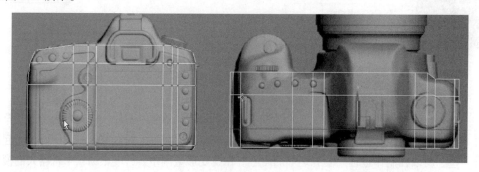

图 11.7

步骤 03 选择手柄处的面挤出调整，如图 11.8 所示。

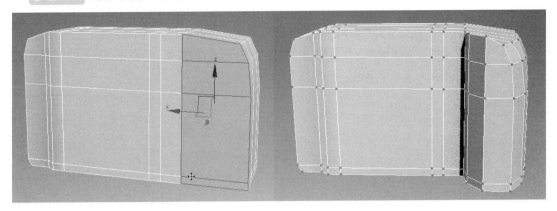

图 11.8

步骤 04 选择镜头处的面和内置闪光灯处的面分别挤出调整，如图 11.9 所示。

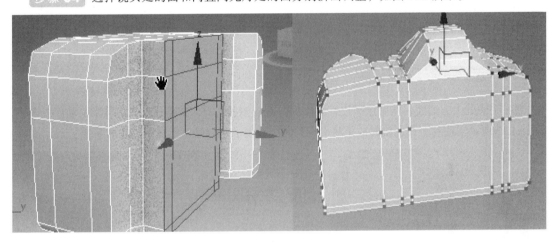

图 11.9

注意，将顶部内置闪光灯处的细节参考相机的形状进行细致调整，然后加线将镜头处的形状调整出来，如图 11.10 所示。

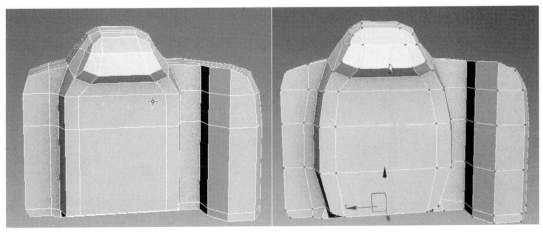

图 11.10

在制作模型的过程中，一定要随时保存场景文件，以防软件报错。如果系统出错，它会提示是否保存备份文件，单击"确定"按钮即可保存副本，如图 11.11 所示。

保存副本之后，在"我的文档/3ds Max/autoback"文件夹下找到 Untitled_recover.max 文件打开即可。

步骤 05 在手柄处加线调整，注意因为手柄处上方有个斜线弧度，所以在调整布线时尽量根据模型的纹理及弧线的走向来调整方向，如图 11.12 所示。

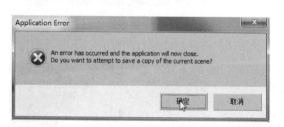

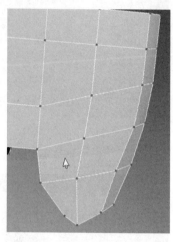

图 11.11   图 11.12

删除手柄处上方的面，然后选择边界线段单击 Cap 按钮封口，接着用 Cut 工具来手动加线调整，如图 11.13 所示。注意，在调整时故意将面调整一个坡度，这也是出于模型的轮廓需要。

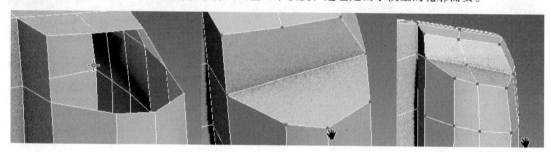

图 11.13

将图中的线段沿着 Y 轴方向调整出一个凹槽的效果，细分之后的效果如图 11.14 所示。

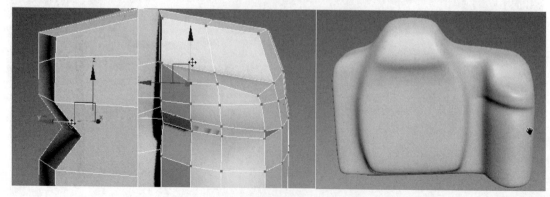

图 11.14

步骤 06　在手柄位置继续加线，然后选择背部的面挤出，如图 11.15 所示。

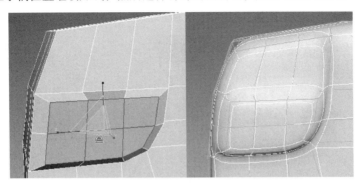

图 11.15

为了制作时便于观察，可以暂时隐藏不需要的面，隐藏面的快捷键为 Alt+H 组合键。在相机的背面根据纹理的走向调整点的位置来控制线段的走向，点不够的情况下就加线再调整。最终背面的加线及点的调整如图 11.16 所示。

图 11.16

按 Alt+U 组合键将隐藏的面全部显示出来，然后根据背部加线的情况整体调整模型的布线和位置，尽量使模型布线均匀。分别选择图 11.17 中的面，单击 Extrude 按钮将面向外挤出。

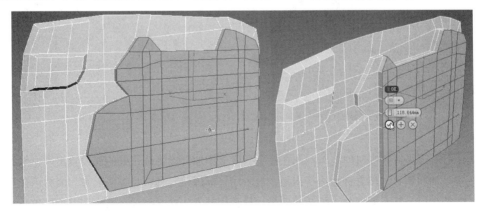

图 11.17

步骤 07 将取景器目镜处的布线添加出来，然后删除取景器中的面，选择边界线段，按住 Shift 键向外挤出新的面并做进一步的调整，如图 11.18 所示。

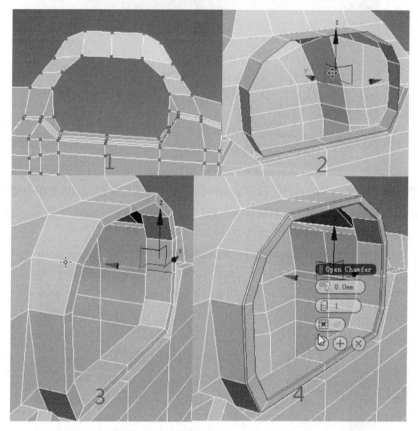

图 11.18

步骤 08 外接闪光灯接口的制作：选择图 11.19 所示的面，向上挤出调整，然后向内收缩后向下挤出。

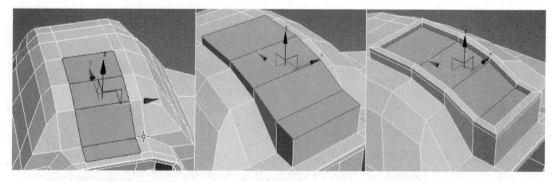

图 11.19

步骤 09 镜头释放按钮的制作：先在镜头高度上添加分段将按钮处的面设置出来，然后选择镜头释放按钮处的面删除，接着选择边挤出面，最后用目标焊接工具将点焊接起来。因为该按钮边是弧线形状，两条线段显然不能调整出弧线的效果。最直接的方法就是加线，然后调整点的位置，选择边向内挤压再挤出，最后将开口封闭起来，如图 11.20 所示。

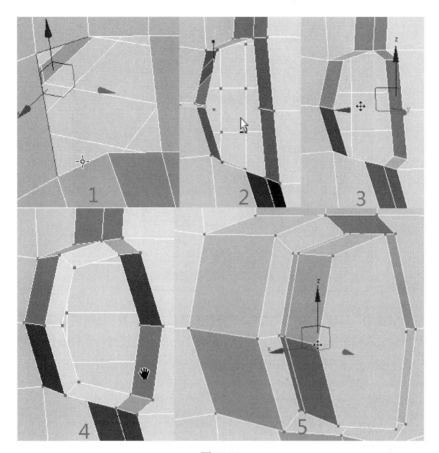

图 11.20

将中间部分的面删除，然后在边缘的位置加线，细分光滑后的效果如图 11.21 所示。

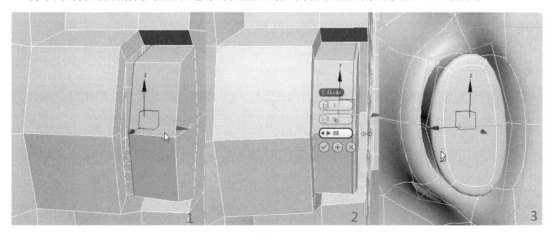

图 11.21

步骤 10　镜头口的制作：在视图中创建一个圆柱体，边数设置为 18，将相机镜头处的面单独显示并隐藏其他的面，将圆柱体移动到面的内部，按 Alt+X 组合键透明化显示该物体，然后参考圆柱体的边缘来精确调整点的位置。还有一种方法就是在复合物体下面单击 Boolean 按钮将其进行布尔运算，运算之后的效果如图 11.22 所示。

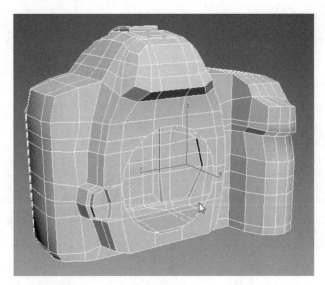

图 11.22

再次将该物体转换为可编辑的多边形物体，选择镜头部位的面，按 Alt+I 组合键隐藏未选择的面，进入点级别，将多余的点移除掉，或者用目标焊接工具将多余的点焊接到另外的点上，如图 11.23 所示。

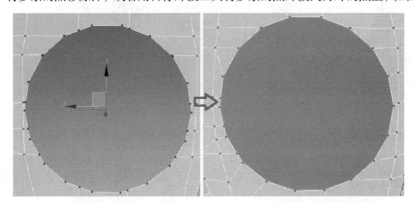

图 11.23

选择开口处的边界，按住 Shift 键先向内挤出并缩放，然后再向外挤出面，如图 11.24 所示。

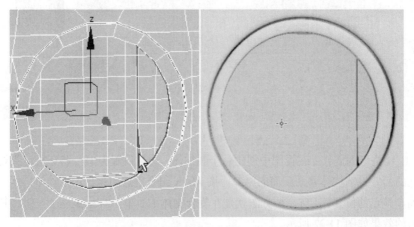

图 11.24

注意：在制作模型时，模型细分之后有时会出现图 11.25 所示的情况，这可能是因为之前布尔运算时出现了计算错误，怎样来解决呢？在修改器下拉列表中添加 Edit Mesh 修改器，然后在该命令上右击选择 Collapse To 将模型塌陷，再次细分光滑，问题即可解决，如图 11.26 所示。

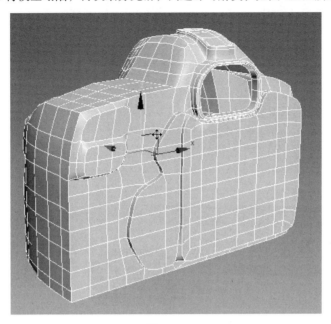

图 11.25

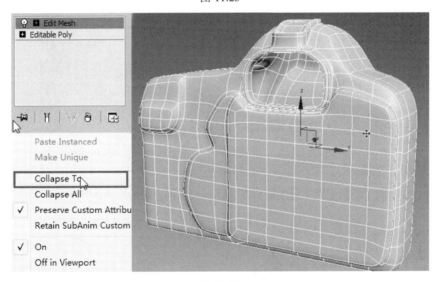

图 11.26

步骤 11　边缘按钮的制作：先将右侧按钮处的面独立显示，在按钮的部位加线调整（横向加线和竖向加线），加线的目的是要调整出按钮处的面，然后选择面做倒角挤出调整，如图 11.27 所示。

取消面的隐藏，然后整体调整模型的布线，在模型的边缘位置加线，细分之后的效果如图 11.28 所示。

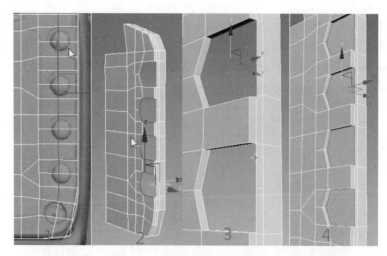

图 11.27

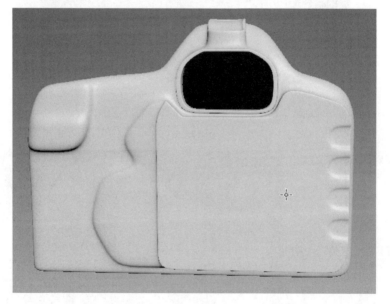

图 11.28

选择图 11.29 中图 1 所示的面，分别向内挤出并封口，将边缘的线段做切角处理，过程如图 11.29 所示。

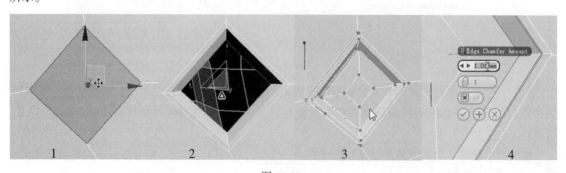

图 11.29

其他按钮的制作方法一样，效果如图 11.30 所示。

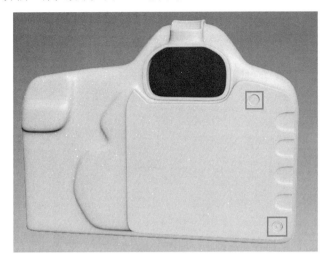

图 11.30

步骤 12　屏幕边缘等模型的细节完善：同样在边缘位置加线处理，拐角处的线段切角后将多余的点焊接起来，如图 11.31 所示。

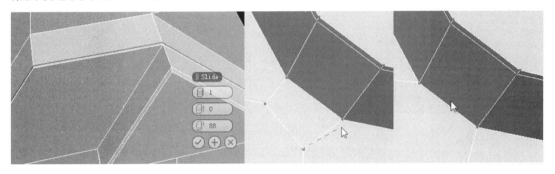

图 11.31

用同样的方法将其他线段做同样的切角布线调整，测试渲染后的效果如图 11.32 所示。

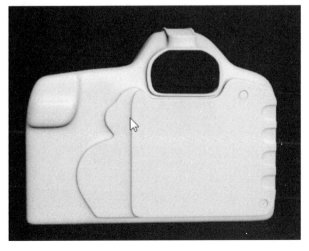

图 11.32

步骤 13 在模型的左上角位置加线，然后选择按钮处的点切角，调整点至正方形，选择面倒角挤出调整出按钮形状，也可以将面删除用边界线段的挤出方法制作出按钮模型，如图 11.33 所示。

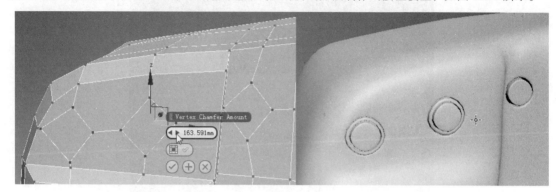

图 11.33

在手柄与镜头中间的凹陷部分加线调整，如图 11.34 所示。

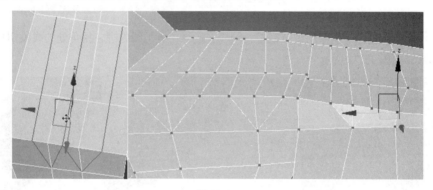

图 11.34

选择图 11.35 中的 1 所示的点向镜头方向移动一定的距离，将图 11.35 中的 2 的线段切角，然后在图 11.35 中的 3 中手动切出线段，细分后的效果如图 11.35 中的 4 所示。

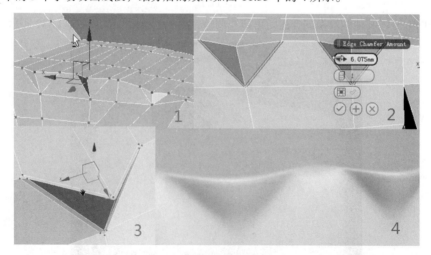

图 11.35

用前面制作按钮的方法将顶部的按钮制作出来，效果如图 11.36 所示。

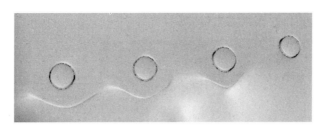

图 11.36

步骤 14 顶部液晶显示屏的制作：选择图 11.37（左）所示的面删除，然后将边界线段向下挤出面调整，效果如图 11.37（右）所示。

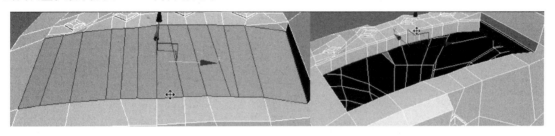

图 11.37

在该位置创建一个 Box 物体，然后对其进行多边形编辑，调整出液晶测光屏幕的形状，如图 11.38 所示。

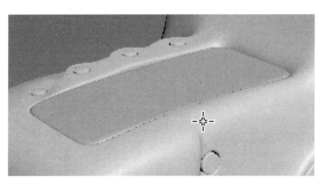

图 11.38

步骤 15 主拨盘的制作：在拨盘处继续加线，因为手柄处的线段在开始时故意调整为斜线的方向，所以这里加线之后要将面的位置调正，删除面并选择边界线向下挤出面，如图 11.39 所示。

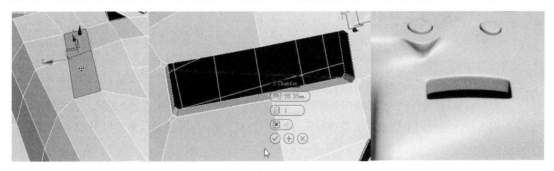

图 11.39

在视图中创建一个圆柱体，调整参数使模型保留扇形形状，如图 11.40 所示。

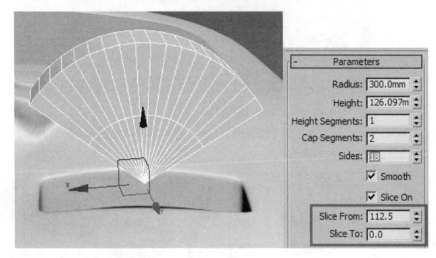

图 11.40

将该物体转换为可编辑的多边形物体，删除下方的点。删除点后，模型两侧的面和下部的面也会删除，所以要用桥接工具将两侧的面和下方的面桥接出来。在宽度上加线，然后依次选择图 11.41 所示的面，用挤出工具将该面向上挤出。

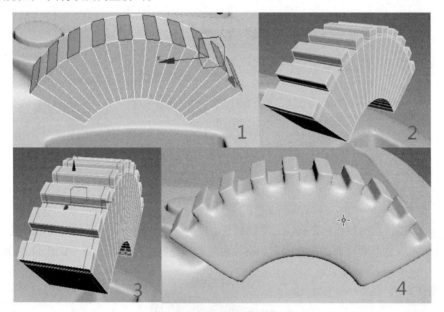

图 11.41

调整好之后将该模型移动到合适的位置即可。

步骤 16 快门的制作：选择快门处的面，向内收缩并将点调整至接近正八边形，然后删除该部分的面，向下挤出后再向上挤出，将开口封闭并将点与点之间的线段连接起来，如图 11.42 所示。

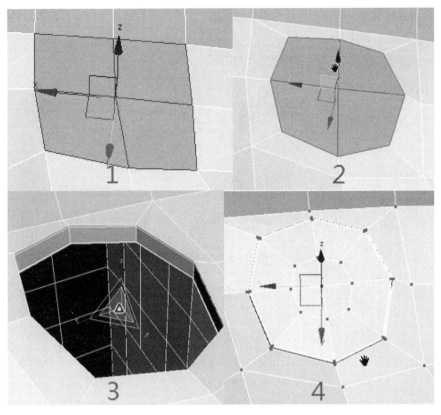

图 11.42

步骤 17 在模型的侧面处加线并调整好线段的位置，选择对应的面删除，用边界挤出的方法制作出所需的模型效果，然后将相机背带处的扣环模型制作出来，如图 11.43 所示。

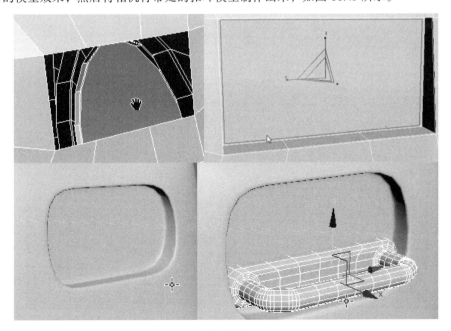

图 11.43

用同样的方法将另外一侧扣环处的模型制作出来，这里要注意的就是边缘与拐角处的线段切角处理，如图 11.44 所示。

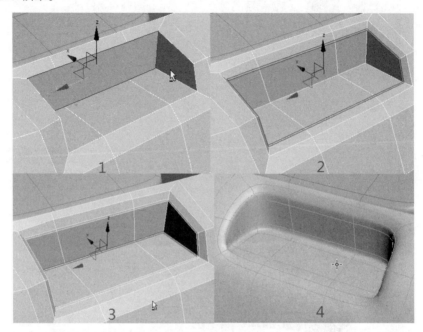

图 11.44

步骤 18 模式转盘的制作：首先将转盘处的点和线段调整到位，线段不够的话加线来调整，在调整时可以创建一个圆柱体作为参考将点——对应，如图 11.45 所示。

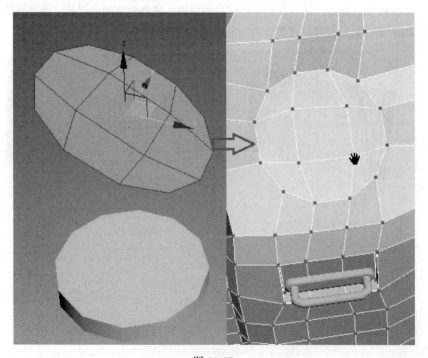

图 11.45

删除该处的面，按 3 键进入边界级别，选择边界线按住 Shift 键向下挤出面并调整。然后在该位置创建一个圆柱体，将它的分段数设置为 60，将该物体转换为可编辑的多边形物体，选择底部的面并调整至图 11.46 所示的形状。

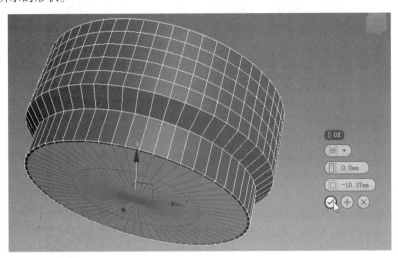

图 11.46

将顶部的面调整至图 11.47 所示的形状。

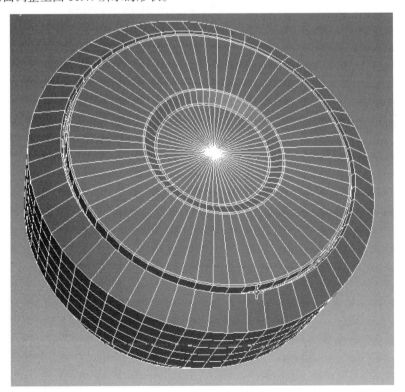

图 11.47

选择侧面所有的面，单击 Bevel 后面的 □ 按钮，挤出方式选择 By Polygon 方式，此时在挤出面时会对每一个面都倒角挤出调整，如图 11.48 所示。

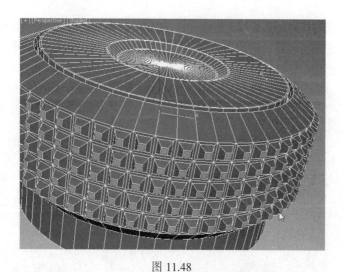

图 11.48

在转盘环形线段的边缘加线，细分光滑的效果如图 11.49 所示。

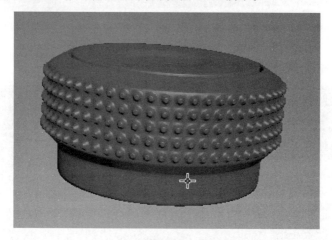

图 11.49

步骤 19 制作出外接闪光灯处的卡扣模型，如图 11.50 所示。

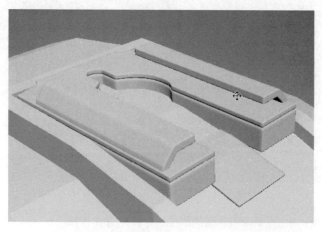

图 11.50

步骤 20　制作出眼罩模型，如图 11.51 所示。这些模型的制作方法均是由可编辑的多边形方法来完成的，这里不再详细讲解。

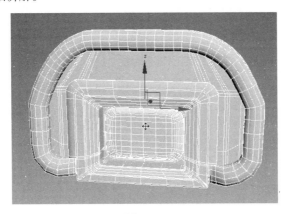

图 11.51

步骤 21　正面按钮等模型的制作：首先在需要制作按钮处手动加线来调整模型的布线，如图 11.52 所示。

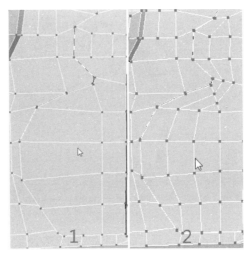

图 11.52

调整按钮处点的位置，如图 11.53 所示。

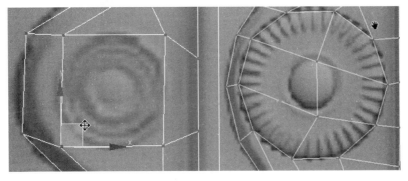

图 11.53

删除对应的面，选择边界线挤出调整至如图 11.54 所示，然后将线段切角。

图 11.54

创建一个圆柱体，边数设置为 56，将该物体转换为可编辑的多边形物体，选择图 11.55 所示的面向外挤出。

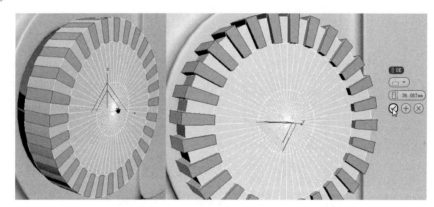

图 11.55

将中间的面再做适当的倒角挤出调整，最后的效果如图 11.56 所示。然后将该模型调整到合适的位置即可。

图 11.56

310

步骤 22 液晶屏的制作：先将边缘的线段调整至笔直状态，然后选择面用倒角工具先向内再向外挤出调整，细分后的效果如图 11.57 所示。

步骤 23 其他纹理细节的制作：先加线将所需要的点和线段调整出来，然后再选择对应的面倒角挤出调整即可，如图 11.58 所示。

 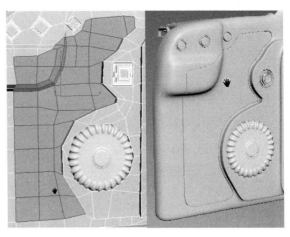

图 11.57　　　　　　　　　　　　　　　图 11.58

用同样的方法将侧面部位的细节调整出来，如图 11.59 所示。需要注意的是，先在所需面的位置加线，直至选择的面达到我们的制作需求。

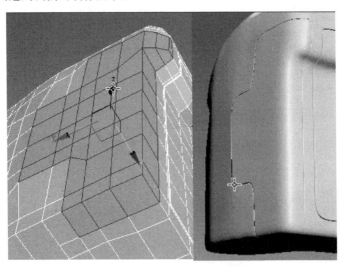

图 11.59

选择手柄处所需的面，同样用倒角挤出的方法将凹陷的细节制作出来，如图 11.60 和图 11.61 所示。在选择面时可以打开石墨工具下 Modify Selection 中的 Step Mode 模式，这样在选择面时可以更加快捷。

步骤 24 整体调整模型细节，需要表现光滑棱角的地方在其边缘的位置加线调整即可。相机主体部分细分之后的效果如图 11.62 所示。

步骤 25 镜头的制作：镜头的制作比起相机部分来说要简单多了，因为这里可以直接创建圆柱体来修改即可完成。在视图中创建一个圆柱体，将该物体转换为可编辑的多边形物体，删除顶部和底部的面，选择边界线段，按住 Shift 键配合移动和缩放工具调整出面的形状，如图 11.63 所示。

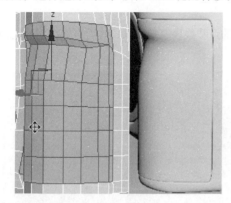

图 11.60

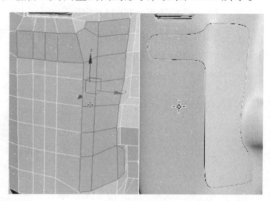

图 11.61

图 11.62

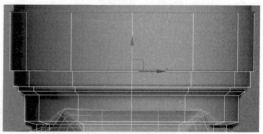

图 11.63

最后调整的结果如图 11.64 所示。

注意开口处的纹理调整，如图 11.65 所示。

图 11.64

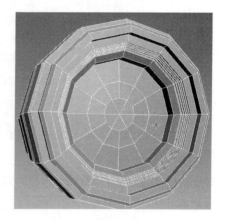

图 11.65

选择所有环形线段做切角处理，细分效果如图 11.66 所示。

然后选择镜头上相对应的开关按钮处的面，利用倒角挤出方法制作出开关，如图 11.67 所示。有一些细节调整请参考视频。

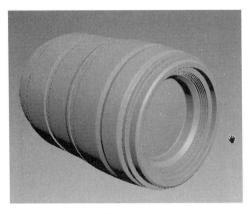
图 11.66

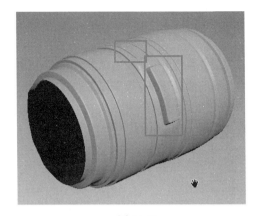
图 11.67

步骤 26　按下 M 键打开材质编辑器，给场景中所有的模型赋予一个默认的材质球效果，并将其线段的颜色设置为黑色。选择所有模型，单击 🔲 按钮将模型翻转一下。最后的整体效果如图 11.68 和图 11.69 所示。

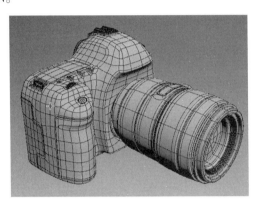
图 11.68

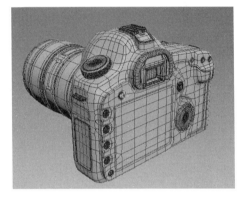
图 11.69

11.2　电脑模型的制作

步骤 01　在视图中创建一个长、宽、高分别为 415 mm、480 mm、24 mm 的 Box 物体，将该物体转换为可编辑的多边形物体，在宽度上加线，然后选择图 11.70 所示的面向内收缩出面。

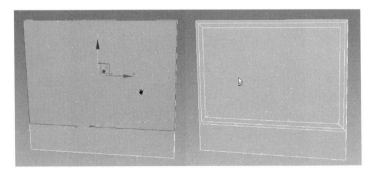
图 11.70

选择内侧的两条环形线段，单击 Extrude 后面的■按钮，在倒角的同时向内挤出线段，如图 11.71 所示。

在完成线段挤出的同时，单击 Chamfer 后面的■按钮，给内部的线段一个值为 1 mm 的切角。在边缘没有加线的情况下细分效果如图 11.72 所示。

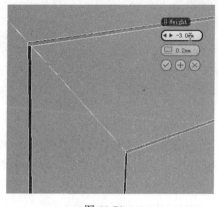 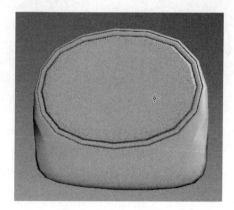

图 11.71　　　　　　　　　　　　　　　　　图 11.72

这种效果显然不是所需要的效果，前面的章节中我们也明确讲解了加线的原则，即在需要保留细节形状的边缘位置加线即可，如图 11.73 所示。

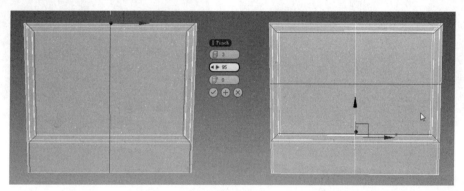

图 11.73

将 4 个角的顶点适当向内移动调整一下，细分之后的效果如图 11.74 所示。

图 11.74

在调整时，可以先删除一半的模型，然后单独调整另外一半的布线即可，如图 11.75 所示。

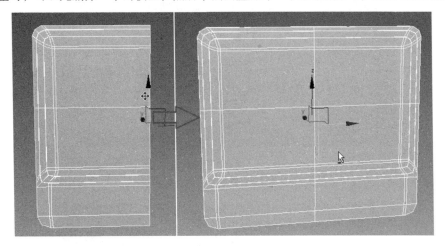

图 11.75

将该模型再次塌陷为可编辑的多边形物体，然后加线使模型布线均匀，选择背部的面适当向后移动调整。

步骤 02　在视图中创建一个 Box 物体，然后转换为可编辑的多边形物体，选择面，用 Extrude 工具边挤出面边调整形状，调整出电脑的底座部分，如图 11.76 所示。

将屏幕适当旋转一定角度，效果如图 11.77 所示。

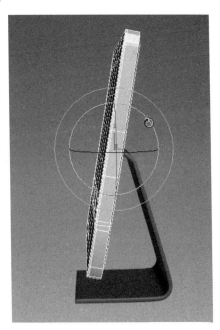

图 11.76　　　　　　　　　　　　　图 11.77

步骤 03　键盘的制作：在视图中创建一个长、宽、高分别为 120mm、440mm、4mm 的 Box 物体，转换为可编辑的多边形物体，然后在两侧的位置加线。选择底部的面向下挤出面，并将 4 个角处的点稍微向内移动调整使角光滑之后成圆形效果，如图 11.78 所示。

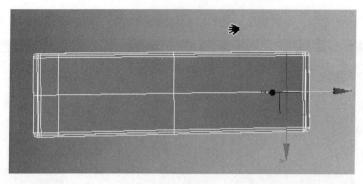

图 11.78

继续加线，然后选择图 11.79 所示的面向下挤出面，并将上部的点进行整体旋转调整。

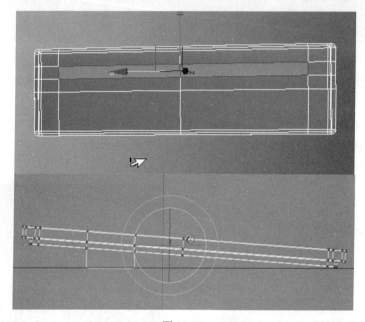

图 11.79

步骤 04 创建一个 Box 物体，然后对其进行可编辑的多边形修改，制作出按钮的形状，如图 11.80 所示。

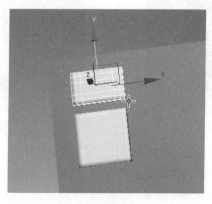

图 11.80

接下来，只需要按住 Shift 键移动复制出剩余的键盘按钮即可，如图 11.81 所示。

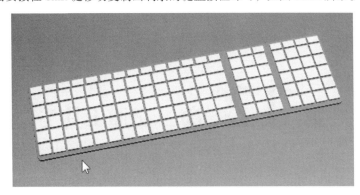

图 11.81

删除多余的按钮，并将部分按钮适当调整一下长度和宽度，最后的调整效果如图 11.82 所示。

图 11.82

步骤 05　赋予场景中所有模型一个默认的材质，最终的效果如图 11.83 所示。

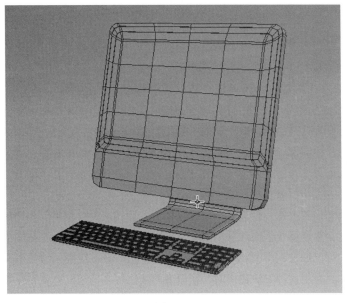

图 11.83

第 12 章　交通工具类产品设计

交通工具是现代人生活中不可缺少的一部分。随着时代的变化和科学技术的进步，我们周围的交通工具越来越多，给每个人的生活都带来了极大的便利。陆地上的汽车，海洋里的轮船，天空中的飞机，大大缩短了人们交往的距离；火箭和宇宙飞船的发明，使人类探索另一个星球的理想成为现实。随着时代的变迁，人们的交通工具由以往的马车逐步演变成了自行车、汽车、飞机。本章将以汽车和摩托车为实例来学习一下这类模型的制作方法。

12.1　汽车模型的制作

本节将要学习的汽车模型制作是本书的一个重点，也是本书当中最难的一个实例。汽车模型曲面效果的表现很重要，所以本节重点学习制作流程和突出它的曲面效果。在制作汽车模型时，可以先从车身制作，然后是前保险杠、引擎盖、车门、车顶、后保险杠、后车门、地盘，最后是汽车轮胎的制作。

步骤 **01** 首先设置背景参考图片，方法前面已经介绍过，这里不再详细讲解。参考图设置好之后，首先创建 Box 物体检查 3 个参考图在视图中的大小关系是否一致，如图 12.1 所示。

很显然，这几张参考图的大小不匹配，所以需要将参考图在 Photoshop 中进行修改调整。在 Photoshop 中打开前视图的图片，按 Ctrl+J 组合键复制一层，将背景图层填充一个和汽车参考图背景一样的颜色。选择复制的图层，按 Ctrl+T 组合键缩放图片的大小，然后按方向键来移动调整图片的位置，调整好之后，将该图片覆盖保存。回到 3ds Max 软件，按 Alt+Ctrl+Shift+B 组合键更新背景图片再次观察大小和位置关系，如果不合适，就继续回到 Photoshop 中进行调整，直至满意。这里有一点要注意的是，背景参考图片的大小尽量保持长宽一致。

还有一种参考图的设置方法：创建一个 Box 物体，然后转换为可编辑的多边形物体，删除多余的面，只保留 3 个侧面，然后将 3 个面均分离出来，分别在 3 个面上赋予一张位图的参考图片。如果出现图片压缩的情况，可以添加一个 UVW Map 修改器，进入 Gizmo 级别用缩放工具缩放调整。这个方法这里不建议使用，因为用这种方法建模时，在模型面数比较多的情况下就完全把图片遮挡住了。这里还是用背景图片的方法来设置参考图。设置完成后的背景视图如图 12.2 所示。

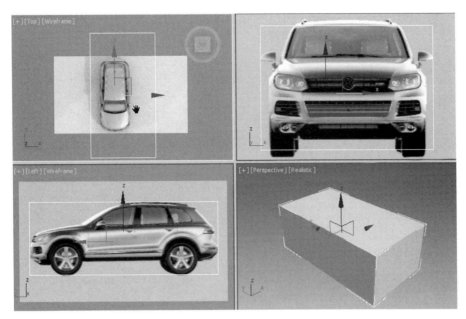

图 12.1

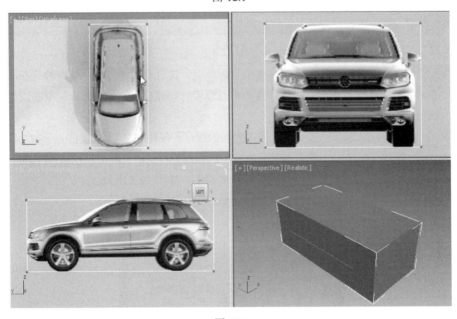

图 12.2

步骤 02　前车轮挡板的制作：在视图中创建面片物体，将该物体转换为可编辑的多边形物体，调整该面片至挡板位置，如果发现该模型在左视图中位置不正确，可以将左视图调整成右视图。调整点、线在 X、Y、Z 轴上的位置，然后选择一条边进行面的挤出调整操作，如图 12.3 所示。

将图 12.4 中所选线段用缩放工具尽量缩放在一个平面内，然后继续根据参考图的形状来选择相对应的边挤出调整，调整时一定要注意模型表面的凹陷程度。

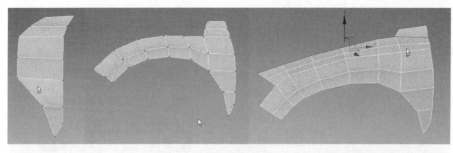

图 12.3

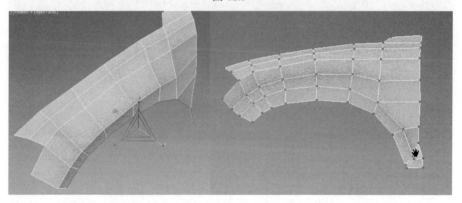

图 12.4

车轮挡板模型制作好之后，接下来制作出模型的厚度，这里有两种方法：第一种是在修改器下拉列表中添加 Shell（壳）修改器将面片物体修改为带有厚度的物体；第二种是选择模型的边界线段按住 Shift 键向内挤出来模拟它的厚度。

步骤 03 前保险杠的制作：选择车轮挡板边缘的线段，按住 Shift 键先挤出一个很小段的面，然后再正常挤出面，接着将挤出的小段面的部分删除，选择保险杠的面，单击 Detach 按钮，这样就把车轮挡板和保险杠的面分离了开来，继续选择边挤出调整，如图 12.5 所示。

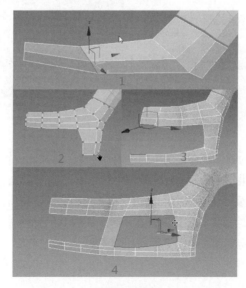

图 12.5

选择开口处的边界线段，按住 Shift 键向后移动挤出面，如图 12.6 所示。

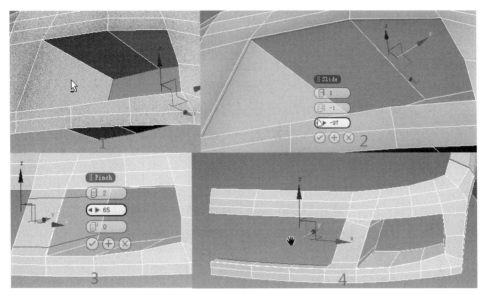

图 12.6

选择边界处的线段，用同样的方法，按住 Shift 键向后移动挤出面调整出它的厚度，在边缘的部位一定要记得加线处理，如图 12.7 所示。

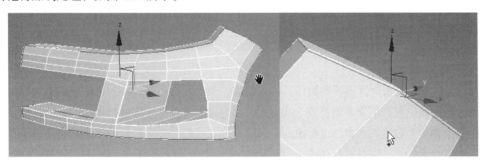

图 12.7

用同样的制作方法将前车轮挡板处的模型也制作出厚度，然后在边缘位置加线，如图 12.8 所示。

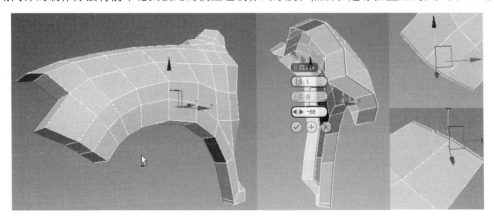

图 12.8

根据参考图处棱角的表现效果将图中的线段切角，细分效果如图 12.9 所示。

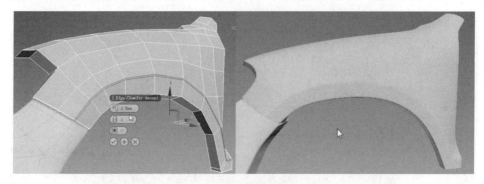

图 12.9

线段切角的原理就是在所需要表现棱角的地方将线段切角即可。调整后的效果如图 12.10 所示。

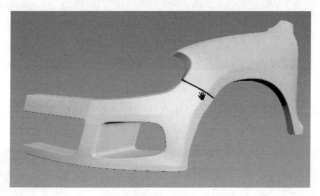

图 12.10

步骤 04　汽车前面底部挡板的制作：首先创建一个面片物体并转换为可编辑的多边形物体，根据参考图上的曲面位置挤出面并调整点、线位置。因为这里涉及物体边缘拐角处的调整，所以在调整时要顾全各个轴向上位置的调整。这里说起来简单，但在调整时会遇到各种问题，建议想深入学习的读者还是亲自动手操作。制作过程如图 12.11 所示。

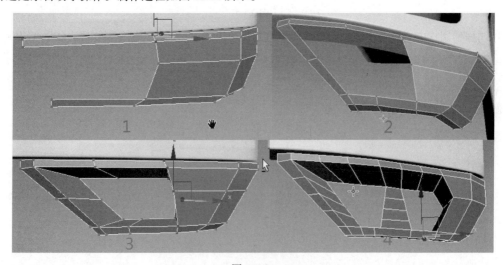

图 12.11

注意，灯口处的点在调整时可以先创建一个圆柱体，然后参考圆柱体的形状进行点的调整，如图 12.12 所示。

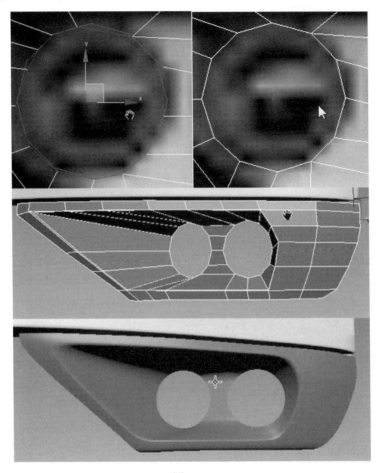

图 12.12

选择圆形的边界线段继续向内挤出面，然后选择外边框线段向内挤出面并模拟出模型的厚度，如图 12.13 所示。

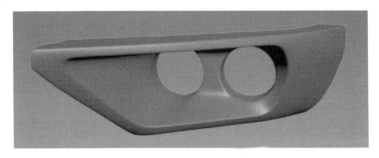

图 12.13

步骤 05 在底部的位置继续创建一个面片物体并将其转换为可编辑的多边形物体，按照图 12.14 所示的顺序调整形状。

选择制作好的模型，单击 按钮，选择关联方式进行对称复制，如图 12.15 所示。

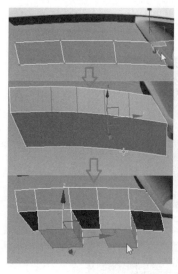

图 12.14

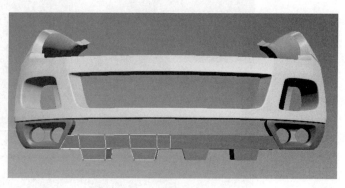

图 12.15

　　将底部模型边缘线段向内挤出面调整出厚度，同时在边缘位置加线处理，细分之后的效果如图 12.16 所示。

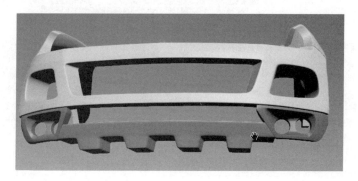

图 12.16

步骤 06 继续制作出中间一些边框和进风口挡板模型，如图 12.17 和图 12.18 所示。

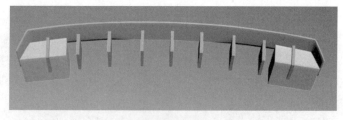

图 12.17

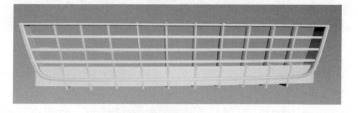

图 12.18

步骤 07 制作出前面的摄像头模型，如图 12.19 所示。

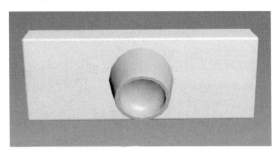

图 12.19

步骤 08 车盖的制作：在视图中创建一个面片物体并将其转换为可编辑的多边形物体，分别在长、宽上加线调整，一定要注意棱角细节的表现在工业模型制作中非常重要，如图 12.20 所示。

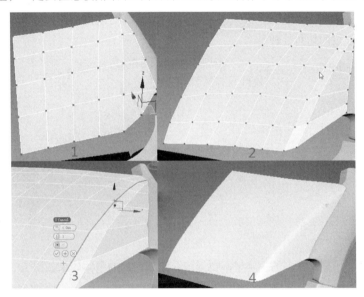

图 12.20

在调整时主要将标志处的圆口位置预留出来，在修改器下拉列表中添加 Shell 修改器给模型添加厚度，然后塌陷模型并删除底部的面，接着在车盖的边缘线段处加线来保证模型细分光滑之后保持原有的形状，调整好之后关联对称出另外一半模型，效果如图 12.21 所示。

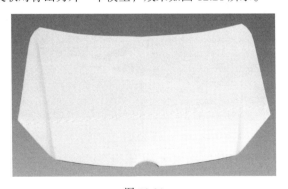

图 12.21

车头部分整体效果如图 12.22 所示。

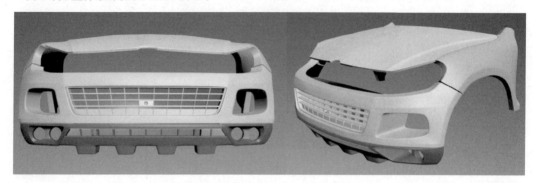

图 12.22

步骤 09 汽车大灯的制作：在制作汽车任何一个模型时，都要考虑与其他模型的拼接问题，如果发现有拼接不合适的地方要随时进行调整。图 12.23 所示车灯与侧面的挡板就有一定的问题，需要回到挡板模型进行线段的切角处理。

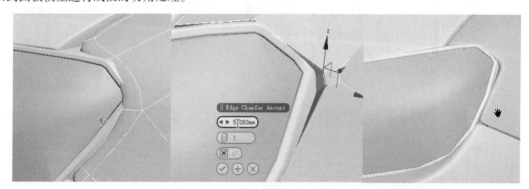

图 12.23

车灯内部的细节还是非常多的，这里不再详细介绍，内部的整体效果如图 12.24 所示。

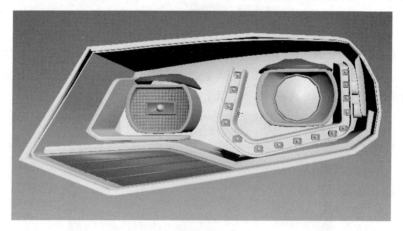

图 12.24

注意，图 12.25 所示模型可以用以下方法来制作。

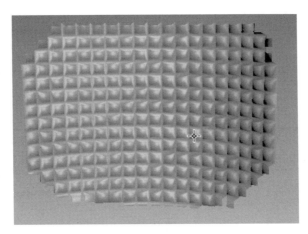

图 12.25

创建一个面片，将分段数设置为 10、15 左右，然后在修改器下拉列表中添加 Bend 修改器，设置 Angle（角度）值为-85，将该面片弯曲处理。然后将该模型转换为可编辑的多边形物体，进入面级别，框选所有的面，单击 Bevel 后面的 □ 按钮，挤出方式选择 By Polygon，对每个面单独挤出倒角，如图 12.26 所示。

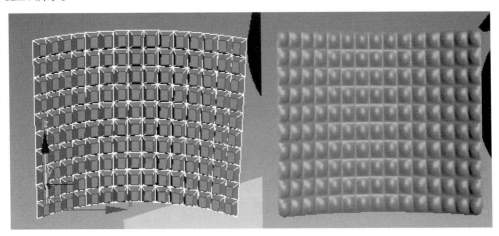

图 12.26

将大灯内部的零部件一一移动开来，拆分之后的效果如图 12.27 所示。

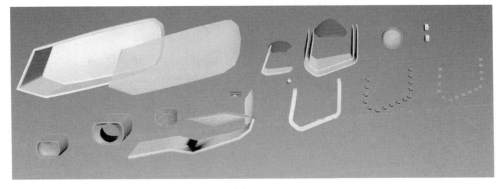

图 12.27

所以这些模型有时就像拼积木，将每一个小的部件制作好后拼接在一起即可。将每个物体细分，然后整体选择这些部件，单击 Group 菜单将其群组。

步骤 10 移动复制另外一个车灯并调整到合适位置，然后再制作出车盖下方的进风口挡板和车标模型，如图 12.28 所示。

图 12.28

车标同样是用多边形的编辑方法制作出它的形状，如图 12.29 所示。

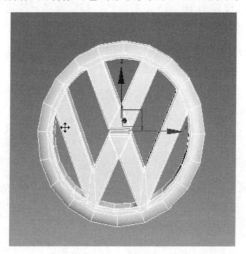

图 12.29

当然也有其他的方法，可以先创建二维曲线然后进行挤出，如图 12.30 所示。这里没有进行详细的调整，不重点讲解。

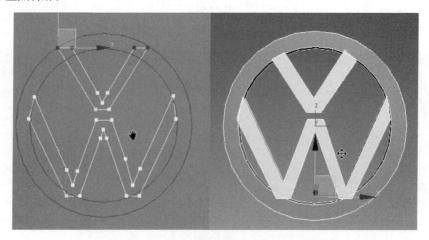

图 12.30

车头模型的整体效果如图 12.31 所示。

图 12.31

步骤 11 车门的制作：在视图中创建一个面片并将其转换为可编辑的多边形物体，加线移动点来调整形状，选择相对应的边按住 Shift 键挤出面继续细致调整，过程如图 12.32 所示。

调整过程中注意光滑棱角处的细节要通过线段切角的方法来实现，如图 12.33 所示。

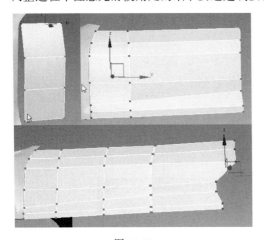

图 12.32

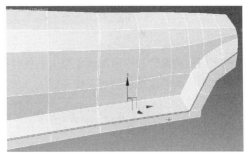

图 12.33

细分效果如图 12.34 所示。

图 12.34

选择车门拉手处的面，单击 Inset 后面的 □ 按钮向内挤出面并调整，然后将对应的面向内倒角挤出，注意边缘线段一定要切角处理，如图 12.35 所示。

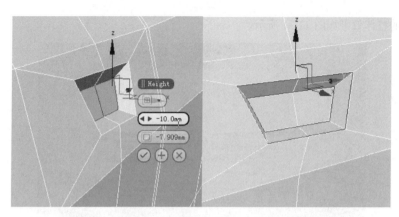

图 12.35

用同样的方法将另外一个车门处的拉手模型制作出来，细分效果如图 12.36 所示。

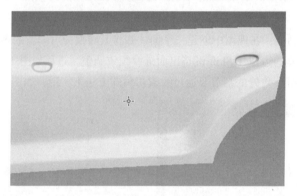

图 12.36

根据车门的曲面针对模型加线调整，调整时要注意棱角的过渡变化，然后选择边缘的线段向内挤出面调整出车门的厚度感。接着制作车门下方的护板模型，效果如图 12.37 所示。

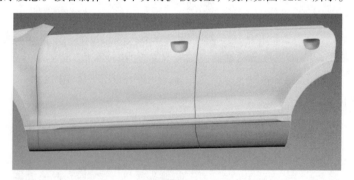

图 12.37

步骤 12 后翼板及车顶支架的制作：这个部位的制作也是一个重点和难点，方法都一样，均是采用面片对其进行可编辑的多边形物体调整完成的，但是在调整的过程中涉及 3 个视图中的对位问题，这时透视图的作用就非常明显了，如果把握不好点、线在空间上的位置关系，可以在透视图中很直观地观察模型的位置、比例及模型的曲面效果，所以我们在调整时要善于观察透视图。还有一点需要注意的是，为了便于观察，可以将前视图中的参考图片设置为后视图参考图，这样便于观察。调整的过程可以参考图 12.38 所示的步骤。

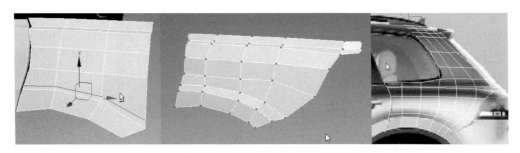

图 12.38

选择上边缘的线段，沿着车顶边框挤出线段并调整，如图 12.39 所示。

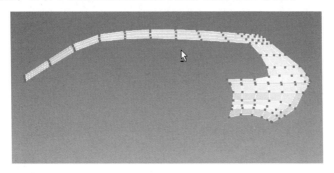

图 12.39

调整点、线位置，然后给当前的模型添加一个 Shell 修改器，设置好厚度参数值后将模型塌陷，然后将内侧的面删除，分别在边缘位置添加线段，细分后的效果如图 12.40 所示。

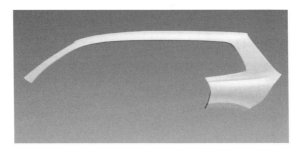

图 12.40

步骤 13 制作出车窗密封条模型，如图 12.41 所示。

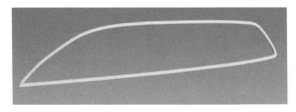

图 12.41

将制作好的这两个物体对称关联复制到右侧。

步骤 14 车顶的制作：车顶的制作比较简单，直接创建面片进行多边形调整即可。在制作时同样只需要制作一半即可，如图 12.42 所示。

图 12.42

然后将另外一半复制出来,此时整体效果如图 12.43 所示。

图 12.43

步骤 15 后保险杠模型的制作:该部位也是汽车模型当中比较难制作和调整的部位之一,因为它涉及拐角处曲面的过渡调整。接下来看一下该部位模型的制作要点。

首先创建一个面片,按照图 12.44 所示的步骤进行调整。

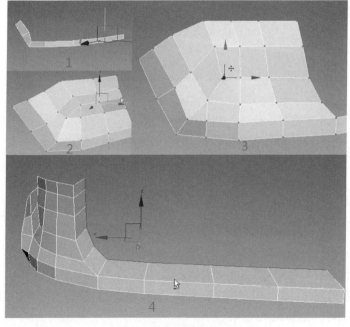

图 12.44

然后将保险杠底部面调整出来，如图 12.45 所示。

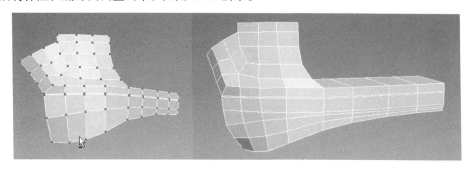

图 12.45

选择下部分面，单击 Detach 按钮将该部分分离出来，然后在修改器下拉列表中添加 Shell 修改器，给上部分模型添加厚度后将内侧的面删除，在边缘位置和需要棱角的地方添加线段或者切角，如图 12.46 所示。

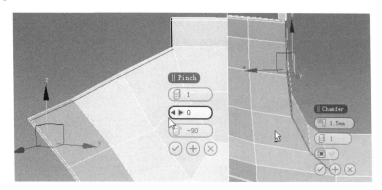

图 12.46

用同样的方法将下部分模型添加厚度调整，细分后的效果如图 12.47 所示。

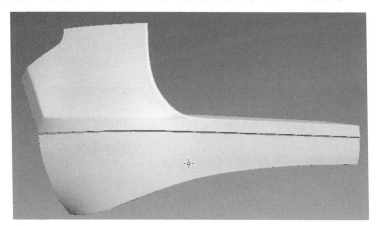

图 12.47

在后车灯处添加线段，然后删除车灯处的面，将该边界线段向内挤出面并调整，如图 12.48 所示。调整过程请参考视频部分。

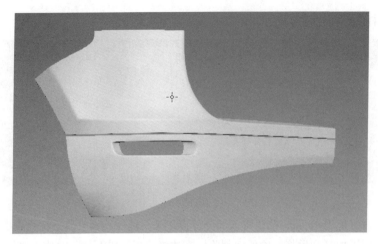

图 12.48

在单独调整每一部分模型时，都要顾全与其他模型的拼接问题，如果发现有问题的地方就需要同时调整两者模型从而达到接缝的过渡拼接。调整后的效果如图 12.49 所示。

图 12.49

步骤 16 后车灯的制作：后车灯和前车灯一样，制作过程在这里不再详细讲解，来看一下完成之后的效果，如图 12.50 所示。

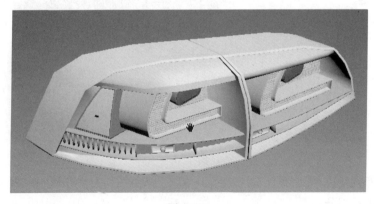

图 12.50

内部 LED 灯的制作与前车灯 LED 灯的制作方法一样。将车灯每个部分拆分开来，如图 12.51 所示。

图 12.51

步骤 17 后车盖的制作：采用的方法同样是面片多边形编辑，步骤如图 12.52 所示。

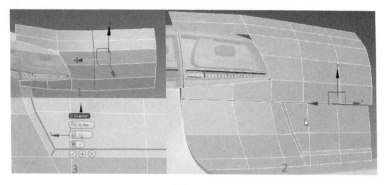

图 12.52

注意，在调整出厚度的边缘面后，在边缘位置加线，同时在拐角处切线，这样才能保证模型细分之后不出现变形效果。

在汽车标志的地方加线调整至如图 12.53 所示。

添加 Symmetry 修改器镜像出另外一半模型，将物体塌陷，然后选择圆形边界向内挤出面，如图 12.54 所示。

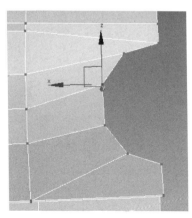

图 12.53

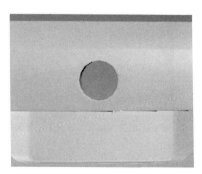

图 12.54

步骤 18 制作出后车窗及顶部的 LED 灯模型，如图 12.55 所示。

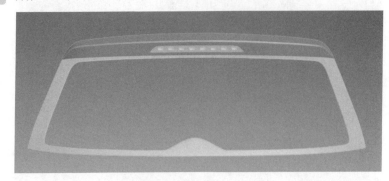

图 12.55

创建面片调整出车窗部分模型，整体效果如图 12.56 所示。

图 12.56

步骤 19 创建出保险杠下方的物体，制作过程如图 12.57 所示。

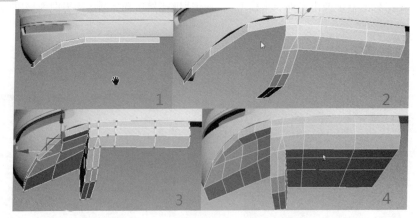

图 12.57

然后将边缘的线段向内挤出面，同时在拐角及边缘部位加线，细分之后的效果如图 12.58 所示。

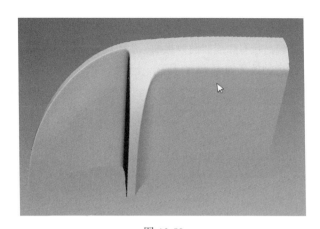

图 12.58

步骤 20 制作出油桶和排气筒等模型，如图 12.59 和图 12.60 所示。

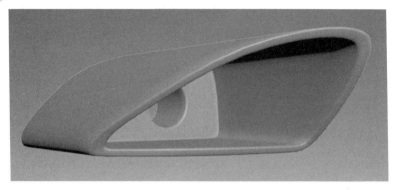

图 12.59

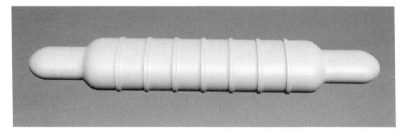

图 12.60

拼接在一起的效果如图 12.61 所示。

图 12.61

步骤 21 后雨刷器的制作：创建一个圆柱体，然后将其转换为可编辑的多边形物体，选择相对应的面挤出调整。因为车玻璃是带有弧线曲面效果的，所以雨刷器模型可以通过 Bend（弯曲）修改器来适当弯曲调整。制作好之后的效果如图 12.62 所示。

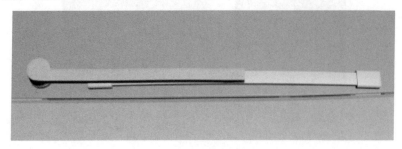

图 12.62

在面板下单击 Text 按钮，在 Text 下面输入 TOUAREG，然后在视图中单击，即可完成对字幕的样条线创建。修改 Size 的大小来调整文字的大小，然后在修改器下拉列表中添加 Bevel 和 Bend 修改器，适当修改倒角和弯曲的值，将模型调整到合适的位置，如图 12.63 所示。

图 12.63

步骤 22 接下来依次制作出车窗玻璃（见图 12.64）、车窗边框（见图 12.65 和图 12.66）、车侧面玻璃（见图 12.7）、前雨刷器（见图 12.68）、车门拉手（见图 12.69）等物体。

后视镜细分之前的效果如图 12.70 所示。其实这个后视镜上的细节部分还是挺多的，特别是它上面 LED 灯上的模型制作时要注意好比例。

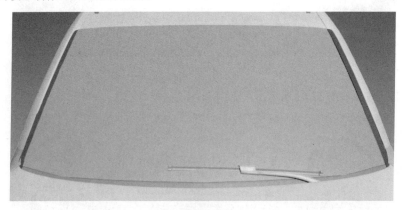

图 12.64

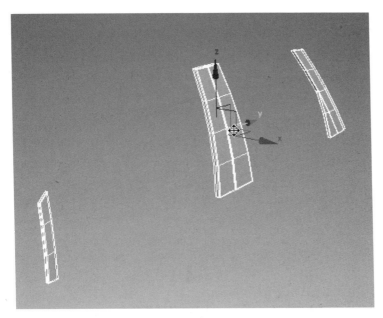

图 12.65

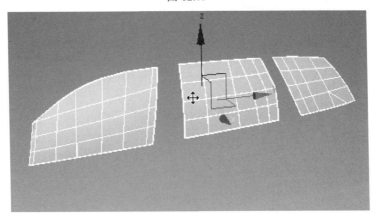

图 12.66

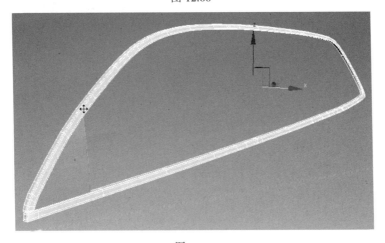

图 12.67

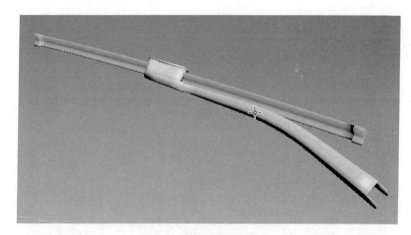

图 12.68

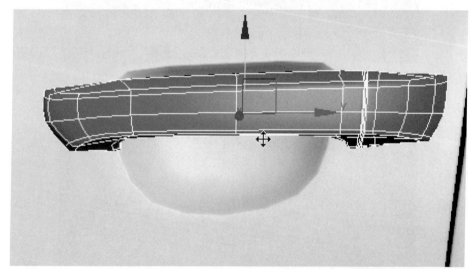

图 12.69

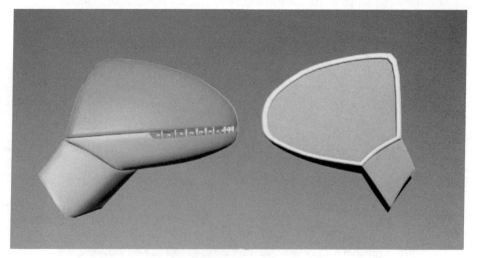

图 12.70

将 LED 灯模型放大，如图 12.71 所示，其实这些物体均可以直接用球体来修改。

图 12.71

将制作好的这些模型整体对称并复制到另外一侧，效果如图 12.72 所示。

图 12.72

步骤 23　底盘制作：在轮胎位置创建一个圆柱体，设置分段数为 1，边数为 12，然后将其转换为可编辑的多边形物体，在上下对称的中心位置加线，删除下部一半和正面的面，此时的面发现是反的，选择所有的面，单击 Flip 按钮翻转法线，此时的面即显示正常，如图 12.73 所示。

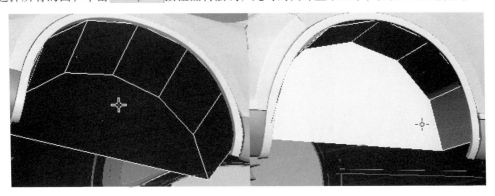

图 12.73

适当调整布线至如图 12.74 所示。

选择边挤出面并调整，然后镜像复制出另外一半，如图 12.75 所示。

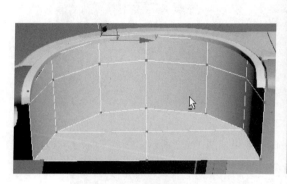

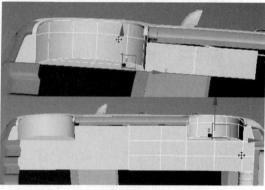

图 12.74   图 12.75

将这两个模型焊接起来，并将对称中心处的点也焊接起来，继续调整模型形状，然后镜像出另外一半模型，如图 12.76 所示。

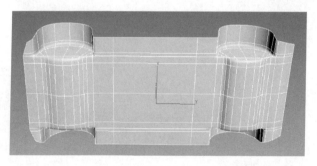

图 12.76

步骤 24 轮胎模型制作：轮胎也是一个很重要又比较难做的模型之一，这里来详细讲解一下。先单击所有的模型并将其隐藏起来，然后在视图中创建一个圆管物体，根据参考图的大小调整半径和厚度，Height Segments（高度分段）设置为 3，Cap Segments（环形分段）设置为 2。将该物体转换为可编辑的多边形物体，将中间一环的线段适当向外移动调整，外侧中部的面适当向外缩放，如图 12.77 所示。

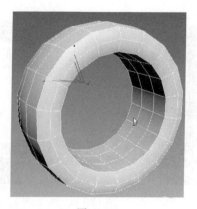

图 12.77

将内部的两个环形线段向两侧移动调整，然后在轮胎的外侧再创建一个图 12.78 所示的圆环物体并复制几个。

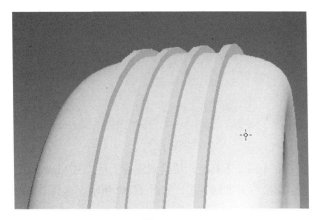

图 12.78

然后用超级布尔运算的方法制作出轮胎上的纹路效果，如图 12.79 所示。

图 12.79

这里先来撤销看一下另外一种方法的制作过程。在顶视图中创建一个 Box 物体，然后将该物体调整成图 12.80（左）所示的形状，对称复制调整，如图 12.80（右）所示。

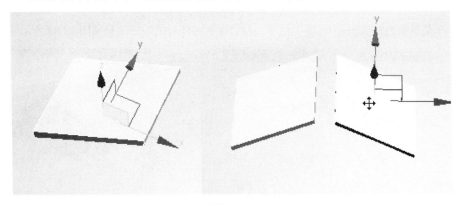

图 12.80

继续复制调整至如图 12.81 所示。

图 12.81

将这些物体附加起来（用 Attach 工具），切换到旋转工具，在 View 下拉列表中选择 Pick 选项，然后拾取轮胎模型的轴心，切换一下坐标方式，如图 12.82 所示，这样就将纹理模型的坐标切换到了轮胎的轴心上。

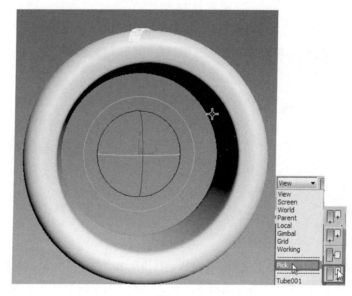

图 12.82

在 Tools 菜单下选择 Array（阵列）命令，参数设置和阵列之后的效果如图 12.83 所示。

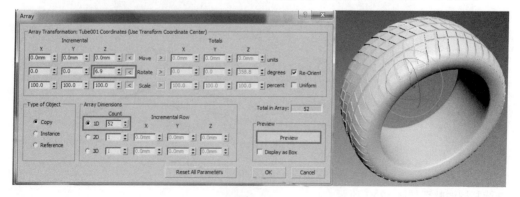

图 12.83

单击 Attach 按钮依次将轮胎上的纹理附加起来，选择轮胎模型内侧的面删除，然后再创建一个圆柱体，按照图 12.84 所示的步骤调整。

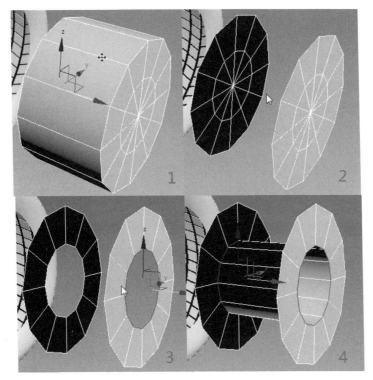

图 12.84

将该物体移动到轮胎内部并将内侧部分再做加线、切线等调整，如图 12.85 所示。

继续创建一个圆柱体，将边数设置为 15，再将其转换为可编辑的多边形物体，依次选择所需面并向外挤出调整，如图 12.86 所示。

图 12.85

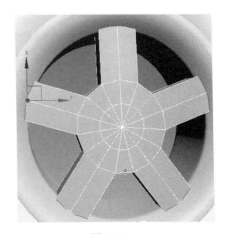

图 12.86

将中间部分向内侧移动调整，删除背部所有面，接下来的操作可以参考图 12.87 所示的步骤。

在图 12.88（左）所示的位置加线，加线的目的是将模型分成同等大小的 5 个部分，然后选择图 12.88（右）所示的面删除。

图 12.87

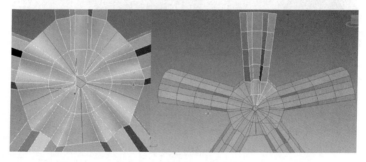

图 12.88

对剩余的模型单独细致调整，如图 12.89 所示。

每隔 72° 复制一个物体，将这些物体全部附加在一起，然后将对应的点焊接起来，在边缘位置加线，细分之后的效果如图 12.90 所示。

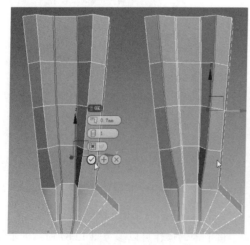

图 12.89

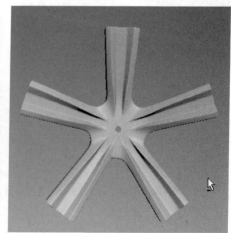

图 12.90

在图 12.91（左）所示的位置加线，然后调整点，选择图 12.91（右）所示的面向内挤出调整。

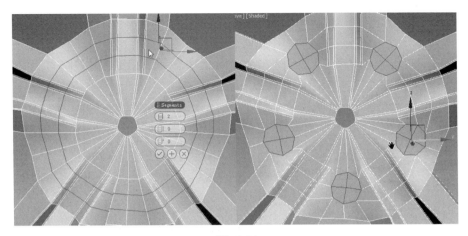

图 12.91

将中心处的面删除，然后选择边界线段向内挤出，在石墨工具下单击 Loop Tools 工具，单击 `Circle` 按钮将边界处理成圆形，如图 12.92 所示。

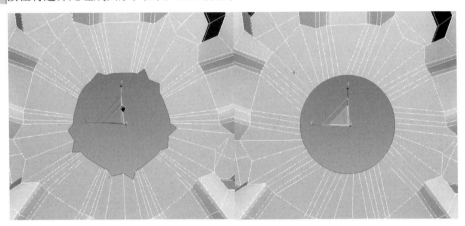

图 12.92

然后调整圆形的边界线将其封口，细分模型后的效果如图 12.93 所示。

进一步调整点、线，将其他物体显示出来，效果如图 12.94 所示。

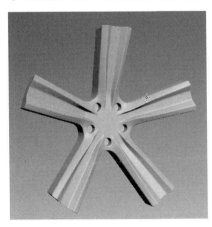

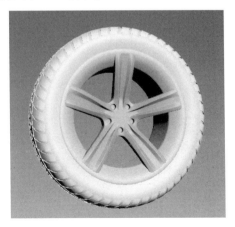

图 12.93   图 12.94

创建修改出螺丝钉模型并复制调整，将车标模型也复制一个调整到车轮中心位置，如图 12.95 所示。

步骤 25 制作出刹车碟片模型，如图 12.96 所示。这个模型的制作也比较简单，用超级布尔运算即可完成。

图 12.95

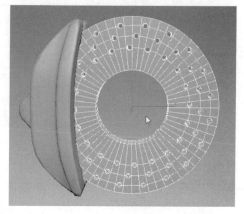

图 12.96

将汽车轮胎模型群组并复制调整出剩余的 3 个。

步骤 26 汽车内部模型的制作：外部模型制作完成之后，将内部的仪表板（见图 12.97）、方向盘（见图 12.98）、座椅（见图 12.99）等模型制作出来。

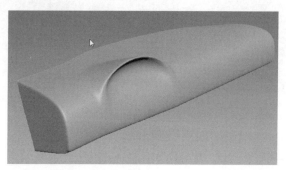

图 12.97

图 12.98

图 12.99

　　复制调整出另外几个座椅模型，将车窗玻璃模型设置为透明效果。然后选择汽车一半的模型全部删除，通过添加 Symmetry 修改器对称复制出另外一半，最后的效果如图 12.100 所示。

图 12.100

　　按下 M 键打开材质编辑器，赋予场景中所有模型一个默认的材质，并将线框颜色设置为黑色，最后的线框图效果如图 12.101 所示。

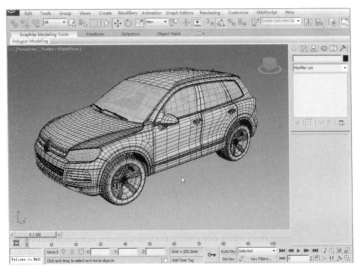

图 12.101

12.2　摩托车模型的制作

　　这一节来学习一个四轮摩托车的制作，比起上节中的汽车模型要相对简单一些，虽然看上去零部件还是很多，但只需要将它们拆分开一件　件制作即可。

　　步骤 01　参考图片的设置：在 Photoshop 中新建一个 2 400mm × 800mm 的文档，然后将打开的图片按 Ctrl+A 组合键全选，按 Ctrl+C 组合键复制，在文档中按 Ctrl+V 组合键粘贴进来，用同样的方法将其他两张图片也粘贴进来，如图 12.102 所示。

图 12.102

按 Ctrl+R 组合键打开标尺，然后在标尺上单击向下和向右拉出参考线，如图 12.103 所示。

图 12.103

将顶视图参考图移动到参考线中的位置，框选然后缩放大小，使其与参考线中的大小保持一致，如图 12.104 所示。

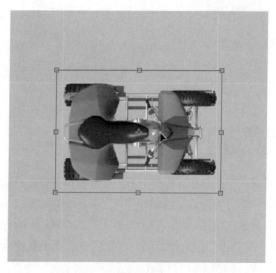

图 12.104

调整好大小后，在图层上按住 Ctrl 键单击转换为选区，新建一个 800 mm×800 mm 的文档，将其图片复制粘贴进来，然后保存。用同样的方法将另外两张参考图也保存为 800 mm×800 mm 的文件。

步骤 02　在 3ds Max 中，分别在顶视图、前视图、左视图中按下 Alt+B 组合键将参考图设置为背景图片，选择 Match Bitmap（匹配位图）单选按钮，勾选 Lock Zoom/Pan（锁定缩放/平移）复选框，效果如图 12.105 所示。

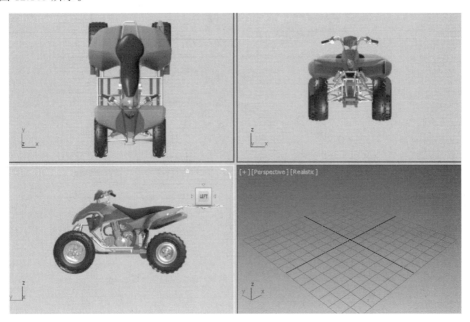

图 12.105

创建一个 Box 物体，调整好长、宽、高，看看参考图是否和 Box 大小相匹配。如果出现不匹配的情况，可以在 Photoshop 中再次调整，直到长、宽、高相同即可，如图 12.106 所示。

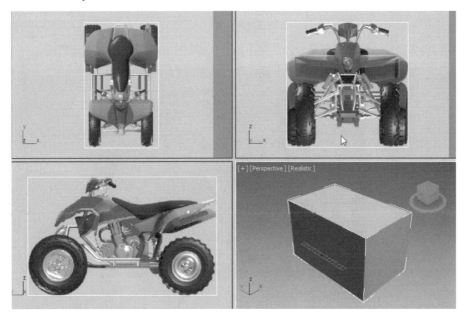

图 12.106

这里的参考图是用实物图来设置的，如果没有实物图片做参考怎么办呢？我们可以找一些手绘的图片作为参考，如图 12.107 所示。

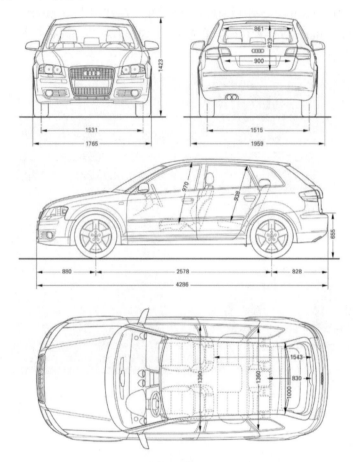

图 12.107

不管用哪种方法，一定要保证尺寸和比例正确，这样制作出来的模型才更加精确。

步骤 **03** 摩托车的制作：先来看一下最终效果，如图 12.108 所示。

图 12.108

再来看一下制作顺序及各部分的制作效果，制作过程就不再详细讲解。

车座的效果如图 12.109 所示。

然后制作出挡板，如图 12.110 所示。

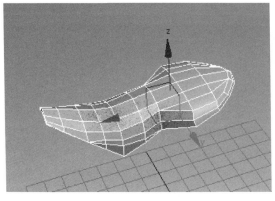 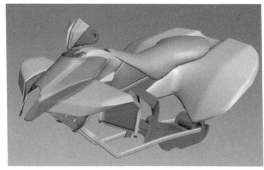

图 12.109　　　　　　　　　　　　　图 12.110

再制作出车把处的挡板，如图 12.111 所示。

制作出支架模型，如图 12.112 所示。

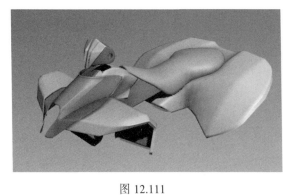

图 12.111　　　　　　　　　　　　　图 12.112

制作出排气筒和发动机模型，如图 12.113 所示。

制作出车把及其他的一些框架模型，如图 12.114 所示。

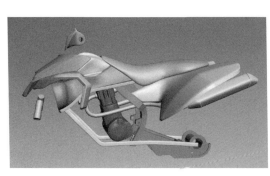  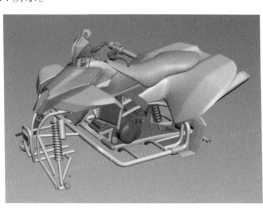

图 12.113　　　　　　　　　　　　　图 12.114

　　然后制作出前轮胎模型，如图 12.115 所示。制作方法和前面汽车轮胎的制作方法类似，这里的细节部分要少一些。

　　再制作出后面的轮胎，如图 12.116 所示。后部轮胎可以直接拿前面的轮胎模型进行修改制作即可。

图 12.115　　　　　　　　　　　　　　　　　　　图 12.116

　　其中要特别注意的是发动机的模型，如图 12.117 所示。这个模型制作起来可能要费一些时间，注意把握形状和大小比例。

步骤 04 将各部分模型细分，赋予场景中所有模型一个默认的材质效果，最终的线框效果如图 12.118 所示。

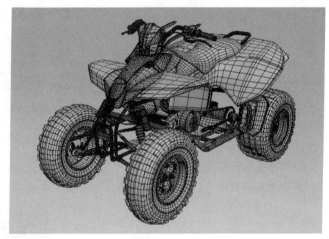

图 12.117　　　　　　　　　　　　　　　　　　　图 12.118

第 **13** 章 武器类产品设计

武器家族成员众多，随着科技的进步，新的成员层出不穷，各有特色。且由于武器是在矛与盾的对抗中发展起来的，所以呈现出名目繁多、相互兼容的特点，给武器分类带来了许多困难。从大的方面讲，按战争中的作用可分为战略武器、战役武器、战术武器；按毁坏程度和范围可分为大规模的杀伤破坏武器和常规武器；按使用的兵种可分为陆军武器、海军武器、空军武器、防空部队武器、海军陆战队武器、空降部队武器和战略导弹部队武器等；按照人们的习惯划分，可分为枪械、火炮、装甲战斗车辆、舰艇、军用航天器、军用航空器、化学武器、防暴武器、生物武器、弹药、核武器、精确制导武器、隐形武器和新概念武器等。本章主要以枪械和坦克为实例来学习这类模型的制作。

13.1 狙击枪模型的制作

步骤 01 首先在视图中创建一条样条线段，按 3 键进入样条线级别，单击 Outline 按钮，将线段挤出轮廓，然后在修改器下拉列表中添加 Extrude 修改器，如图 13.1 所示。

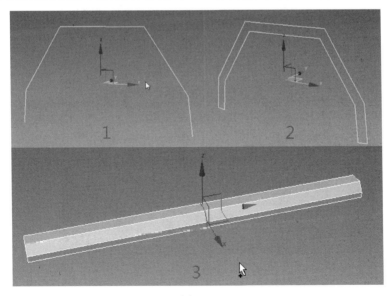

图 13.1

　　将该模型转换为可编辑的多边形物体，在长度上加线使模型布线均匀，然后选择左侧的上部面向下挤出调整，在对称中心的位置加线，删除一半模型，然后调整另外一半的形状，最后镜像对称出另一半模型，过程如图 13.2 所示。

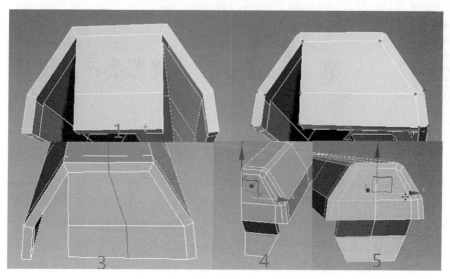

图 13.2

　　在需要的地方继续加线，选择图中的面并将其删除，选择内外两层中的边界线段，单击 Bridge 按钮使其中间自动生成连接的面，如图 13.3 所示。

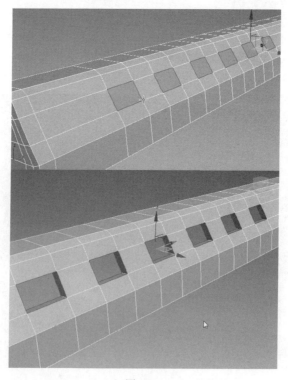

图 13.3

依次选择边角线段，单击 Ring 按钮快速选择环形线段，右击选择 Connect 在厚度上加线。再次
选择边角线段，单击 Chamfer 后面的 □ 按钮，将边角线段做切角处理，如图 13.4 所示。

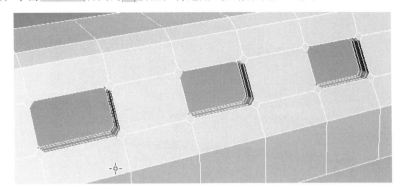

图 13.4

用 Target Weld （目标焊接）工具将多余的线焊接起来。然后将模型左侧的部分继续加线深化细致调
整，调整好之后，按住 Shift 键向下复制一个模型，将顶部的部分面删除调整，如图 13.5 所示。

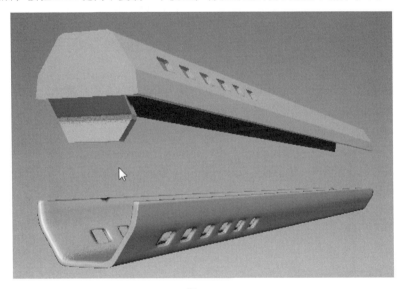

图 13.5

将下方物体向上移动调整，如图 13.6 所示。

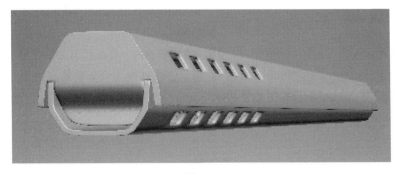

图 13.6

选择图 13.7 所示的面删除，然后将线段之间连接出面调整布线。

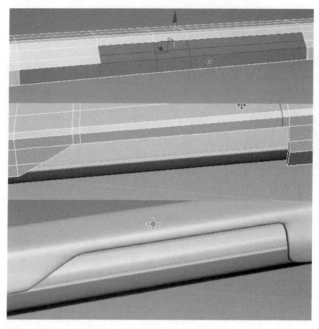

图 13.7

步骤 02 在视图中创建一个面片物体并将其转换为可编辑的多边形物体，对该面片进行边的挤出调整，然后添加 Shell 修改器给面片添加厚度，将该模型塌陷继续细化调整形状，调整好后关联对称复制出另外一侧模型，如图 13.8 所示。

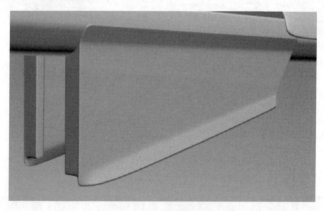

图 13.8

步骤 03 在顶视图中创建一条样条线，镜像复制，将这两条样条线附加在一起，如图 13.9 所示。

在修改器下拉列表中添加 Extrude 修改器，将该物体转换为可编辑的多边形物体，将点与点之间连接出线段，单击 Slice Plane 按钮，将切线平面适当旋转一定角度，然后单击 Slice 按钮切线，删除切面以下的面并将开口封闭，如图 13.10 所示。

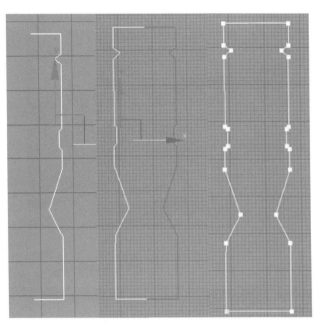

图 13.9

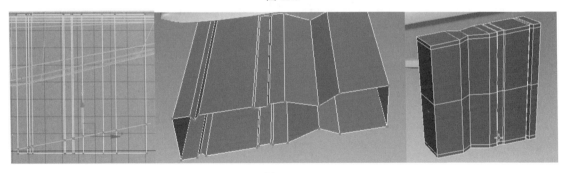

图 13.10

步骤 04 创建一个 Box 物体对其进行可编辑的多边形形状调整，如图 13.11 所示。

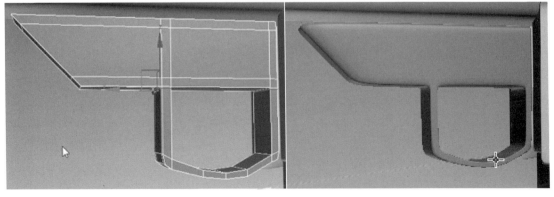

图 13.11

继续创建一个 Box 物体并修改来完成扳机模型的制作，如图 13.12 所示。

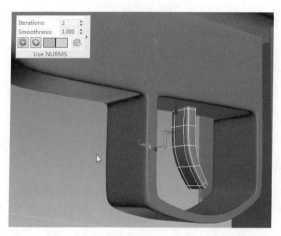

图 13.12

步骤 05 创建一个 Box 物体，按照图 13.13 所示的步骤调整形状。

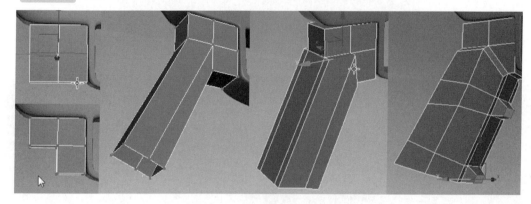

图 13.13

此处完成之后的效果如图 13.14 所示。

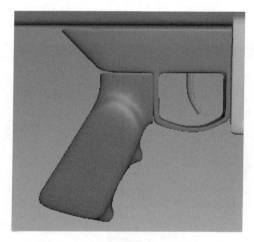

图 13.14

步骤 06 在视图中创建图 13.15 所示的模型，然后用超级布尔运算工具进行模型之间的布尔运算。

继续创建出图 13.16 所示的模型效果。然后将这些模型旋转移动到合适的位置。

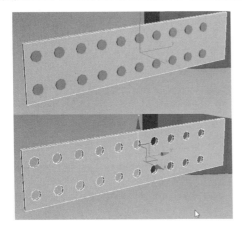
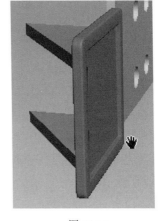

图 13.15　　　　　　　　　　　　　图 13.16

接下来完成连接杆模型的制作，如图 13.17 所示。这些模型的制作并不复杂，可以参考配套资源中的视频。

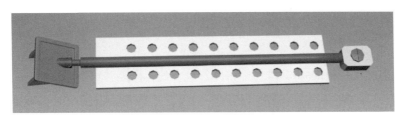

图 13.17

选择这些模型，单击 Group 菜单选择 Group 命令将模型群组，对称复制调整到另外一侧。

步骤 07　制作出图 13.18 所示的模型后，在修改器下拉列表中添加 Symmetry 修改器对称出另外一半，并将其塌陷。

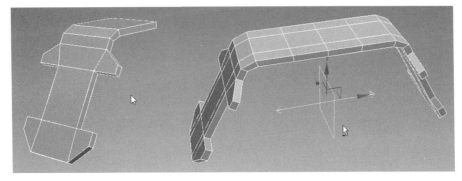

图 13.18

删除中间的面，选择上下边界线段，单击 Bridge（桥接）按钮将其中间连接出新的面，并将四角的线段切角处理。

创建一个矩形，将其转换为可编辑的样条曲线，选择下方的两个点，单击 Fillet 按钮将其处理成圆角点，然后添加挤出修改器复制调整至如图 13.19 所示。

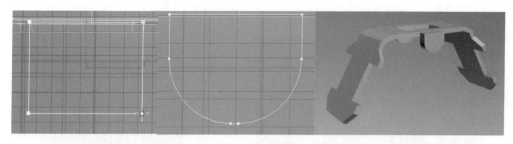

图 13.19

继续完善其他模型的制作，如图 13.20 所示。

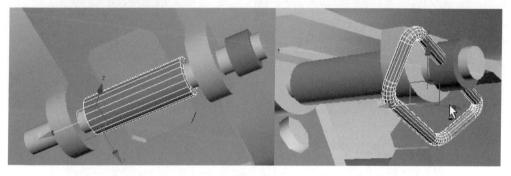

图 13.20

步骤 08 创建 Box 物体并将其修改成图 13.21 所示的形状。

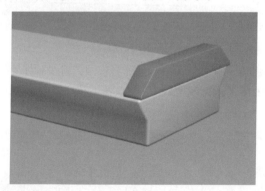

图 13.21

然后每间隔一段距离复制一个，最终调整出图 13.22 所示的效果。

图 13.22

步骤 09 在视图中创建一个 Box 物体并将其转换为可编辑的多边形物体，调整形状，然后在宽度和高度的边缘位置加线，细分之后的效果如图 13.23 所示。

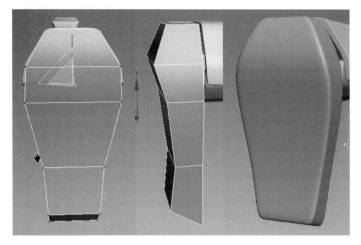

图 13.23

步骤 10 创建图 13.24 所示的形状，然后将其移动到图中的位置。

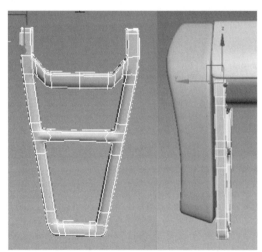

图 13.24

创建盒子物体然后调整出形状，在边缘位置加线，细分之后的效果如图 13.25 所示。

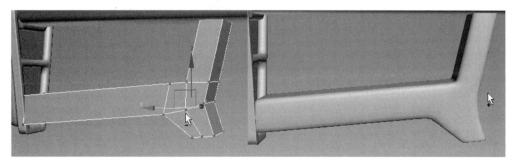

图 13.25

继续加线，选择点进行切角处理，然后选择面用倒角挤出工具向内挤出，如图 13.26 所示。

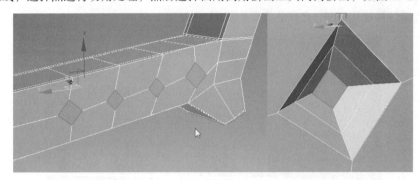

图 13.26

细分之后的效果如图 13.27 所示。

创建出狙击枪的一些小零件，如图 13.28 所示。

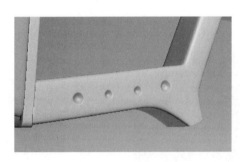

图 13.27

图 13.28

步骤 11 　在视图中创建一个圆柱体并将其转换为可编辑的多边形物体，手动切线并调整布线，然后选择图 13.29 中的面向外挤出调整。

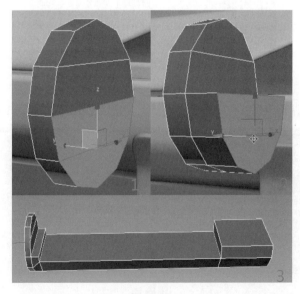

图 13.29

将该模型移动到枪的内部，然后在 ⊙ 中单击 Helix 按钮创建一条弹簧曲线，参数设置如图 13.30 所示。

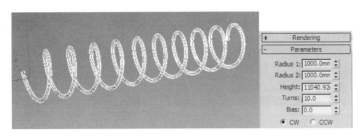

图 13.30

将该弹簧片移动到枪杆中，然后在枪杆上创建图 13.31 所示的模型。

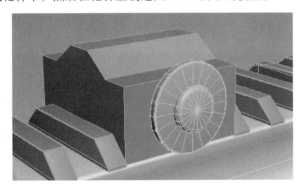

图 13.31

步骤 12 创建一个盒子物体并将其转换为可编辑的多边形物体，加线调整点，然后选择边线切角细分，如图 13.32 所示。

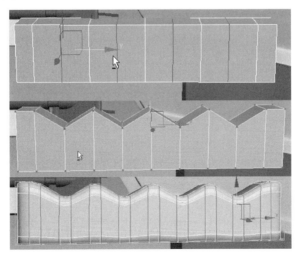

图 13.32

在图中所示位置创建线段，选择点，单击 Fillet 按钮将角点处理成圆点，然后勾选 Enable In Viewport 复选框，并将 Thickness 值设置为 260 mm 左右，这样就将线段设置成了带有半径值的圆管物体，如图 13.33 所示。

图 13.33

步骤 13 瞄准器的制作：在视图中创建样条线段，注意 Steps 的值会影响样条线的精细度，然后在修改器下拉列表中添加挤出修改器，设置挤出的值，复制调整至如图 13.34 所示。

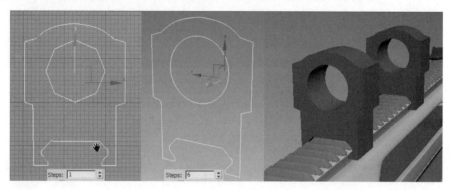

图 13.34

在两个模型中的洞口内创建一个圆柱体并将其转换为可编辑的多边形物体，加线后将两侧的面放大处理，如图 13.35 所示。

图 13.35

通过加线命令以及面的倒角挤出工具，继续细化调整左侧细节至如图 13.36 所示。

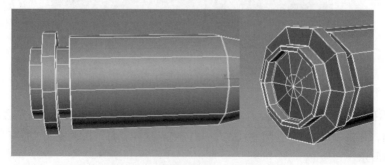

图 13.36

步骤 14 在视图中创建一个盒子物体并将其转换为可编辑的多边形物体，选择所有的面向内收缩出面，然后将面向外稍微移动调整，在该物体的中央位置创建两个圆柱体，用超级布尔运算工具进行布尔运算，如图 13.37 所示。

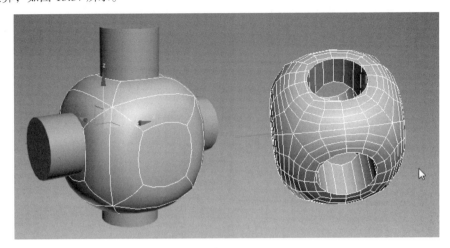

图 13.37

然后在洞口的垂直位置继续创建圆柱体，对该圆柱体进行编辑至如图 13.38 所示。

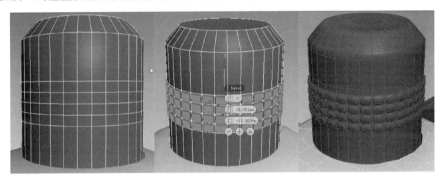

图 13.38

在瞄准器控制器的侧面位置创建修改出如图 13.39 所示的模型。

图 13.39

在 面板中单击 Text 按钮，然后分别输入 ACT、25KOA 及 R 字母等配合创建的矩形框完成如图 13.40 所示的创建。

图 13.40

在修改器下拉列表中添加 Bend 修改器，注意调整参数，如图 13.41 所示。

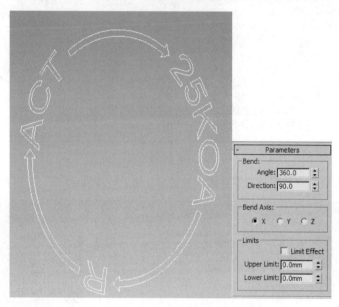

图 13.41

此时的弯曲效果不是正圆，所以再添加一个 FFD 2×2×2 修改器，进入 Control Points 级别，选择一边的两个可控点移动调整至正圆形，如图 13.42 所示。

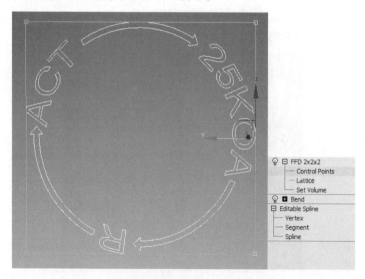

图 13.42

再添加 Extrude 修改器来完成三维模型的变换,并将该模型移动到另外一个物体的表面,如图 13.43 所示。

图 13.43

在瞄准器的另外一侧创建一个圆柱体,分段数设置为 48,将该物体转换为可编辑的多边形物体,先加线再依次选择图 13.44 中 2 所示的面向外挤出,移动调整点至如图 13.44 中 3 所示,然后再次将边缘的线段切角,细分之后的效果如图 13.44 中 4 所示。

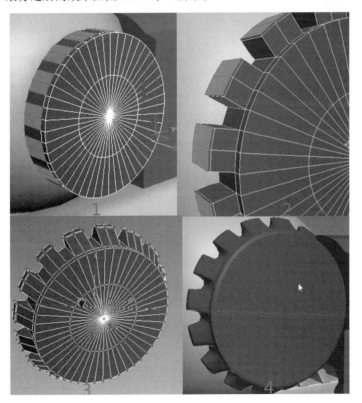

图 13.44

整体效果如图 13.45 所示。

图 13.45

步骤 15 枪杆制作：创建一个圆管物体作为枪杆模型，然后按照图 13.46 所示的步骤创建修改出枪杆顶部的模型。

图 13.46

在枪杆的位置创建一个圆柱体，然后将坐标轴切换到枪杆的轴心，旋转复制出图 13.47 所示的模型。

图 13.47

用超级布尔运算工具完成模型之间的布尔运算，如图 13.48 所示。

图 13.48

创建修改成图 13.49 所示的模型。

步骤 16　选择所有模型，选择 Group 菜单中的 Group 命令将所有模型群组，调整模型在视图中的视角，按 Ctrl+C 组合键匹配摄像机。选择摄像机，在参数面板中调整广角值。我们知道，当摄像机的广角越大也就是数值越小时，图片中的透视关系越明显，所以想表现这种比较强烈的透视关系的话，需将广角设置为大广角，然后选择模型适当放大调整即可很容易调整出强烈的透视关系，如图 13.50 所示。

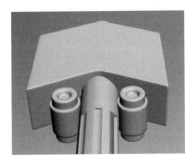

图 13.49

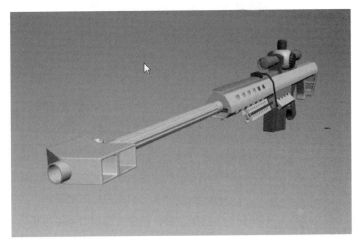

图 13.50

13.2　坦克模型的制作

步骤 01　首先来设置背景参考图，如图 13.51 所示。这里只需要设置顶视图和左视图即可。

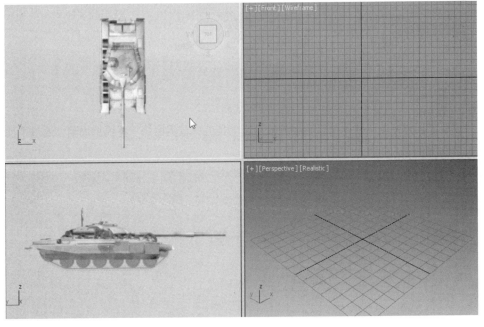

图 13.51

步骤 02 制作出坦克车身的主体模型，如图 13.52 所示。这一节的模型我们尽量制作简模，也就是尽量使用更少的面数而又能保证模型的外观。

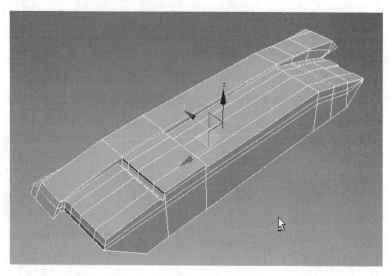

图 13.52

步骤 03 制作好一半模型之后，镜像对称出另外一半模型。然后再制作出图 13.53 所示的模型。

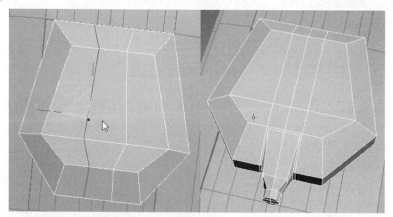

图 13.53

在该模型上创建一个圆柱体，然后用布尔运算工具进行布尔运算。将模型塌陷，通过手动加线的方法来调整模型布线，如图 13.54 所示。

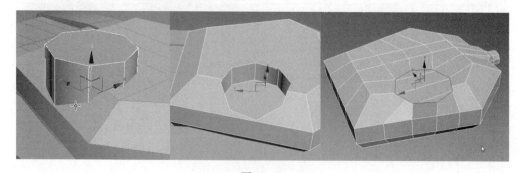

图 13.54

继续调整模型布线，如图 13.55 所示。

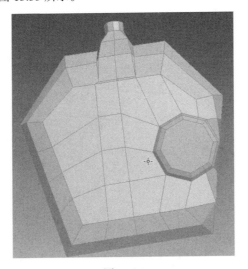

图 13.55

步骤 04 在坦克入口位置创建出入口盖的模型，如图 13.56 所示。

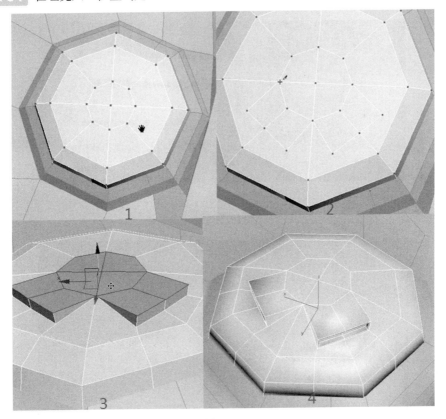

图 13.56

步骤 05 接下来再创建出其他部件，如图 13.57 和图 13.58 所示。

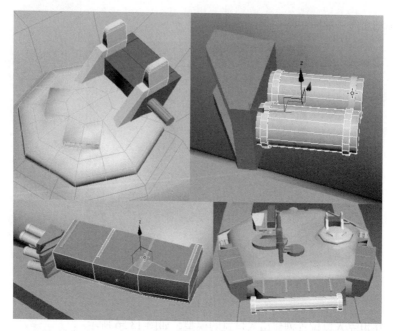

图 13.57

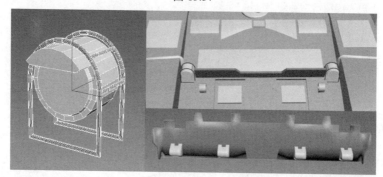

图 13.58

整体效果如图 13.59 所示。

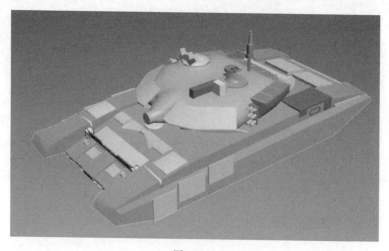

图 13.59

步骤 06 轮子的制作：创建一个圆柱体并转换为可编辑的多边形物体，对其进行修改制作，如图 13.60 所示。

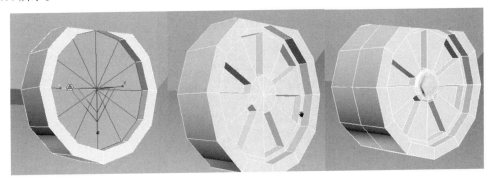

图 13.60

选择所有的面，在参数面板中的 Polygon:Smoothing Groups 卷展栏中任意单击一个光滑 ID 给当前选择的面设置一个光滑组，如图 13.61 所示。

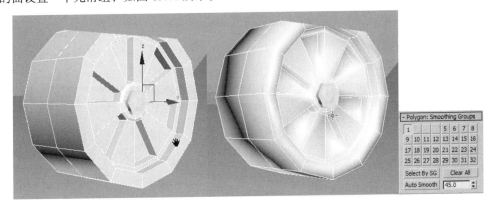

图 13.61

复制调整出剩余的车轮模型，在视图中创建一条星形样条线，参数设置和效果如图 13.62 所示。

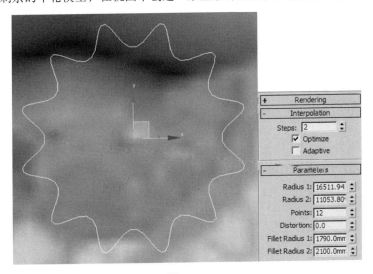

图 13.62

在内部再创建一个圆形并将这两条样条线附加在一起，在修改器下拉列表中添加 Extrude 修改器，如图 13.63 所示。

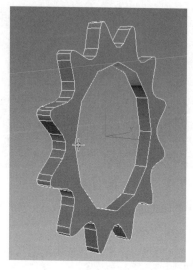

图 13.63

创建出转轴模型，如图 13.64 所示。

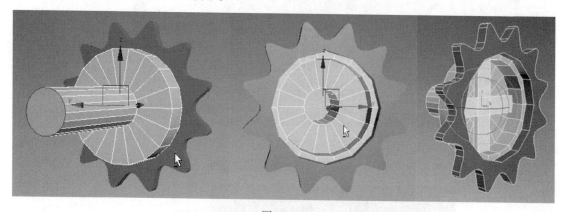

图 13.64

镜像复制调整出另外一半模型，再创建出链条模型，如图 13.65 所示。

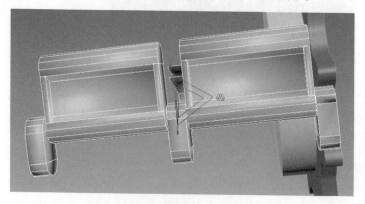

图 13.65

然后在视图中创建一条图 13.66 所示的样条线段。

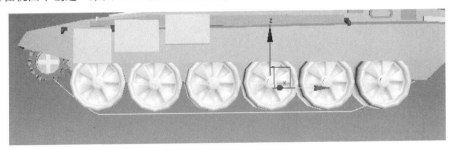

图 13.66

单击 Animation 菜单下的 Constraints ，选择 Path Constraint （路径约束），将链条模型约束到样条线上。单击 Tools 菜单下的 Snapshot...（快照），参数设置和快照复制后的效果如图 13.67 所示。

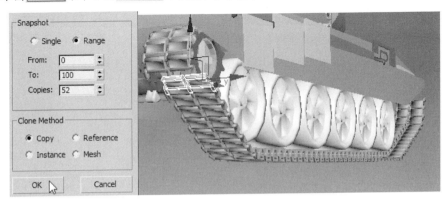

图 13.67

我们发现位置上有一些偏差，用移动工具调整一下即可。选择轮子所有模型，将另外一半复制调整出来，最后的整体效果如图 13.68 所示。

图 13.68

步骤 07 最后制作出炮管模型，直接用圆柱体修改完成。坦克的最终模型效果如图 13.69 所示。

图 13.69